中文版

After Effects

灵境蓝图

2022
完全自学教程

实战案例视频版

瀚阅教育 编著

U0222846

全国百佳图书出版单位

化学工业出版社

· 北 京 ·

内容简介

《中文版After Effects 2022完全自学教程（实战案例视频版）》是一本完全针对零基础新手的自学书籍，以生动有趣的实际操作案例为主，辅助以通俗易懂的参数讲解，循序渐进地介绍了After Effects 2022的各项功能和操作方法。全书共15章，分为3个部分：快速入门篇帮助读者轻松入门，可以应对简单的视频制作；高级拓展篇在读者具备了一定的基础后，全面学习高级功能，以应对绝大多数的视频任务；实战应用篇精选6个热门行业项目实战案例，覆盖大多数行业应用场景，使读者在实战中提升视频制作能力。

为了方便读者学习，本书提供了丰富的配套资源，包括：视频精讲＋同步电子书＋素材源文件＋设计师素材库＋拓展资源等。

本书内容全面，实例丰富，可操作性强，特别适合各类视频设计与视频制作的初学者阅读，也可供视频设计、影视特效工作人员、相关专业师生、培训班及视频制作爱好者学习参考。

图书在版编目（CIP）数据

中文版After Effects 2022完全自学教程：实战案例视频版/瀚阅教育编著. 一北京：化学工业出版社，2022.5（2023.5重印）
　ISBN 978-7-122-40853-2

Ⅰ.①中… Ⅱ.①瀚… Ⅲ.①图像处理软件-教材 Ⅳ.①TP391.413

中国版本图书馆CIP数据核字（2022）第033397号

责任编辑：曾　越
责任校对：宋　夏
装帧设计：尹琳琳

出版发行：化学工业出版社
　　　　　（北京市东城区青年湖南街13号　邮政编码100011）
印　　装：河北京平诚乾印刷有限公司
880mm×1230mm　1/16　印张26¹/₂　字数852千字
2023年5月北京第1版第3次印刷

购书咨询：010-64518888
售后服务：010-64518899
网　　址：http://www.cip.com.cn
凡购买本书，如有缺损质量问题，本社销售中心负责调换。

定　　价：128.00元　　　　　　　　　　　　　版权所有　违者必究

After Effects 是 Adobe 公司出品的一款视频后期处理软件，适用于从事设计和视频特效的机构，包括电视台、广告公司、动画公司、特效公司、自媒体短视频工作室等。

本书内容

本书按照初学者的学习习惯，从读者需求出发，开发出从"快速入门"到"高级拓展"，再进阶到"实战应用"的自学路径。本书以生动有趣的实际操作案例为主，辅以通俗易懂的参数讲解，循序渐进地陪伴零基础读者从轻松入门开始学习 After Effects，帮助读者能够更快地制作出完整的作品。本书共 15 章，分为三个部分，具体内容如下。

第 1 ~ 4 章为"快速入门篇"，内容包括：After Effects 基础操作、视频的简单编辑、常用的视频调色技巧、添加画面元素。经过这 4 章的学习，能够掌握 After Effects 最基本的操作，读者可应对简单的视频制作。

第 5 ~ 9 章为"高级拓展篇"，内容包括：高级调色技法、特效、文字的高级应用、动画、抠像与跟踪。这 5 个章节着力于深入学习高级功能，精通 After Effects 的核心功能后，读者可应对绝大多数的视频任务。

第 10 ~ 15 章为"实战应用篇"，内容包括：电商广告设计、影视栏目包装设计、影视特效、短视频设计、UI 设计、宣传片设计等热门行业设计项目。经过本篇的学习，读者可在实战中学习和提升 After Effects 操作技能！

本书特色

即学即用，举一反三 本书采用案例驱动、图文结合、配套视频讲解的方式，帮助读者"快速入门""即学即用"。本书将必要的基础理论与软件操作相

结合，读者在学习软件操作的同时也能了解各种软件功能和参数的含义，做到知其然并知其所以然，使读者除了能熟练操作软件外，还能适当培养和提高视频设计思维，在日常应用中实现"举一反三"。

案例丰富，实用性强　本书精选上百个热门行业项目实战案例，覆盖大多数 AE 行业应用场景，经典实用，能够解决日常视频制作中的实际问题。

思维导图，指令速查　每章设有思维导图，有助于梳理软件核心功能，理清学习思路。软件常用命令采用表格形式，常用功能和命令设置了索引，便于随手查阅。"重点笔记""疑难笔记""拓展笔记"三个模块对核心知识、操作技巧进行重点提醒，让读者在学习中少走弯路。

本书资源

本书配套了丰富的学习资源：

1. 赠送实战案例配套练习素材及教学视频，边学边练，轻松掌握软件操作。

2. 赠送设计相关领域 PDF 电子书搭配学习，充实设计理论知识。

3. 赠送设计师素材库，精美实用，练习不愁没素材。

4. 赠送 PPT 课件，与本书内容同步，方便教师授课使用。

5. 赠送同步电子书，随时随地，免费阅读。

（本书配套素材及资源仅供个人练习使用，请勿用于其他商业用途。）

本书资源获取方式：扫描书上二维码，关注"易读书坊"公众号获取资源和服务。

　　不同版本的After Effects功能略有差异，本书编写和文件制作均使用After Effects 2022版本，请尽可能使用相同版本学习，但相近版本的用户也可使用。如使用较低版本After Effects打开本书配套的源文件，可能会出现部分内容显示异常的问题，但绝大多数情况下不影响使用。

　　本书适合初学者、培训机构、设计专业师生阅读，同样适合想从事或正在从事广告、影视栏目包装、影视特效、短视频、UI设计、宣传片等行业的从业人员阅读，本书也可供相关院校或者培训机构参考使用。

　　笔者能力有限，如有疏漏之处，恳请读者谅解。

编著者

目 录

快速入门篇

第1章　After Effects 基础操作

高级拓展篇

第5章　高级调色技法

第6章 特效

第7章 文字的高级应用

第8章 动画

第9章 抠像与跟踪

实战应用篇

第10章 电商广告设计

第11章 影视栏目包装设计

第12章 影视特效

第13章 短视频设计

第14章 UI设计

第15章 宣传片设计

附录 After Effects快捷键速查表

索引 常用功能命令速查

Ae

快速入门篇

第1章
After Effects 基础操作

After Effects 是一款影视后期特效制作的非线性软件。After Effects 可用于影视特效、栏目包装、剪辑 Vlog 视频、广告动画、UI 动效等。本章将学习 After Effects 2022 的界面、文件操作方法、常用操作、文件渲染等内容。

学习目标

熟悉 After Effects 界面的各部分功能
掌握新建项目、打开、保存、替换素材等基本操作
认识和了解 After Effects 中的常用操作

思维导图

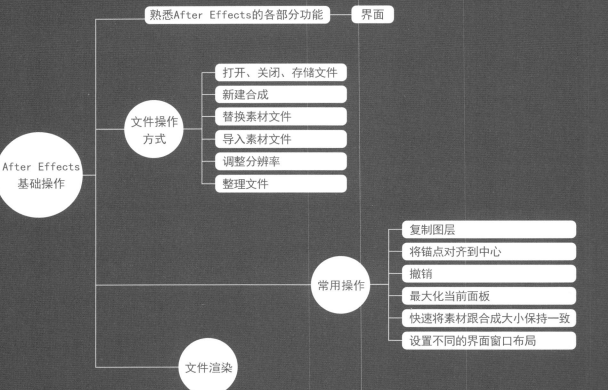

1.1　熟悉After Effects的各部分功能

（1）打开After Effects。初次启动软件，默认情况下显示的是简单的欢迎界面。此时界面中并没有显示与视频制作相关的功能，这是由于软件中没有项目文件。所以可以在此处单击"打开项目"按钮，打开一个项目文件，或者单击"新建项目"按钮，新建一个空白的项目文件，如图1-1所示。

图1-1

（2）"新建项目"后单击"新建合成"并设置合适的数值，或双击项目面板空白处导入素材并拖到"时间轴"面板上，如图1-2所示。

图1-2

（3）文件将在After Effects中打开，此时After Effects界面发生了改变，如图1-3所示。

图1-3

After Effects界面主要功能介绍见表1-1。

表 1-1　After Effects 界面主要功能介绍

功能名称	功能介绍
标题栏	用于显示软件版本、文件名称等基础信息与缩小、关闭、展开窗口
菜单栏	按照程序功能分组排列，共有多个菜单栏类型并可找到大部分效果命令
工具栏	工具栏中具有多种工具，单击即可使用相应工具，长按可展开工具组缩放的工具
"效果控件"面板	主要用于设置效果的参数与设置时间关键帧制作动画
"项目"面板	主要用于存放、导入及管理素材文件与合成
"合成"面板	主要用于预览"时间轴"面板中图层合成的效果
"时间轴"面板	主要用于设置时间，编辑视频、音频，制作素材效果，创建动画等。大多数编辑工作都需要在"时间轴"面板中完成
"效果和预设"面板	主要用于为素材文件添加各种视频、音频、预设效果
"信息"面板	显示选中素材的 RGB 颜色、通道值、X 轴、Y 轴
"音频"面板	显示左右声道音量与设置分贝值范围
"库"面板	用于使用 Creative Cloud 库
"对齐"面板	主要用于设置图层与文字的对齐方式以及图层分布方式
"字符"面板	主要用于输入文字后设置文字的大小、颜色、字体等属性
"段落"面板	主要用于设置输入文字后的段落文本的对齐、距离等属性
"跟踪器"面板	主要用于稳定视频与跟踪动画
"画笔"面板	主要用于设置画笔的大小、软硬等属性
"绘画"面板	主要用于设置绘画工具的基础属性

1.标题栏

当After Effects中已有文档时，文档画面的顶部为文档的标题栏，在标题栏中会显示文档的名称、格式，如图1-4所示。

图1-4

2.菜单栏

After Effects 菜单栏是 After Effects 中所有应用的合集，在操作中需要任何功能都可以在 After Effects 中找到。但通常在制作过程中很多应用也可在其他面板中找到或使用快捷键进行设置。例如当需要复制图层时可单击"菜单栏"中的"编辑"，在弹出的快捷菜单中执行"重复"命令，如图1-5所示。

图 1-5

3.工具栏

工具栏中集合了多种常用工具，单击即可使用相应工具。其中部分工具按钮的右下角带有◢图标，表示下方还有更多工具。鼠标左键长按会显示工具组中隐藏的工具，接着将光标移动至需要选择的工具上方，单击即可完成选择操作。例如需要使用"删除'顶点'工具"，可在"工具栏"中左键长按"钢笔工具"，在弹出的快捷菜单中执行"删除'顶点'工具"，如图1-6所示。

图 1-6

4."效果控件"面板

图 1-7

"效果控件"面板是指当图层添加效果后，可在"效果控件"面板中设置或调整参数，制作画面效果。例如当图层添加效果后，在"时间轴"面板中选择图层。在"效果控件"面板中展开"杂色 HLS"，设置"色相"为62.0%，如图1-7所示。

5."项目"面板

"项目"面板主要作用于存放导入的素材文件与创建的合成项目与整理文件。包括"解释素材""新建文件夹""新建合成""颜色深度""删除素材"。当需要导入素材文件时，可双击"项目"面板中的空白区域或右键单击"项目"面板的空白区域，在弹出的快捷菜单中执行"导入"/"文件"命令，如图1-8所示。

图 1-8

6."合成"面板

"合成"面板是显示制作画面元素的预览窗口，当在"时间轴"中选中某一图层，在"合成"面板中选中的素材会出现选框，或在"合成"面板选择某一素材在"时间轴"面板上显示。"合成"面板中显示的画面与渲染出的效果相同，如图1-9所示。

图 1-9

7."时间轴"面板

"时间轴"面板是 After Effects 中最重要的面板之一，可以使素材按照图层方式排列，还可以设置参数，制作动画，滑动时间线即可在"合成"面板观看画面效果。"时间轴"面板中包括"图层隐藏开关""混合模式""3D图层""运动模糊""调整图层""父子链接"等。如在"时间轴"面板中设置"混合模式"为"相乘"，如图1-10所示。

图 1-10

8. "效果和预设" 面板

"效果和预设" 面板包括多种视觉效果与动画预设，可以依次展开效果组，找到相应的效果。也可在搜索栏中搜索需要的效果，拖拽到制作效果的素材上。如在 "效果和预设" 面板中搜索 "百叶窗" 效果，将该效果拖拽到 "时间轴" 面板中的01图层上，如图1-11所示。

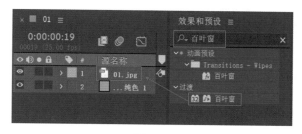

图 1-11

9. "对齐" 面板

"对齐" 面板主要用于设置图层或文字的对齐方式以及图层或文字的分布方式。常与 "字符" 面板和 "段落" 面板一同使用。

10. "字符" 面板

"字符" 面板主要用于输入文字后设置文字字体、大小、颜色、描边等。常与 "对齐" 面板和 "段落" 面板一同使用。如输入合适的文字后，在 "字符" 面板中设置合适的 "字体系列" 和 "字体样式"，设置 "填充颜色" 为白色，"字体大小" 为229像素，"垂直缩放" 为141%，"水平缩放" 为133%，设置 T "仿粗体"，如图1-12所示。

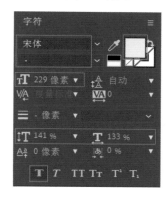

图 1-12

11. "段落" 面板

"段落" 面板主要用于设置段落文本的相关属性。当设置完合适的字体时可在 "段落" 面板中设置对齐方式等效果。常与 "字符" 面板和 "对齐" 面板一同使用。

12. "跟踪器" 面板

"跟踪器" 面板主要用于使用跟踪摄影机、跟踪运动、变形稳定器、稳定运动。大致可分为稳定与跟踪两个大类。稳定是给拍摄画面的抖动地方进行平稳处理。跟踪是对动态画面的运动轨迹进行追踪跟随，从而制作跟踪效果。可制作出手机或电脑播放视频的效果。

13. "画笔" 面板

"画笔" 面板主要用于设置画笔的大小、角度、硬度、不透明度、圆度、流量等。常用来制作一定范围内的蒙版或模糊效果。常与 "绘画" 面板一同使用。

14. "动态草图" 面板

"动态草图" 面板用于设置路径采集等相关属性。

15. "平滑器" 面板

选择关键帧之后平滑器才可使用，使用平滑器设置容差，数值越大越平滑。

16. "摇摆器" 面板

"摇摆器" 面板用于制作画面动态摇摆。

17. "蒙版插值" 面板

"蒙版插值" 面板用于创建蒙版路径关键帧和平滑逼真的动画效果。

18. "绘画" 面板

"绘画" 面板主要用于设置绘画工具的不透明度、颜色、流量、模式以及通道等属性。常与 "画笔" 面板一同使用制作效果。

19. "信息" 面板

"信息" 面板显示选中素材的相关信息值。

20. "音频" 面板

"音频" 面板显示混合声道输出音频的大小。

21. "库" 面板

"库" 面板是存储数据的合集。

1.2　After Effects 中的文件操作方式

1.2.1　实战：打开、关闭、存储文件

文件路径

实战素材/第1章

操作要点

学习"打开、关闭、存储文件"的用法

案例效果

图 1-13

操作步骤

第1部分：打开项目文件。

（1）打开 After Effects 软件时，会弹出一个"主页"窗口，单击"打开项目"按钮，如图 1-14 所示。

图 1-14

（2）在弹出的"打开项目"窗口中选择文件所在的路径文件夹，在文件中选择已制作完成的"打开、关闭、存储文件"项目文件，选择完成后单击"打开"按钮，如图 1-15 所示。此时该文件在 After Effects 中打开，如图 1-16 所示。

图 1-15

（3）当然也可以直接找到 .aep 的文件，双击打开文件。

图 1-16

第2部分：保存项目文件。

（1）当文件制作完成后，在菜单栏中执行"文件"/"保存"命令，或使用快捷键 Ctrl+S，如图 1-17 所示。

图 1-17

（2）在弹出的"另存为"窗口中设置文件名称及保存路径，单击"保存"按钮，即可完成文件的保存，如图 1-18 所示。

图 1-18

（3）要将项目文件及时保存。执行"文件"/"另存为"/"另存为"命令，如图 1-19 所示。

图 1-19

（4）或者使用快捷键 Ctrl+Shift+S 打开"保存项目"窗口。设置合适的"文件名"及"保存类型"，设置完成后单击"保存"按钮，如图 1-20 所示。

图 1-20

此时，在选择的文件夹中即可出现刚刚保存的 After Effects 项目文件，如图 1-21 所示。

图 1-21

第 3 部分：关闭项目文件。

（1）项目保存完成后，在菜单栏中选择"文件"/"关闭"命令，或使用关闭项目快捷键 Ctrl+Shift+W 进行快速关闭，如图 1-22 所示。

图 1-22

（2）此时 After Effects 界面中的项目文件被关闭，如图 1-23 所示。

图 1-23

1.2.2　实战：新建预设合成

文件路径

实战素材/第1章

操作要点

学习"新建合成"

操作步骤

（1）打开 After Effects 软件。在"项目"面板中右击并选择"新建合成"命令，如图 1-24 所示。

图 1-24

（2）在弹出的"合成设置"窗口中设置"合成名称"为合成1，预设为"HDTV 1080 24"，如图1-25所示。

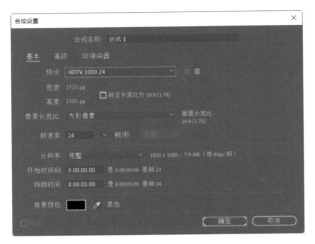

图 1-25

此时画面效果如图1-26所示。

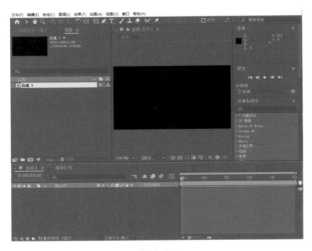

图 1-26

1.2.3 实战：新建自定义合成

文件路径

实战素材/第1章

操作要点

学习"新建自定义合成"

操作步骤

（1）新建自定义合成。在"项目"面板中右击并选择"新建合成"，如图1-27所示。

图 1-27

（2）在弹出的"合成设置"窗口中设置"合成名称"为01，"预设"为自定义，"宽度"为1800 px，"高度"为1000px，"帧速率"为24，"持续时间"为3秒，如图1-28所示。

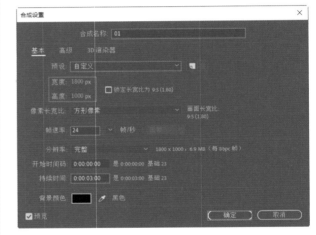

图 1-28

此时画面效果如图1-29所示。

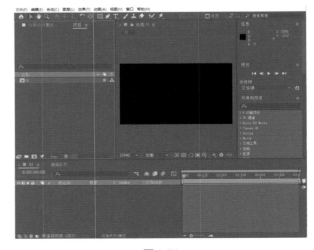

图 1-29

1.2.4 实战：素材拖动至时间轴新建合成

文件路径

实战素材/第1章

操作要点

学习素材拖动至时间轴新建合成

案例效果

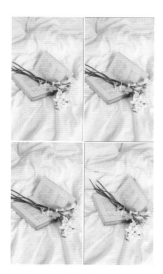

图 1-30

操作步骤

（1）打开 After Effects，执行"文件"/"导入"/"文件…"命令，如图1-31所示。

图 1-31

（2）在弹出的窗口中选择01.mp4素材，单击"导入"按钮，如图1-32所示。

（3）将导入"项目"面板中的1.mp4素材拖拽到"时间轴"面板中，如图1-33所示。

此时在"项目"面板中自动生成与素材尺寸等大的合成，如图1-34所示。

图 1-32

图 1-33

图 1-34

本案例制作完成，效果如图1-35所示。

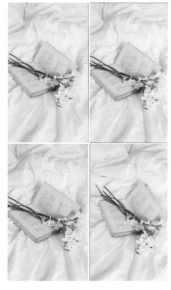

图 1-35

快速入门篇

拓展笔记

除了执行"文件"/"导入"/"文件…"命令可以导入素材以外，还可以直接双击项目面板空白位置进行导入，如图 1-36 所示，也可使用快捷键 Ctrl+I 进行导入。

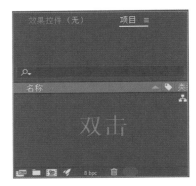

图 1-36

1.2.5 实战：修改已经新建好的合成参数

文件路径

实战素材/第1章

操作要点

学习修改已经新建好的合成参数

操作步骤

（1）新建项目合成。在"项目"面板中右击并选择"新建合成"。在弹出的"合成设置"窗口中设置"合成名称"为01，"预设"为自定义，"宽度"为 1920 px，"高度"为 1080px，"帧速率"为 23.976 帧/秒，"持续时间"为6秒02帧，如图 1-37 所示。

图 1-37

此时画面效果如图 1-38 所示。

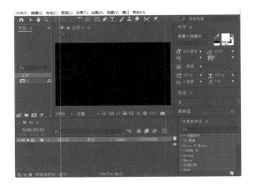

图 1-38

（2）如果此时想修改已经创建好的合成参数，需要在"项目"面板中右键单击01合成，在弹出的快捷菜单中执行"合成设置"命令，如图 1-39 所示。或选择合成后，执行快捷键 Ctrl+K。

图 1-39

（3）在弹出的"合成设置"窗口，可调整设置内容。如设置"合成名称""宽度""高度""帧速率"等，如图 1-40 所示。

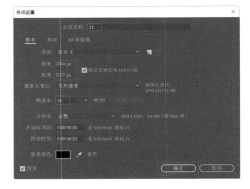

图 1-40

此时画面效果如图 1-41 所示。

图 1-41

1.2.6 实战：替换素材文件

文件路径

实战素材/第1章

操作要点

使用"替换素材"命令将1.mp4素材替换为2.mp4素材

操作步骤

（1）新建合成与导入文件。在"项目"面板中右击并选择"新建合成"，在弹出的"合成设置"窗口中设置"合成名称"为01，"预设"为自定义，"宽度"为1080px，"高度"为1920px，"帧速率"为25帧/秒，"持续时间"为5秒，如图1-42所示。

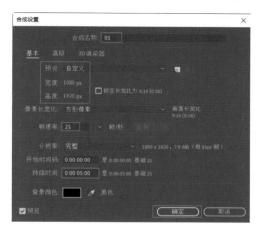

图 1-42

（2）执行"文件"/"导入"/"文件…"命令，如图1-43所示。

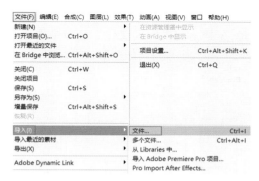

图 1-43

（3）在弹出的"导入文件"窗口中选择01.mp4素材，单击"导入"按钮，如图1-44所示。

（4）将导入"项目"面板中的01.mp4素材拖拽到"时间轴"面板中，如图1-45所示。

图 1-44

图 1-45

此时画面效果如图1-46所示。

图 1-46

（5）替换素材。在"项目"面板中右击01.mp4素材文件，在弹出的快捷菜单中执行"替换素材"/"文件…"命令，如图1-47所示。

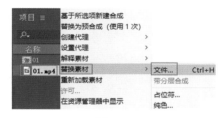

图 1-47

（6）在弹出的"替换素材文件（01.mp4）"窗口中单击02.mp4素材，接着单击"导入"按钮，如图1-48所示。

图 1-48

此时工作界面中01.mp4被替换为02.mp4素材文件，如图1-49所示。

图 1-49

1.2.7 实战：导入素材文件

文件路径

实战素材/第1章

操作要点

使用"导入素材"命令

案例效果

图 1-50

操作步骤

（1）新建合成。在"项目"面板中右击并选择"新建合成"，在弹出的"合成设置"窗口中设置"合成名称"为01，"预设"为自定义，"宽度"为1080px，"高度"为1920px，"帧速率"为24帧/秒，"持续时间"为5秒，单击"确定"按钮，如图1-51所示。

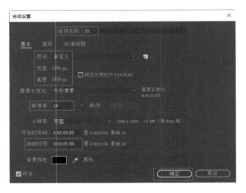

图 1-51

（2）导入素材。执行"文件"/"导入"/"文件…"命令，如图1-52所示。

图 1-52

（3）在弹出的"导入文件"窗口中选择全部素材，单击"导入"按钮，如图1-53所示。

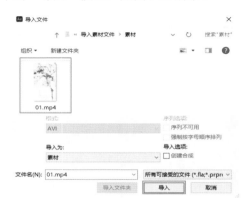

图 1-53

（4）将导入"项目"面板中的01.mp4素材拖拽到"时间轴"面板中，如图1-54所示。

图1-54

此时本案例制作完成，制作效果如图1-55所示。

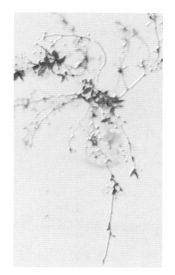

图1-55

1.2.8 实战：调整分辨率，提高预览流畅度

文件路径

实战素材/第1章

操作要点

学习调整分辨率，提高预览流畅度

案例效果

图1-56

操作步骤

（1）打开After Effects软件后，单击"合成"面板中的"新建合成"，如图1-57所示。

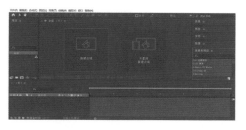

图1-57

（2）新建合成时有很多分辨率的预设类型可供选择，如图1-58所示。

图1-58

（3）在"预设"设置为自定义时，可自由设置宽度、高度。当设置宽度、高度数值后，例如设置"宽度"为1920px，"高度"为1080px，后方会自动显示长宽比，此时的"长宽比为16：9（1.78）"，如图1-59所示。

图1-59

（4）文件制作完成后，在播放过程中可能会有卡顿，此时可单击"合成"面板下方的"分辨率/向下采样系数弹出式菜单"，并选择合适的分辨率选项。分辨率越低，画面播放则越流畅，如图1-60所示。

图1-60

（5）在时间轴面板中按键盘空格键，即可观察到视频播放更流畅了，如图1-61所示。

图1-61

1.2.9 实战：整理文件

文件路径

实战素材/第1章

操作要点

学习整理文件

操作步骤

（1）打开本书配套文件"实例：整理文件.aep"，如图1-62所示。

图1-62

（2）在"项目"面板中执行"文件"/"整理工程（文件）"/"收集文件…"命令，如图1-63所示。

图1-63

（3）在弹出的"收集文件"窗口中设置"收集源文件"为"全部"，勾选"完成时在资源管理器中显示收集的项目"，然后单击"收集"按钮，如图1-64所示。

图1-64

（4）在弹出的"将文件收集到文件夹中"窗口中设置文件路径及名称，然后单击"保存"按钮，如图1-65所示。

（5）此时打开文件路径的位置，即可看到收集的文件夹，如图1-66所示。

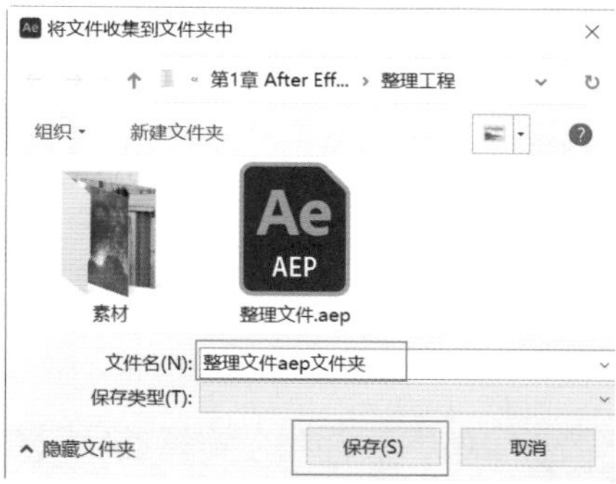

图 1-65

图 1-66

1.3　熟悉After Effects中常用操作

1.3.1　实战：Ctrl+D复制图层

文件路径

实战素材/第1章

操作要点

学习使用快捷键Ctrl+D复制图层

案例效果

图 1-67

操作步骤

（1）新建合成与导入文件。在"项目"面板中右击并选择"新建合成"，在弹出的"合成设置"窗口中设置"合成名称"为合成1，"预设"为HDTV 1080 25，"宽度"为1920px，"高度"为1080px，"帧速率"为25帧/秒，"持续时间"为30秒，如图1-68所示。

（2）执行"文件"/"导入"/"文件…"命令，如图1-69所示。

图 1-68

图 1-69

（3）在弹出的"导入文件"窗口中选择01.mp4、02.mp4素材，单击"导入"按钮，如图1-70所示。

图 1-70

（4）将导入"项目"面板中的01.mp4、02.mp4素材拖拽到"时间轴"面板中，如图1-71所示。

图 1-71

此时画面效果如图1-72所示。

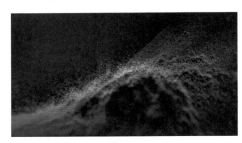

图 1-72

（5）在"时间轴"面板中选择01.mp4素材文件，设置01.mp4素材文件的结束时间为7秒14帧，如图1-73所示。

图 1-73

（6）在"时间轴"面板中选择02.mp4素材文件，并设置"混合模式"为"屏幕"，如图1-74所示。

图 1-74

（7）在"时间轴"面板中选择02.mp4素材文件，使用快捷键Ctrl+D进行复制，如图1-75所示。

（8）在"时间轴"面板选择图层1中的02.mp4素材文件，设置起始时间为5秒11帧，结束时间为7秒07帧，如图1-76所示。

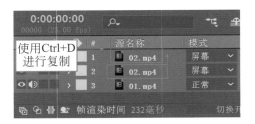

图 1-75

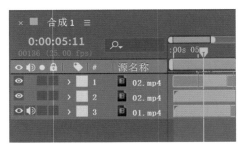

图 1-76

（9）接着选择图层2的02.mp4素材文件，设置结束时间为1秒19帧，如图1-77所示。

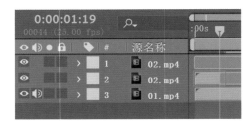

图 1-77

此时本案例制作完成，效果如图1-78所示。

图 1-78

1.3.2 实战：Ctrl+Alt+Home将锚点对齐到中心

文件路径

实战素材/第1章

学习使用快捷键Ctrl+Alt+Home将锚点对齐到中心

案例效果

图1-79

操作步骤

（1）导入素材。执行"文件"/"导入"/"文件…"命令，导入全部素材。在"项目"面板中将01.mp4素材拖到"时间轴"面板中，此时在"项目"面板中自动生成与素材尺寸等大的合成。接着在"项目"面板中将02.mp4素材拖到"时间轴"面板中01.mp4素材图层上方位置处，如图1-80所示。

图1-80

此时画面效果如图1-81所示。

图1-81

（2）在"时间轴"面板中通过拖动素材的尾部设置结束时间。设置01.mp4、02.mp4素材文件的结束时间为2秒，如图1-82所示。

图1-82

（3）在"时间轴"面板中打开02.mp4图层下方的"变换"，设置"位置"为（829.0,379.0）；"缩放"为（56.0，56.0%），如图1-83所示。

图1-83

（4）在调整的过程中可能会将锚点的位置偏移，此时使用快捷键Ctrl+Alt+Home将锚点对齐到中心，对比如图1-84所示。

图1-84

（5）绘制形状遮罩。为了便于操作，选择02.mp4图层，单击该图层前的 ◉ （隐藏/显现）按钮，将其进行隐藏。接着在工具栏中选择 ✐ （钢笔工具），在窗户的内侧单击鼠标左键建立锚点，在绘制时可调整锚点两端控制点改变路径形状，如图1-85所示。

图1-85

快速入门篇

（6）此时再次单击该图层前的 👁（隐藏/显现）按钮，将01.mp4图层进行显示，画面效果如图1-86所示。

图 1-86

（7）在"时间轴"面板中将时间线滑动至起始时间位置处，右键单击01.mp4素材文件，在弹出的快捷菜单中执行"时间"/"冻结帧"命令，如图1-87所示。

图 1-87

此时本案例制作完成，效果如图1-88所示。

图 1-88

1.3.3 实战：撤销错误操作

文件路径

实战素材/第1章

操作要点

学习撤销错误操作

案例效果

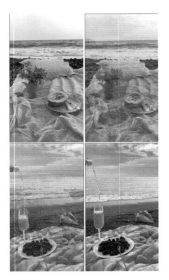

图 1-89

操作步骤

（1）导入素材。执行"文件"/"导入"/"文件…"命令，导入全部素材。在"项目"面板中将02.mp4素材拖到"时间轴"面板中，此时在"项目"面板中自动生成与素材尺寸等大的合成。接着在"项目"面板中将01.mp4素材拖到"时间轴"面板中02.mp4素材图层上方位置处，如图1-90所示。

图 1-90

此时画面效果如图1-91所示。

图 1-91

（2）在"时间轴"面板中设置01.mp4素材文件的结束时间为1秒02帧，如图1-92所示。

图1-92

（3）在"时间轴"面板中设置02.mp4素材文件的结束时间为1秒59帧，如图1-93所示。

图1-93

（4）在"效果和预设"面板中搜索"块溶解"效果，将该效果拖到"时间轴"面板中的01.mp4图层上，如图1-94所示。

图1-94

（5）展开01.mp4素材文件下方的"变换"，将时间线滑动至42帧位置处，单击 <i>时间变化秒表</i>（时间变化秒表）按钮，设置"过渡完成"为0%，将时间线滑动到1秒位置处，设置"过渡完成"为100%；设置"块宽度"为1.0；设置"块高度"为1.0，如图1-95所示。

图1-95

重点笔记

1.在After Effects中可以发现很多属性或参数的前方都有 （时间变化秒表）按钮，该按钮是用于制作动画的工具。按钮默认为灰色时，表示该属性无动画。时间轴移动到某个位置时，若单击该按钮，则会变为彩色 按钮，此时代表开始记录动画。

2.时间轴移动到某个位置时，会在时间轴面板左上角显示当前的时间。

3.当为素材添加"过渡"类视频效果后，通常会有"过渡完成"参数，数值为0%时表示未开始进行过渡，数值为100%时表示过渡完成。因此若在某两个时间位置分别设置"过渡完成"为0%和100%，那么就表示在这段时间内，会产生从没有过渡到完全过渡的动画效果。

（6）在"时间轴"面板中选择02.mp4图层下方的"变换"，设置"位置"为（829.0，379.0）；"缩放"为（56.0，56.0%），如图1-96所示。

图1-96

重点笔记

通常情况下素材中的"位置"和"缩放"属性由两个参数组成。其中左侧代表x轴的参数，右侧代表y轴的参数。因此"位置"属性包括x轴位置，y轴位置；"缩放"属性包括x轴缩放，y轴缩放。

（7）当制作画面效果错误时，可使用快捷键Ctrl+Z进行撤销制作。如当"块宽度"错误地设置为25.0时，如图1-97所示。

图1-97

（8）如果需要修改到之前的数值，使用快捷键 Ctrl+Z 进行撤销。此时已撤销刚刚制作的一步，如图 1-98 所示。

图 1-98

本案例制作完成，效果如图 1-99 所示。

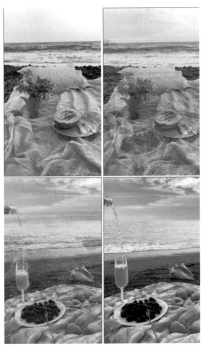

图 1-99

1.3.4 实战：快捷键"～"可最大化当前面板

文件路径

实战素材/第1章

操作要点

学习使用快捷键"～"最大化当前面板

操作步骤

（1）导入素材。执行"文件"/"导入"/"文

件…"命令，导入全部素材。在"项目"面板中将 01.mp4 素材拖到"时间轴"面板中，此时在"项目"面板中自动生成与素材尺寸等大的合成，如图 1-100 所示。

图 1-100

此时画面效果如图 1-101 所示。

图 1-101

（2）在英文输入法下按键盘左上角的～键，当前"合成"面板最大化，如图 1-102 所示。

图 1-102

（3）再次单按～键恢复到正常界面，如图 1-103 所示。

图 1-103

1.3.5　实战：快速将素材跟合成大小保持一致

文件路径

实战素材/第1章

操作要点

学习快速将素材跟合成大小保持一致

案例效果

图 1-104

操作步骤

（1）新建合成与导入文件。在"项目"面板中右击并选择"新建合成"，如图1-105所示。

（2）在弹出的"合成设置"窗口中设置"合成名称"为合成1，"预设"为自定义，"宽度"为3000px，"高度"为1688px，"帧速率"为25帧/秒，"持续时间"为5秒，如图1-106所示。

图 1-105

图 1-106

（3）执行"文件"/"导入"/"文件…"命令，如图1-107所示。

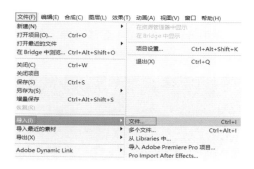

图 1-107

（4）在弹出的"导入文件"窗口中选择01.mp4、02.mp4素材，单击"导入"按钮，如图1-108所示。

图 1-108

（5）将导入"项目"面板中的01.mp4、02.mp4素材拖到"时间轴"面板中，如图1-109所示。

图 1-109

此时画面效果如图1-110所示。

图 1-110

（6）此时素材文件与合成大小不同，选择素材然后使用快捷键Ctrl+Alt+F使素材自动充满画面，可快速将素材与合成大小保持一致。在"时间轴"面板分别选择01.mp4、02.mp4素材文件，使用快捷键Ctrl+Alt+F，使素材与合成大小相同，如图1-111所示。

图1-111

（7）在"时间轴"面板中设置01.mp4素材文件的结束时间为1秒，如图1-112所示。

图1-112

（8）在"时间轴"面板中设置02.mp4素材文件的结束时间为2秒01帧，如图1-113所示。

图1-113

（9）在"效果和预设"面板中搜索"百叶窗"效果，将该效果拖到"时间轴"面板中的01.mp4图层上，如图1-114所示。

图1-114

（10）展开01.mp4素材文件下方的"效果"/"百叶窗"，将时间线滑动至20帧位置处，单击"过渡完成"前方的 （时间变化秒表）按钮，设置"过渡完成"为0%，将时间线滑动到1秒01帧位置处，设置"过渡完成"为100%，如图1-115所示。

图1-115

此时本案例制作完成，效果如图1-116所示。

图1-116

1.3.6 实战：设置不同的界面窗口布局

文件路径

实战素材/第1章

操作要点

学习设置不同的界面窗口布局

操作步骤

在菜单栏中执行"窗口"/"工作区"命令，可将全部After Effects工作界面类型显示出来，此时可在弹出的菜单中选择不同的分类。其中包括"标准""小屏幕""库""所有面板""动画""基本图形""颜色""效果""简约""绘画""文本""运动跟踪"和"编辑工作区"等类型，不同的类型适合不同的操作使用。例如，在制作特效时，可选择"效果"类型，如图1-117所示。

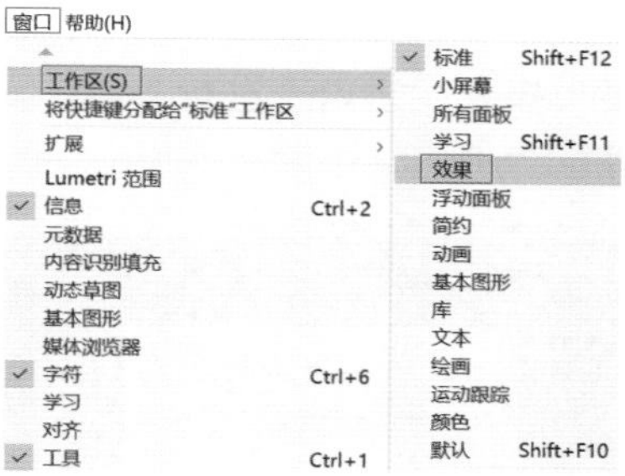

图 1-117

● 默认

在菜单栏中执行"窗口"/"工作区"命令，在弹出的属性菜单中选择"默认"选项，此时工作界面为"默认"模式，如图1-118所示。

图 1-118

● 标准

在菜单栏中执行"窗口"/"工作区"命令，在弹出的属性菜单中选择"标准"选项，此时工作界面为"标准"模式，"项目"面板、"合成"面板、"时间轴"面板以及"效果和预设"面板为主要工作区，如图1-119所示。

图 1-119

● 小屏幕

在菜单栏中执行"窗口"/"工作区"命令，在弹出的属性菜单中选择"小屏幕"选项，此时工作界面为"小屏幕"模式，如图1-120所示。

图 1-120

● 库

在菜单栏中执行"窗口"/"工作区"命令，在弹出的属性菜单中选择"库"选项，此时工作界面为"库"模式，"合成"面板和"库"面板为主要工作区，如图1-121所示。

图 1-121

● 所有面板

在菜单栏中执行"窗口"/"工作区"命令，在弹出的属性菜单中选择"所有面板"选项，此时工作界面显示所有面板，如图1-122所示。

图 1-122

● 动画

在菜单栏中执行"窗口"/"工作区"命令，在弹出的属性菜单中选择"动画"选项，此时工作界面为"动画"模式，"合成"面板、"效果控件"面板及"效果和预设"面板为主要工作区，适用于动画制作，如图1-123所示。

图1-123

● 基本图形

在菜单栏中执行"窗口"/"工作区"命令，在弹出的属性菜单中选择"基本图形"选项，此时工作界面为"基本图形"模式，"项目"面板、"时间轴"面板及"基本图形"面板为主要工作区，如图1-124所示。

图1-124

● 颜色

在菜单栏中执行"窗口"/"工作区"命令，在弹出的属性菜单中选择"颜色"选项，此时工作界面为"颜色"模式，如图1-125所示。

图1-125

● 效果

在菜单栏中执行"窗口"/"工作区"命令，在

弹出的属性菜单中选择"效果"选项，此时工作界面为"效果"模式，适用于进行视频、音频等效果操作，如图1-126所示。

图1-126

● 简约

在菜单栏中执行"窗口"/"工作区"命令，在弹出的属性菜单中选择"简约"选项，此时工作界面为"简约"模式，"合成"面板及"时间轴"面板为主要工作区，如图1-127所示。

图1-127

● 绘画

在菜单栏中执行"窗口"/"工作区"命令，在弹出的属性菜单中选择"绘画"选项，此时工作界面为"绘画"模式，"合成"面板、"时间轴"面板、"图层"面板、"绘画"面板和"画笔"面板为主要工作区，适用于绘画操作，如图1-128所示。

图1-128

● 文本

在菜单栏中执行"窗口"/"工作区"命令，在弹出的属性菜单中选择"文本"选项，此时工作界面为"文本"模式，适用于进行文本编辑等操作，如图 1-129 所示。

● 运动跟踪

在菜单栏中执行"窗口"/"工作区"命令，在弹出的属性菜单中选择"运动跟踪"选项，此时工作界面为"运动跟踪"模式，适用于画面动态跟踪效果，如图 1-130 所示。

图 1-129

图 1-130

1.4　将制作好的文件渲染

1.4.1　实战：渲染 AVI 格式的视频

文件路径

实战素材/第1章

操作要点

学习渲染 AVI 格式的视频

案例效果

图 1-131

操作步骤

（1）导入素材。打开本书配套文件"径向模糊"制作急速行驶效果，如图 1-132 所示。

（2）滑动时间线，此时画面效果如图 1-133 所示。

图 1-132

图 1-133

（3）在"菜单栏"面板中执行"合成"/"添加到渲染队列"命令，如图 1-134 所示。

图 1-134

（4）或在"时间轴"面板中使用快捷键Ctrl+M
键打开"渲染队列"面板，如图1-135所示。

图 1-135

（5）单击"输出模块"后的"高品质"按钮，
如图1-136所示。

图 1-136

（6）在弹出的"输出模块设置"窗口中设置
"格式"为AVI，如图1-137所示。

图 1-137

（7）单击"输出到"后面的 尚未指定 按钮，如图
1-138所示。

（8）在弹出的"将影片输出到："窗口中，设置
保存位置和文件名称，设置完成后单击"保存"按
钮，如图1-139所示。

图 1-138

图 1-139

（9）在"渲染队列"面板中单击"渲染"按钮，
此时出现渲染进度条，如图1-140所示。

图 1-140

（10）渲染完成后，在刚才设置的路径文件夹下即
可看到渲染完成的"01.avi"文件，如图1-141所示。

图 1-141

1.4.2 实战: 渲染一张静态图片

文件路径

实战素材/第1章

操作要点

学习渲染图片

案例效果

图 1-142

操作步骤

(1)打开本书配套文件"实例:渲染一张静态图片.aep",如图 1-143 所示。

图 1-143

此时画面效果如图 1-144 所示。

图 1-144

(2)在"时间轴"中将时间线滑动至起始时间位置处。如需要其他画面,将时间线滑动至需要的位置处,如图 1-145 所示。

(3)在当前位置执行"合成"/"帧另存为"/"文件…"命令,如图 1-146 所示。

图 1-145

图 1-146

(4)此时在界面下方自动跳转到"渲染队列"面板,如图 1-147 所示。

图 1-147

(5)单击"渲染队列"面板中"输出模块"后方的 Photoshop 按钮,如图 1-148 所示。

图 1-148

(6)在弹出的"输出模块设置"窗口中设置"格式"为"JPEG"序列,取消勾选"使用合成帧编号"复选框,如图 1-149 所示。

(7)单击"格式选项",在打开的窗口中设置"品质"为10,单击"确定"按钮。接着在弹出的窗口中继续单击"确定"按钮,如图 1-150 所示。

图 1-149

图 1-150

（8）单击"输出到"后面的 01 (0-00-00-00).jpg 按钮，如图1-151所示。

图 1-151

（9）在弹出的"将帧输出到："窗口中修改保存位置和文件名称，单击"保存"按钮完成修改，如图1-152所示。

图 1-152

（10）在"渲染队列"面板中单击"渲染"按钮，如图1-153所示。

图 1-153

（11）渲染完成后，在刚才保存路径的文件夹中可以看到渲染出的图片，如图1-154所示。

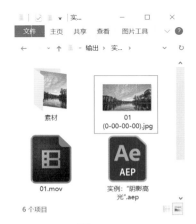

图 1-154

1.4.3 实战：渲染部分视频片段

文件路径

实战素材/第1章

操作要点

学习渲染片段

案例效果

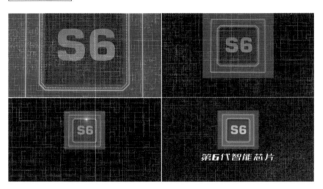

图 1-155

操作步骤

（1）打开本书配套文件"芯片.aep"，如图1-156所示。

图 1-156

（2）滑动时间线，此时画面效果如图1-157所示。

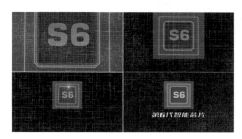

图 1-157

（3）在"菜单栏"面板中执行"合成"/"添加到渲染队列"命令，如图1-158所示。

图 1-158

（4）在"时间轴"面板中使用快捷键Ctrl+M打开"渲染队列"面板，如图1-159所示。

图 1-159

（5）在"渲染队列"面板中单击"渲染设置"后方的"最佳设置"按钮，如图1-160所示。

图 1-160

（6）在弹出的窗口中单击"自定义"按钮，如图1-161所示。

图 1-161

（7）设置"起始"时间为第0秒，"结束"时间为2秒，单击"确定"按钮，如图1-162所示。

图 1-162

（8）单击"输出到"后面的 合成 1.mov 按钮，如图1-163所示。

（9）在弹出的"将影片输出到："窗口中设置合适的文件名称及保存路径，设置完成后单击"保存"按钮，如图1-164所示。

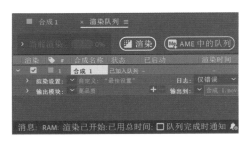

图 1-163

图 1-164

（10）单击"渲染队列"面板右上方的"渲染"按钮，如图 1-165 所示。

图 1-165

渲染完成后，在刚才设置的路径文件夹下就能看到渲染完成的"合成1.mov"文件，如图 1-166 所示。

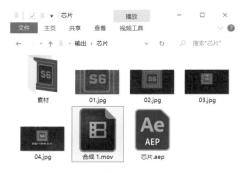

图 1-166

1.4.4　实战：渲染MOV格式视频

文件路径

实战素材/第1章

操作要点

学习渲染MOV格式视频

案例效果

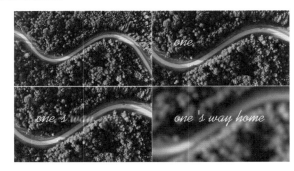

图 1-167

操作步骤

（1）打开本书配套文件"渲染MOV格式视频.aep"，如图 1-168 所示。

图 1-168

（2）滑动时间线，此时画面效果如图 1-169 所示。

图 1-169

（3）在"菜单栏"面板中执行"合成"/"添加到渲染队列"命令，如图1-170所示。

图 1-170

（4）在"时间轴"面板中使用快捷键Ctrl+M打开"渲染队列"面板，如图1-171所示。

图 1-171

（5）在"渲染队列"面板中单击"输出模块"后的"高品质"按钮，如图1-172所示。

图 1-172

（6）在弹出的"输出模块设置"窗口中设置"格式"为QuickTime，如图1-173所示。

图 1-173

（7）单击"输出到"后面的 01.mov 按钮，如图1-174所示。

图 1-174

（8）在弹出的"将影片输出到："窗口中修改保存的路径，如图1-175所示。

图 1-175

（9）在"渲染队列"面板中单击"渲染"按钮，如图1-176所示。

图 1-176

渲染完成后，在刚才设置的路径文件夹下就能看到渲染完成的"01.mov"文件，如图1-177所示。

图 1-177

1.4.5 实战：渲染PSD格式文件

文件路径

实战素材/第1章

操作要点

学习渲染PSD格式文件

案例效果

图 1-178

操作步骤

（1）打开本书配套文件"渲染PSD格式文件.aep"，如图1-179所示。

图 1-179

（2）滑动时间线，此时画面效果如图1-180所示。

图 1-180

（3）将时间线滑动到合适位置，执行"合成"/"帧另存为"/"文件"命令，如图1-181所示。

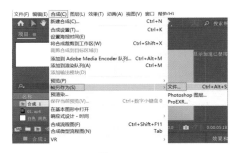

图 1-181

（4）此时界面下方自动跳转到"渲染队列"面板，如图1-182所示。

图 1-182

（5）单击"输出模块"后方的 Photoshop 按钮，如图1-183所示。

图 1-183

（6）在弹出的"输出模块设置"窗口中设置"格式"为"Photoshop"序列，取消勾选"使用合成帧编号"复选框，如图1-184所示。

图 1-184

（7）在“渲染队列”面板中单击“输出到”后面的合成 1 (0-00-05-18).psd按钮，如图1-185所示。

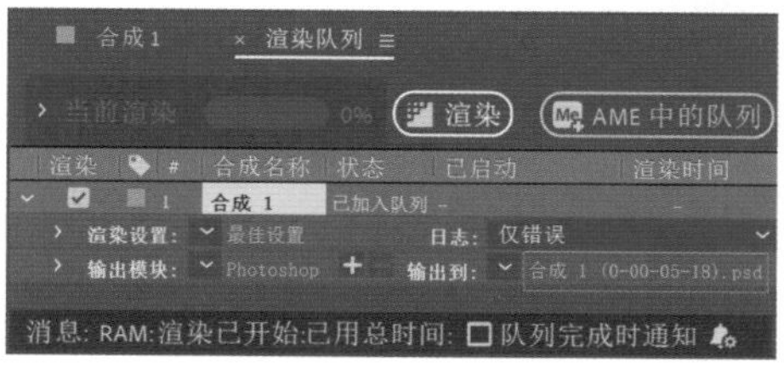

图1-185

（8）在弹出的“将帧输出到：”窗口中设置保存路径和文件名称，设置完成后单击“保存”按钮，如图1-186所示。

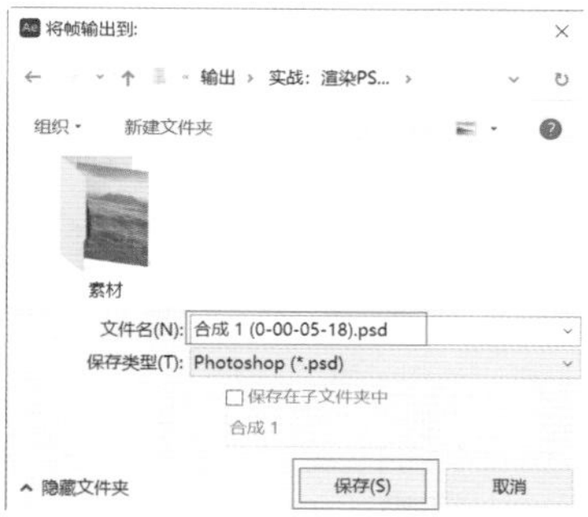

图1-186

（9）在“渲染队列”面板中单击“渲染”按钮，如图1-187所示。

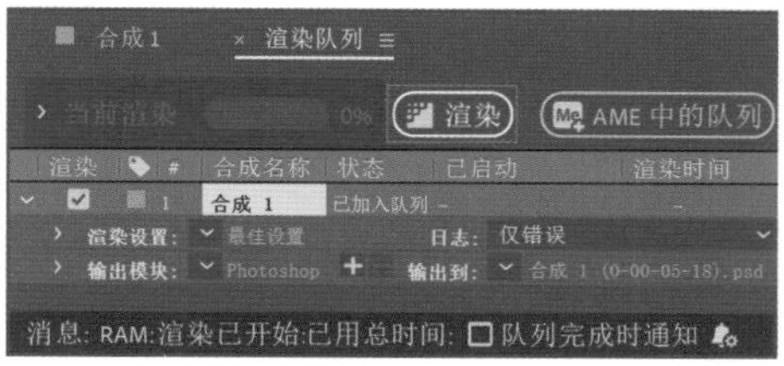

图1-187

（10）渲染完成后，在刚才保存路径的文件夹中可以看到渲染完成的文件，如图1-188所示。

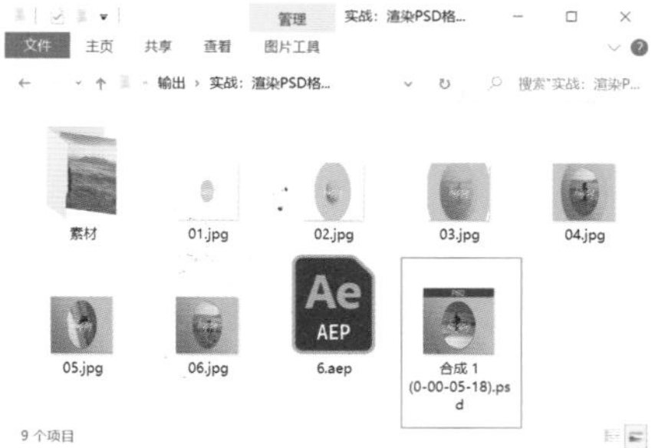

图1-188

1.4.6 实战：渲染小尺寸

文件路径

实战素材/第1章

操作要点

学习渲染小尺寸

案例效果

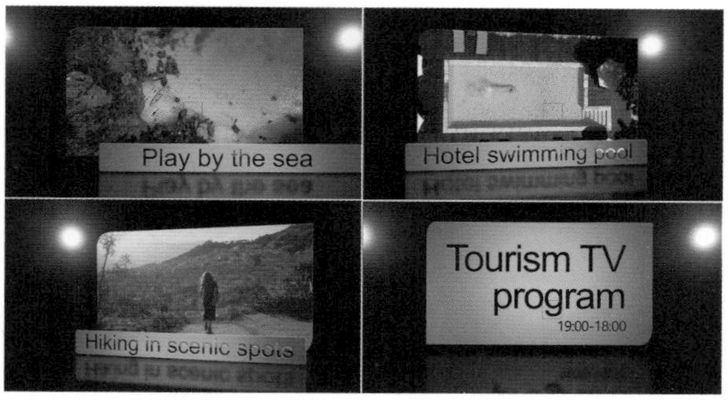

图1-189

操作步骤

（1）打开本书配套文件“渲染小尺寸.aep”，如图1-190所示。

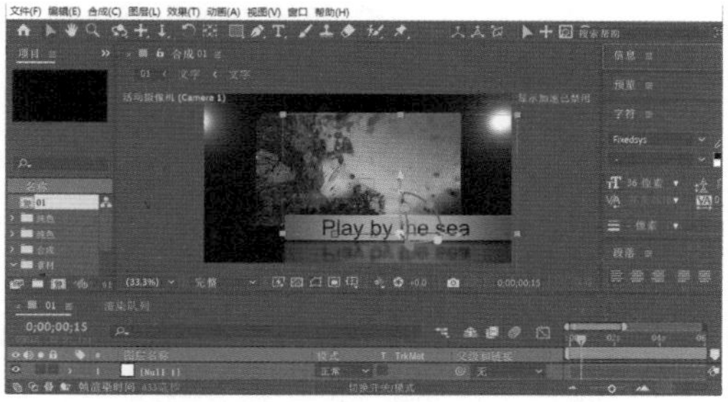

图1-190

（2）滑动时间线，此时画面效果如图1-191所示。

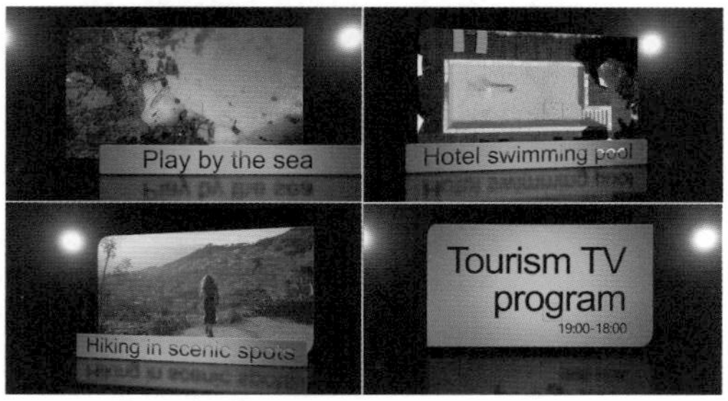

图1-191

（3）在“菜单栏”面板中执行“合成”/“添加到渲染队列”命令，如图1-192所示。

快速入门篇

图 1-192

（4）在"时间轴"面板中使用快捷键Ctrl+M打开"渲染队列"面板，如图1-193所示。

图 1-193

（5）在"渲染队列"单击"渲染设置"后方的"最佳设置"按钮，如图1-194所示。

图 1-194

（6）在弹出的"渲染设置"窗口中设置"分辨率"为"三分之一"，如图1-195所示。

图 1-195

（7）单击"输出模块"后方的"高品质"按钮，如图1-196所示。

（8）在弹出的"输出模块设置"窗口设置"格式"为AVI，如图1-197所示。

图 1-196

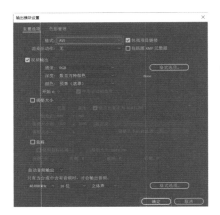

图 1-197

（9）修改视频的保存路径和文件名称。单击"输出到"后面的 01.avi 按钮，如图1-198所示。

图 1-198

（10）在弹出的"将影片输出到："窗口中修改保存路径和文件名称，单击"保存"按钮完成修改，如图1-199所示。

图 1-199

（11）单击"渲染队列"面板右上方的"渲染"按钮，如图1-200所示。

图1-200

（12）渲染完成后，刚才设置的路径文件夹下就能看到渲染完成的"01.avi"文件，如图1-201所示。

图1-201

1.4.7　实战：使用Adobe Media Encoder渲染小格式视频

文件路径

实战素材/第1章

操作要点

学习使用Adobe Media Encoder渲染小格式视频

案例效果

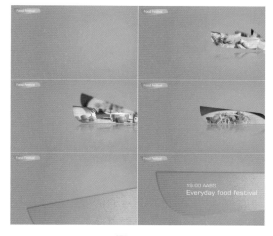

图1-202

（1）打开本书配套文件"美食节目预告.aep"，如图1-203所示。

图1-203

（2）滑动时间线，此时画面效果如图1-204所示。

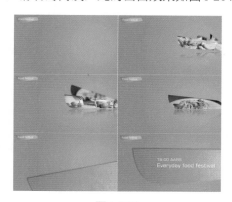

图1-204

（3）激活"时间轴"面板，在菜单栏中执行"合成"/"添加到Adobe Media Encoder队列"命令，如图1-205所示。

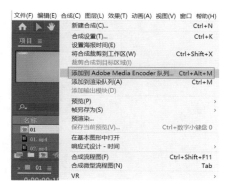

图1-205

（4）由于计算机中安装了Adobe Media Encoder2022，因此可以成功开启。此时正在开启该软件，如图1-206所示。

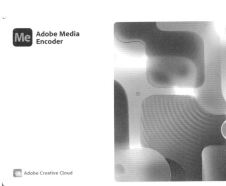

图1-206

（5）在"队列"面板中，单击■按钮，选择H.264选项，然后设置保存文件的路径和名称，如图1-207所示。

图1-207

（6）单击"匹配源-高比特率"按钮，如图1-208所示。

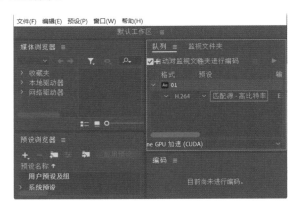

图1-208

（7）在弹出的"导出设置"面板中选中"视频"选项，接着展开"比特率设置"，设置"目标比特率"为5，"最大比特率"为5，如图1-209所示。

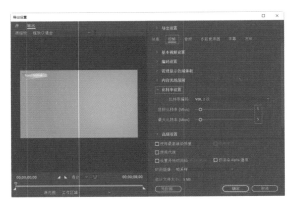

图1-209

（8）单击右上角的启动队列按钮▶，如图1-210所示。

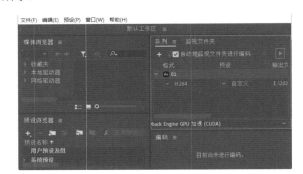

图1-210

（9）等待渲染完成后，在刚才设置的路径文件夹下可以找到渲染出的视频"01.mp4"，如图1-211所示。

图1-211

（10）右键单击01.mp4素材文件，在弹出的快捷菜单中执行"属性"命令，如图1-212所示。

图 1-212

（11）在弹出的"01.mp4属性"窗口中，可以看到这个文件大小为4.80MB，是很小的，但是画面清晰度还是不错的，如图1-213所示。若是需要更小

的视频文件，那么可以将刚才的"目标比特率"和"最大比特率"数值再调小一点。

图 1-213

1.5 课后练习：应用快捷键替换素材

文件路径

实战素材/第1章

操作要点

学习使用快捷键"替换素材"

案例效果

图 1-214

操作步骤

（1）导入素材。执行"文件"/"导入"/"文件…"命令，导入全部素材。在"项目"面板中将01.mp4素材拖到"时间轴"面板中，此时在"项目"面板中自动生成与素材尺寸等大的合成。接着将02.mp4素材拖到"时间轴"面板中01.mp4素材下方，如图1-215所示。

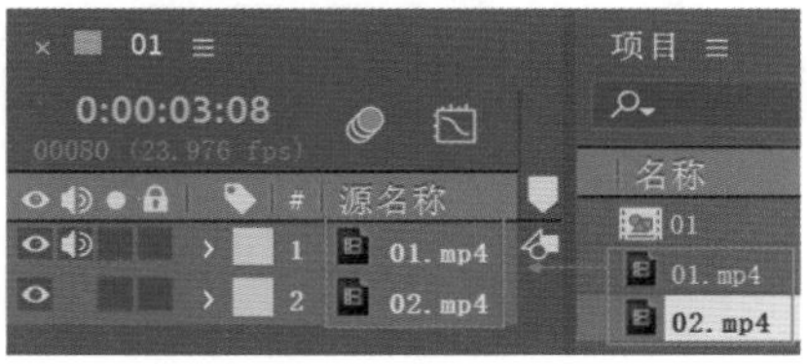

图 1-215

（2）在"时间轴"面板中设置01.mp4素材文件的结束时间为2秒01帧，如图1-216所示。

图 1-216

（3）在"时间轴"面板中设置02.mp4素材文件的结束时间为4秒01帧，如图1-217所示。

图 1-217

（4）展开01.mp4素材文件下方的"变换"，将时间线滑动至起始时间位置处，单击"缩放"前方的 ⏱（时间变化秒表）按钮，设置"缩放"为（100.0，100.0%），将时间线滑动到1秒11帧位置处，设置"缩放"为（224.0，224.0%），如图1-218所示。

图 1-218

（5）在"效果和预设"面板中搜索"渐变擦除"效果，将该效果拖到"时间轴"面板中的01.mp4图层上，如图1-219所示。

图 1-219

（6）展开01.mp4素材文件下方的"效果"/"渐变擦除"，将时间线滑动至1秒04帧位置处，单击"过渡完成"前方的 ⏱（时间变化秒表）按钮，设置"过渡完成"为0%，将时间线滑动到2秒01帧位置处，设置"过渡完成"为100%，如图1-220所示。

图 1-220

滑动时间线，此时画面效果如图1-221所示。

（7）替换素材。在"时间轴"面板中选中02.mp4素材，接着在"项目"面板中将03.mp4素材按住Alt键的同时，单击鼠标左键拖动到"时间轴"面板中的02.mp4素材上，释放鼠标替换素材，如图1-222所示。

图 1-221

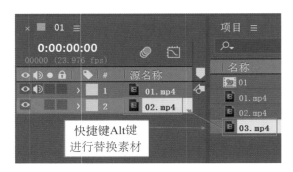

图 1-222

本案例制作完成，滑动时间线，此时画面效果如图1-223所示。

图 1-223

本章小结

本章主要介绍After Effects的界面功能、文件操作方式、常用操作和渲染方法。

第2章
视频的简单编辑

拍摄完视频后，首先要对视频进行基本的编辑操作，如剪辑、调整位置、调整时长等。本章将重点对视频的基础编辑操作进行讲解。视频编辑是对图片、视频、音乐等素材进行混合、切割、合并等二次设计，旨在更加突出视频画面的主旨。本章就来学习一些常用的、简单有效的视频剪辑技巧。

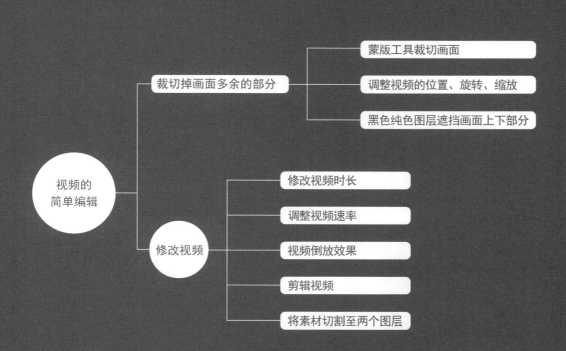

2.1 裁切掉画面多余的部分

2.1.1 实战：蒙版工具裁切画面

文件路径

实战素材/第2章

操作要点

使用钢笔工具制作蒙版，裁剪画面。

案例效果

图 2-1

操作步骤

（1）导入素材。执行"文件"/"导入"/"文件…"命令，导入全部素材。在"项目"面板中将01.mp4素材拖到"时间轴"面板中，此时在"项目"面板中自动生成与素材尺寸等大的合成。接着在"项目"面板中将02.mp4素材拖到"时间轴"面板中01.mp4素材图层上方位置处，如图2-2所示。

图 2-2

此时画面效果如图2-3所示。

图 2-3

（2）绘制形状遮罩。为了便于操作，选择02.mp4图层，单击该图层前的 ◎ （隐藏/显现）按钮，将其进行隐藏，如图2-4所示。

图 2-4

此时画面效果如图2-5所示。

图 2-5

（3）选中02.mp4素材图层，在工具栏中选择 ✐（钢笔工具），在电脑的内侧单击鼠标左键建立锚点，在绘制时可调整锚点两端控制杆改变路径形状，如图2-6所示。

（4）此时再次单击02.mp4素材图层前的 （隐藏/显现）按钮，将02.mp4图层进行显现，画面效果如图2-7所示。

图2-6　　　　　　图2-7

（5）在"时间轴"面板中将时间线滑动至起始时间位置处，右键单击01.mp4素材文件，在弹出的快捷菜单中执行"时间"/"冻结帧"命令，如图2-8所示。

图2-8

此时本案例制作完成，效果如图2-9所示。

图2-9

2.1.2　实战：调整视频的位置、旋转、缩放

文件路径

实战素材/第2章

操作要点

调整视频的位置、旋转、缩放，设置关键帧。

案例效果

图2-10

操作步骤

（1）在"项目"面板中右击并选择"新建合成"选项，在弹出的"合成设置"面板中设置"合成名称"为合成1，"预设"为自定义，"宽度"为3000px，"高度"为1688px，"帧速率"为25帧/秒，"持续时间"为5秒。执行"文件"/"导入"/"文件…"命令，导入全部素材。在"时间轴"面板中的空白位置处单击鼠标右键，执行"新建"/"纯色"命令。接着在弹出的"纯色设置"窗口中设置"颜色"为白色，并命名"白色 纯色 1"，如图2-11所示。

图2-11

此时画面效果如图2-12所示。

图2-12

（2）在"项目"面板中将05.jpg素材拖到"时间轴"面板中，如图2-13所示。

图2-13

此时画面效果如图2-14所示。

图2-14

（3）在"时间轴"面板中单击打开05.jpg图层下方的"变换"。设置"位置"为（1423.4，502.5）；取消"缩放"的约束比例；设置"缩放"为（19.9，20.1%）。将时间线滑动到1秒02帧，单击"不透明度"前方的 ⏱ （时间变化秒表）按钮，设置"不透明度"为0%，将时间线滑动到1秒11帧位置处，设置"不透明度"为100%，如图2-15所示。

图2-15

 拓展笔记

在基础操作中展开需要制作素材的"变换"，修改"位置""缩放""旋转""不透明度"效果，并设置关键帧即可制作多种实用动画。

（4）在"项目"面板中将04.jpg素材拖到"时间轴"面板中，如图2-16所示。

图2-16

（5）在"时间轴"面板中单击打开04.jpg图层下方的"变换"。将时间线滑动到1秒19帧，单击"位置"前方的 ⏱ （时间变化秒表）按钮，设置"位置"为（1164.1，2138.5），将时间线滑动到2秒06帧位置处，设置"位置"为（1164.1，1176.2），"缩放"为（29.9，29.9%），如图2-17所示。

图2-17

 重点笔记

在实际创作作品时，需要设置素材的位置和缩放等数值，常使用鼠标左键拖动数值的位置，会使得数值动态变化，在我们认为已经得到适合的效果时，松开鼠标左键即可。

但为了读者能得到与本书一致的案例效果，因此本书详尽地提供了这些参数作为参考，不需对参数死记硬背。

（6）滑动时间线，此时画面效果如图2-18所示。

（7）在"项目"面板中将03.jpg素材拖到"时间轴"面板中，如图2-19所示。

图 2-18

图 2-19

（8）在"时间轴"面板中单击打开 03.jpg 图层下方的"变换"。设置"位置"为（400.7，1174.5）。将时间线滑动到 1 秒 07 帧，单击"缩放"前方的 ⏱（时间变化秒表）按钮，取消缩放的"约束比例"，设置"缩放"为（0.0，0.0%），将时间线滑动到 1 秒 16 帧位置处，设置"缩放"为（19.8，19.9%），如图 2-20 所示。

图 2-20

（9）在"项目"面板中将 02.jpg 素材拖到"时间轴"面板中，如图 2-21 所示。

图 2-21

（10）在"时间轴"面板中单击打开 02.jpg 图层

下方的"变换"，设置"位置"为（2349.0，839.0），设置"缩放"为（42.0，42.0%）；将时间线滑动到 21 帧，单击"旋转"和"不透明度"前方的 ⏱（时间变化秒表）按钮，设置"旋转"为（0x-14.0°），"不透明度"为 0%；将时间线滑动到 1 秒 01 帧位置处，设置"不透明度"为 100%；将时间线滑动到 1 秒 10 帧位置处，设置"旋转"为（0x+0.0°），如图 2-22 所示。

图 2-22

（11）滑动时间线，此时画面效果如图 2-23 所示。

图 2-23

（12）在"项目"面板中将 01.jpg 素材拖到"时间轴"面板中，如图 2-24 所示。

图 2-24

（13）在"时间轴"面板中单击打开 01.jpg 图层下方的"变换"。将时间线滑动到起始时间，单击"位置"和"缩放"前方的 ⏱（时间变化秒表）按钮，设置"位置"为（1483.7，839.1），"缩放"为（239.0%，239.0%）；将时间线滑动到 1 秒位置处，设置"位置"为（643.9，489.8），"缩放"为（73.0，73.0%），如图 2-25 所示。

图 2-25

本案例制作完成，效果如图2-26所示。

图 2-26

2.1.3 实战：黑色纯色图层遮挡画面上下部分

文件路径

实战素材/第2章

操作要点

使用黑色纯色图层遮挡画面上下部分

案例效果

图 2-27

操作步骤

（1）导入素材。执行"文件"/"导入"/"文件…"命令，导入01.mp4素材。在"项目"面板中将01.mp4素材拖到"时间轴"面板中，此时在"项目"面板中自动生成与素材尺寸等大的合成，如图2-28所示。

图 2-28

（2）滑动时间线，此时画面效果如图2-29所示。

图 2-29

（3）在"时间轴"面板中的空白位置处单击鼠标右键，执行"新建"/"纯色"命令。接着在弹出的"纯色设置"窗口中设置"颜色"为黑色，并命名"黑色 纯色 1"，如图2-30所示。

图 2-30

（4）在"时间轴"面板中选择"黑色 纯色 1"图层，如图2-31所示。

图 2-31

（5）在"工具栏"中选择█（矩形工具），将光标移动到"合成"面板中，在中间位置按住鼠标左键进行拖拽；绘制一个矩形蒙版，如图2-32所示。

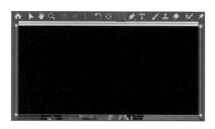

图2-32

（6）在"时间轴"面板中单击打开"黑色 纯色1"图层下方的"蒙版"，勾选"反转"，如图2-33所示。

图2-33

通过制作纯色图层遮罩，遮挡画面某一部分，可用于进行遮挡水印或制作字幕等，还可以通过设置合适的纯色颜色制作电影效果。

本案例制作完成，效果如图2-34所示。

图2-34

2.2　修改视频

2.2.1　实战：修改视频时长

文件路径

实战素材/第2章

操作要点

修改视频时长

案例效果

图2-35

操作步骤

（1）导入素材。执行"文件"/"导入"/"文件…"命令，导入所有素材。在"项目"面板中将01.mp4素材拖到"时间轴"面板中，此时在"项目"面板中自动生成与素材尺寸等大的合成。在"项目"面板中将02.mp4素材拖到"时间轴"面板中01.mp4素材文件下方，如图2-36所示。

图2-36

（2）滑动时间线，此时画面效果如图2-37所示。

（3）在"时间轴"面板中，选择01.mp4素材文件的结束位置处，按住鼠标左键向4秒位置拖拽，释放鼠标可以使01.mp4素材文件的结束时间更改为4秒，如图2-38所示。

（4）在"效果和预设"面板中搜索"块溶解"效果。然后将该效果拖到"时间轴"面板中的01.mp4图层上，如图2-39所示。

图 2-37

图 2-38

图 2-39

（5）在"时间轴"面板中单击打开01.mp4图层下方的"效果"/"块溶解"。将时间线滑动到2秒41帧处，单击"过渡完成"前方的 ⏱ （时间变化秒表）按钮，设置"过渡完成"为0%；将时间线滑动到3秒49帧位置处，设置"过渡完成"为100%，"块高度"为1.0，如图2-40所示。

图 2-40

（6）滑动时间线，此时画面效果如图2-41所示。

图 2-41

（7）将时间线滑动至3秒26帧位置处，在"时间轴"面板中选择02.mp4素材文件，使用快捷键Alt+[进行裁剪，使02.mp4素材文件的起始时间为3秒26帧，如图2-42所示。

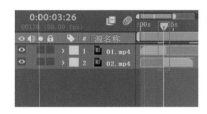

图 2-42

本案例制作完成，效果如图2-43所示。

图 2-43

2.2.2 实战：调整视频速率

文件路径

实战素材/第2章

操作要点

使用"时间"/"时间伸缩"命令制作出视频加速的效果

案例效果

图2-44

操作步骤

（1）导入素材。执行"文件"/"导入"/"文件…"命令，导入所有素材。在"项目"面板中将01.mp4素材拖到"时间轴"面板中，此时在"项目"面板中自动生成与素材尺寸等大的合成，如图2-45所示。

图2-45

（2）滑动时间线，此时画面效果如图2-46所示。

图2-46

（3）在"时间轴"面板中选择01.mp4素材图层，右键单击，在弹出的快捷菜单中执行"时间"/"时间伸缩"，如图2-47所示。

图2-47

（4）在弹出的"时间伸缩"窗口中设置"拉伸因数"为40%，接着单击"确定"按钮，如图2-48所示。

图2-48

📋🖊 **重点笔记**

在"时间轴"面板中单击  按钮，在弹出的快捷菜单中执行"列数"/"伸缩"按钮，如图2-49所示。

图2-49

此时"时间轴"面板如图2-50所示。

图2-50

接着左右拖动"伸缩"下方的数值对视频进行速率调整，如图2-51所示。

快速入门篇

图 2-51

本案例制作完成，效果如图2-52所示。

图 2-52

2.2.3 实战：视频倒放效果

文件路径

实战素材/第2章

操作要点

使用"时间"/"时间反向图层"命令制作出视频倒放的效果

案例效果

图 2-53

操作步骤

（1）导入素材。执行"文件"/"导入"/"文件…"命令，导入所有素材。在"项目"面板中将01.mp4素材拖到"时间轴"面板中，此时在"项目"面板中自动生成与素材尺寸等大的合成，如图2-54所示。

图 2-54

（2）滑动时间线，此时画面效果如图2-55所示。

图 2-55

（3）在"时间轴"面板中右键单击01.mp4素材文件，在弹出的快捷菜单中执行"时间"/"时间反向图层"命令制作倒放效果，如图2-56所示。

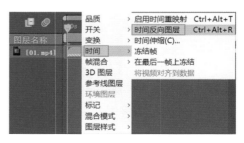

图 2-56

本案例制作完成，效果如图2-57所示。

图 2-57

2.2.4　实战：Alt+[和 Alt+]剪辑视频

文件路径

实战素材/第 2 章

操作要点

使用快捷键 Alt+[和 Alt+] 进行剪辑视频

案例效果

图 2-58

操作步骤

（1）导入素材。执行"文件"/"导入"/"文件…"命令，导入所有素材。在"项目"面板中将 01.mp4 素材拖到"时间轴"面板中，此时在"项目"面板中自动生成与素材尺寸等大的合成。接着将 02.mp4 素材文件拖到"时间轴"面板中 01.mp4 文件下方，如图 2-59 所示。

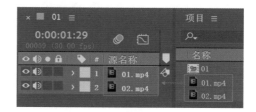

图 2-59

（2）滑动时间线，此时画面效果如图 2-60 所示。

图 2-60

（3）将时间线滑动至 2 秒位置处，接着在"时间轴"面板中选择 01.mp4 素材图层使用快捷键 Alt+]进行剪切，此时 01.mp4 素材图层的结束时间为 2 秒，如图 2-61 所示。

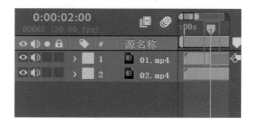

图 2-61

（4）在"效果和预设"面板中搜索"CC Light Wipe"效果。然后将该效果拖到"时间轴"面板中的01.mp4图层上，如图2-62所示。

图2-62

（5）在"时间轴"面板中单击打开01.mp4图层下方的"效果"/"CC Light Wipe"。将时间线滑动到1秒25帧，单击"Completion"前方的⏱（时间变化秒表）按钮，设置"Completion"为0.0%；将时间线滑动到2秒位置处，设置"Completion"为100%，如图2-63所示。

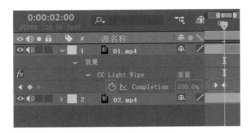

图2-63

（6）滑动时间线，此时画面效果如图2-64所示。

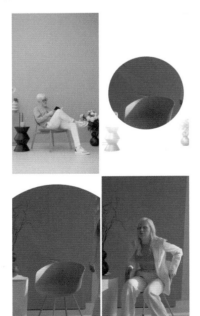

图2-64

（7）将时间线滑动至6秒位置处，接着在"时间轴"面板中选择02.mp4素材图层，使用快捷键Alt+]进行剪切，此时02.mp4素材图层的结束时间为6秒，如图2-65所示。

图2-65

本案例制作完成，效果如图2-66所示。

图2-66

2.2.5 实战：Ctrl + Shift + D 将素材切割至两个图层

文件路径

实战素材/第2章

操作要点

使用快捷键Ctrl+Shift+D进行视频剪辑

案例效果

图2-67

操作步骤

（1）导入素材。执行"文件"/"导入"/"文件…"命令，导入所有素材。在"项目"面板中将01.mp4素材拖到"时间轴"面板中，此时在"项目"面板中自动生成与素材尺寸等大的合成，如图2-68所示。

图2-68

（2）滑动时间线，此时画面效果如图2-69所示。

图2-69

（3）将时间线滑动至3秒位置处，接着在"时间轴"面板中选择01.mp4素材图层，使用快捷键Ctrl+Shift+D进行拆分图层，此时图层2的01.mp4素材图层的结束时间为3秒，图层1的01.mp4素材图层的起始时间为3秒，如图2-70所示。

图2-70

（4）将时间线滑动至13秒位置处，在"时间轴"面板中选择图层1的01.mp4素材图层，使用快捷键Alt+[进行剪切，此时01.mp4素材图层的起始时间为13秒，如图2-71所示。

图2-71

（5）将"时间轴"面板图层1的01.mp4素材图层的时间滑块向前拖，设置起始时间为3秒，如图2-72所示。

图2-72

本案例制作完成，效果如图2-73所示。

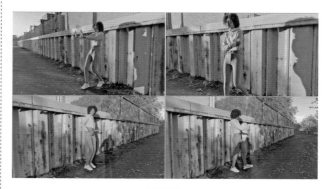

图2-73

快速入门篇

051

2.3　课后练习：混合模式人物海报

文件路径

实战素材/第2章

操作要点

使用"Keylight（1.2）"进行抠像，接着使用"混合模式"制作人物海报

案例效果

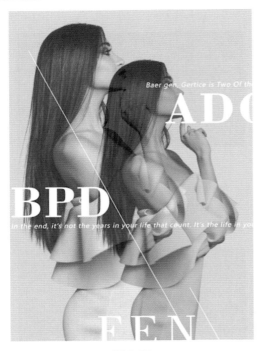

图2-74

操作步骤

（1）在"项目"面板中，单击鼠标右键选择"新建合成"，在弹出来的"合成设置"面板中设置"合成名称"为01，"预设"为"自定义"，"宽度"为2480，"高度"为3497，"帧速率"为25，"持续时间"为5秒。执行"文件"/"导入"/"文件…"命令，导入全部素材。在"时间轴"面板中的空白位置处单击鼠标右键，执行"新建"/"纯色"命令。接着在弹出的"纯色设置"窗口中设置"颜色"为浅橙色，并命名为"浅色橙色 纯色1"，如图2-75所示。

（2）执行"文件"/"导入"/"文件…"命令，导入全部素材。在"项目"面板中将01.jpg素材拖到"时间轴"面板中，如图2-76所示。

图2-75

图2-76

（3）在"时间轴"面板中单击打开01.jpg素材图层下方的"变换"，设置"位置"为（1155.0，1838.5），"不透明度"为70%，如图2-77所示。

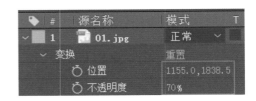

图2-77

此时画面效果如图2-78所示。

图2-78

（4）在"效果和预设"面板中搜索"Keylight（1.2）"效果。然后将该效果拖到"时间轴"面板中的01.mp4图层上，如图2-79所示。

图2-79

（5）在"时间轴"面板中单击选择01.mp4图层，在"效果控件"面板中单击Screen Colour 后方 ▣（吸管工具），接着将光标移动到合成面板中绿色背景处，单击鼠标右键进行吸取，此时 Screen Colour 后方的色块变为绿色。设置"Screen Gain"为105.0，如图2-80所示。

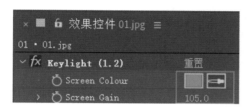

图2-80

此时画面效果，如图2-81所示。

图2-81

（6）再次在"项目"面板中将01.jpg素材拖到"时间轴"面板中。接着单击打开图层1的01.jpg素材下方的"变换"，设置"位置"为（1756.0，1988.5），"缩放"为（86.0，86.0%），"不透明度"为70%，如图2-82所示。

（7）在"效果和预设"面板中搜索"Keylight（1.2）"效果。然后将该效果拖到"时间轴"面板中的01.mp4图层上。接着在"时间轴"面板中单击选

择01.mp4图层，在"效果控件"面板中单击Screen Colour 后方▣（吸管工具），将光标移动到合成面板中绿色背景处，单击鼠标右键进行吸取，此时 Screen Colour 后方的色块变为绿色。设置"Screen Gain"为105.0，如图2-83所示。

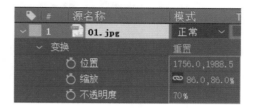

图2-82

图2-83

（8）在"时间轴"面板修改"混合模式"为相乘，如图2-84所示。

	#	源名称	模式
>	1	01.jpg	相乘
>	2	01.jpg	正常
>	3	浅色 橙色 纯...	正常

图2-84

此时画面效果如图2-85所示。

图2-85

快速入门篇

（9）在"项目"面板中将02.png素材拖到"时间轴"面板中，如图2-86所示。

图2-86

本案例制作完成，画面效果如图2-87所示。

本章小结

本章学习了多种简单实用的视频编辑方法。熟练掌握本章内容，可以对视频完成基本的操作。

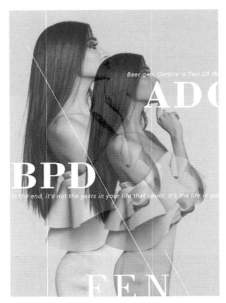

图2-87

第3章
常用的视频调色技巧

调色是After Effect中很重要的功能，视频的色彩很大程度决定了整个视频效果的"好坏"。通常情况下，不同颜色往往带动不同的情绪倾向。但在日常拍摄中经常会遇到画面太暗或太亮，风景照片没有实际场景那般艳丽等问题；或者想要画面色彩更加梦幻多彩、复古胶质等效果。想要解决这些问题并制作画面效果，往往只需要使用到非常简单的调色效果就可以实现。本章就来学习调整画面的"明暗""色相""饱和度"等常用的调色操作。After Effect具有强大的调色功能，更多的调色命令以及高级的调色操作将在本书第5章学习。

熟练掌握调整画面明暗的方法
掌握照片滤镜效果的使用方法
更改画面色相的方法的应用
掌握制作黑白色调的方法

学习
目标

思维
导图

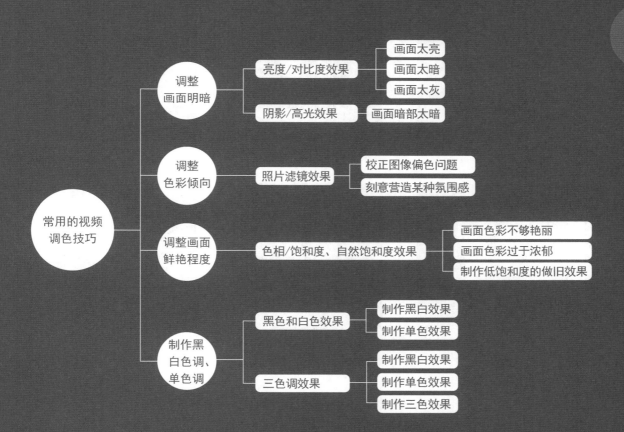

3.1　调整画面明暗

提高视频的亮度可以使画面变亮，降低图像的亮度可以使画面变暗，增强亮部区域的明亮程度并降低画面暗部区域的亮度则可以增强画面对比度，反之则会降低画面对比度。

3.1.1　认识"亮度和对比度""阴影/高光"调色效果

 功能速查

"亮度和对比度"效果常用于使图像变亮、变暗、校正"偏灰"（对比度过低）的图像、增强对比度使图像更"抢眼"或弱化对比度使图像更柔和。

 功能速查

"阴影/高光"效果常用于改善画面暗部较暗的情况。

"亮度/对比度"操作很简单，提高图像的亮度可以使画面看起来更亮；降低图像的亮度可以使画面变暗；增强亮部区域的亮度，并降低画面暗部区域的亮度则可以增强画面对比度；反之则会降低画面对比度。亮度/对比度参数效果对比见表3-1。

表 3-1　亮度和对比度参数效果对比

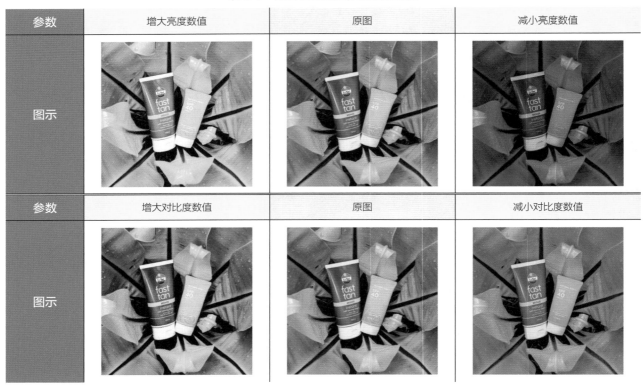

参数	增大亮度数值	原图	减小亮度数值
图示			
参数	增大对比度数值	原图	减小对比度数值
图示			

（1）将一张素材导入到时间轴面板，效果如图3-1所示。

（2）在"效果和预设"面板中搜索"亮度和对比度"效果，将该效果拖到"时间轴"面板中的素材上。"亮度"控制画面是否更亮或更暗，"对比度"控制画面对比度是否更强或更弱。

图3-1

（3）如图3-2所示增大"亮度"数值，此时画面更亮了，如图3-3所示。

图3-2

图3-3

（4）如图3-4所示增大"对比度"数值，此时画面对比度更强了，如图3-5所示。

图3-4

图3-5

3.1.2　实战：视频太暗或太亮怎么办

文件路径

实战素材/第3章

操作要点

使用"亮度和对比度"效果调整画面暗部和亮部，使其产生不同的亮度效果，改善画面太暗或太亮的问题

案例效果

图3-6

操作步骤

（1）执行"文件"/"导入"/"文件…"命令，导入01.mp4素材。在"项目"面板中将01.mp4素材拖到"时间轴"面板中，此时在"项目"面板中自动生成与素材尺寸等大的合成，如图3-7所示。

图3-7

此时画面效果如图3-8所示。

图 3-8

（2）在"效果和预设"面板中搜索"亮度和对比度"效果，将该效果拖到"时间轴"面板中的01.mp4图层上，如图3-9所示。

图 3-9

（3）在"效果控件"面板中设置"亮度"为50，如图3-10所示。

图 3-10

（4）此时画面变得更亮了，如图3-11所示。如果觉得视频太亮，则可以将"亮度"调小一些。

图 3-11

 拓展笔记

在拍摄视频时尽量不要太亮

拍摄视频时注意曝光问题，拍摄的画面不要太亮。虽然在本例中我们讲到通过将"亮度"数值调小可以让画面暗一些，但是如果拍摄的画面特别亮的话，画面中

亮部区域的细节非常少，这种情况下即使设置"亮度"数值再小，细节也无法变暗。

3.1.3 实战：视频太灰怎么办

文件路径

实战素材/第3章

操作要点

使用"亮度和对比度"效果调整画面暗部和亮部，使其产生强对比度效果，改善画面太灰的问题

案例效果

图 3-12

操作步骤

（1）执行"文件"/"导入"/"文件…"命令，导入01.mp4素材。在"项目"面板中将01.mp4素材拖到"时间轴"面板中，此时在"项目"面板中自动生成与素材尺寸等大的合成，如图3-13所示。

图 3-13

此时画面效果如图3-14所示。

图 3-14

（2）在"效果和预设"面板中搜索"亮度和对比度"效果，将该效果拖到"时间轴"面板中的01.mp4图层上，如图3-15所示。

图3-15

（3）在"效果控件"面板中设置"亮度"为20，如图3-16所示。

图3-16

此时画面变得更亮了，但是依然很灰，如图3-17所示。

图3-17

（4）继续设置"对比度"为100，如图3-18所示。

图3-18

最终画面更亮、对比度更强、色彩更饱和鲜艳，如图3-19所示。

图3-19

3.1.4　实战：视频暗部太暗怎么办

文件路径

实战素材/第3章

操作要点

使用"阴影/高光"效果调整画面暗部

案例效果

图3-20

操作步骤

（1）执行"文件"/"导入"/"文件…"命令，导入01.mp4素材。在"项目"面板中将01.mp4素材拖到"时间轴"面板中，此时在"项目"面板中自动生成与素材尺寸等大的合成，如图3-21所示。

图3-21

此时画面效果如图3-22所示。

图3-22

（2）在"效果和预设"面板中搜索"阴影/高光"效果，将该效果拖到"时间轴"面板中的01.mp4图层上，如图3-23所示。

图3-23

（3）在"效果控件"面板中展开"阴影/高光"，取消勾选"自动数量"，设置"阴影数量"设置为60，如图3-24所示。

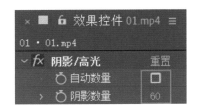

图3-24

此时本案例制作完成，调色前后对比如图3-25所示。

图3-25

 疑难笔记

添加"阴影/高光"效果后画面如果变灰了，怎么办？

"阴影/高光"效果的原理是将画面中较暗的部分变亮，使画面暗部区域看到更多细节，所以暗部变亮势必会使画面的明度变得更"灰"。如果"阴影/高光"效果之后太"灰"了，可以添加"亮度和对比度"效果，增大"对比度"数值，使对比度更强，从而改善"灰"的问题。

3.2 调整画面色彩倾向

不同的色彩有着不同的情感，调整画面的色彩倾向可以强化照片的气氛，辅助照片情感的表达。在After Effects的调色效果中有很多种用于调整画面颜色倾向的效果，本节学习其中最简单、也最常用的"照片滤镜"效果，图3-26和图3-27所示分别为原图与使用"照片滤镜"得到的不同颜色倾向的效果。

图3-27

3.2.1 认识"照片滤镜"调色效果

 功能速查

"照片滤镜"调整效果可以模仿在相机镜头前面添加彩色滤镜的效果，使用该效果可以快速调整通过镜头传输的光的色彩平衡、色温和胶片曝光，以改变照片颜色倾向。

图3-26

（1）将一张素材导入到"时间轴"面板，效果如图3-28所示。

图3-28

（2）在"效果和预设"面板中搜索"照片滤镜"效果，将该效果拖到"时间轴"面板中的素材上，如图3-29所示。

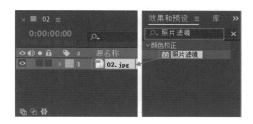

图3-29

（3）在"效果控件"面板中设置"滤镜"为"暖色滤镜（85）"，并增大"密度"数值，如图3-30所示。

图3-30

（4）设置完成后的画面变得更温暖，效果如图3-31所示。

图3-31

（5）当设置"滤镜"为"蓝"，如图3-32所示。

图3-32

此时画面变得偏向蓝色调，如图3-33所示。

图3-33

（6）当设置"滤镜"为"棕褐"，如图3-34所示。

图3-34

此时画面变得偏向棕褐色调，如图3-35所示。

图3-35

3.2.2　实战：打造神秘感色调

文件路径

实战素材/第3章

操作要点

使用"曲线"效果调整画面色调，使用"照片滤镜"效果调整画面的色相，制作神秘感的效果

案例效果

图 3-36

操作步骤

（1）执行"文件"/"导入"/"文件…"命令，导入01.mp4素材。在"项目"面板中将01.mp4素材拖到"时间轴"面板中，此时在"项目"面板中自动生成与素材尺寸等大的合成，如图3-37所示。

图 3-37

此时画面效果如图3-38所示。

图 3-38

（2）在"效果和预设"面板中搜索"曲线"效果，将该效果拖到"时间轴"面板中的01.mp4图层上，如图3-39所示。

（3）在"效果控件"面板中打开"曲线"效果，首先将"通道"设置为RGB，在曲线上单击添加一

个控制点，适当向左上角调整曲线形状，如图3-40所示。

图 3-39　　　　　　　　图 3-40

此时画面效果如图3-41所示。

图 3-41

（4）在"效果和预设"面板中搜索"照片滤镜"效果，将该效果拖到"时间轴"面板中的01.mp4图层上，如图3-42所示。

图 3-42

（5）在"时间轴"面板中单击打开01.mp4图层下方的"效果"/"照片滤镜"，设置"滤镜"为冷色滤镜（80），"密度"为100.0%，如图3-43所示。

图 3-43

此时案例制作完成，画面效果如图3-44所示。

图3-44

重点笔记

学习到这里，我们就知道了"曲线"效果的强大。不仅可以在"RGB"的通道模式下调整整体画面的明暗效果，如增强画面对比度、让暗部更暗或更亮、让亮部更暗或更亮。还可以在设置"红色""绿色""蓝色"通道时，调整曲线形态使得画面的色相产生变化。所以说"曲线"效果可以调明暗，还可以调整色彩倾向。

3.3 调整画面鲜艳程度

画面鲜艳程度通过"饱和度"来调整。"饱和度"是指色彩的鲜艳程度，图像的饱和度越高，画面看起来越艳丽。图像的饱和度并非越高越好，要根据画面主题，调整合适的饱和度。不同饱和度的情感表达效果见表3-2。

表 3-2　不同饱和度的情感表达

类型	低饱和度	中饱和度	高饱和度
正面情感	柔和、朴实	真实、生动	积极、活力
负面情感	灰暗、压抑	平淡、呆板	艳俗、烦躁

3.3.1 认识"色相/饱和度""自然饱和度"调色命令

 功能速查

"色相/饱和度""自然饱和度"可以针对图像饱和度进行调整。

（1）将一张素材导入到"时间轴"面板，效果如图3-45所示。

图 3-45

（2）在"效果和预设"面板中搜索"色相/饱和度"效果，将该效果拖到"时间轴"面板中的素材上，如图3-46所示。

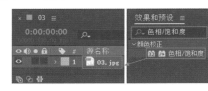

图 3-46

（3）在"效果控件"面板中适当增大"主饱和度"数值，如图3-47所示。

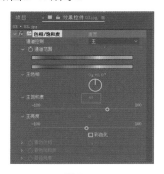

图 3-47

此时画面整体的饱和度变得非常强，色彩极其鲜艳，但是花朵的红色有些过于艳丽了，如图3-48所示。

图 3-48

（4）如果想要仅降低红色的饱和度，那么只需要将"通道控制"修改为"红色"，并降低"红色饱和度"设置即可，如图3-49所示。

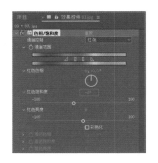

图 3-49

此时画面中的红色部分饱和度稍微降低了一些，而绿色、黄色等其他颜色则没有发生任何变化，如图3-50所示。

图 3-50

3.3.2　实战：制作鲜艳的画面

文件路径

实战素材/第3章

操作要点

使用"色相/饱和度"效果调整画面饱和度，使用"自动颜色"效果改善画面偏色问题，使用"曲线"效果让画面变明亮

案例效果

图 3-51

操作步骤

（1）执行"文件"/"导入"/"文件…"命令，导入01.mp4素材。在"项目"面板中将01.mp4素材拖到"时间轴"面板中，此时在"项目"面板中自动生成与素材尺寸等大的合成，如图3-52所示。

图3-52

此时画面效果如图3-53所示。

图3-53

（2）在"效果和预设"面板中搜索"色相/饱和度"效果，将该效果拖到"时间轴"面板中的01.mp4图层上，然后在"效果控件"面板中设置"主饱和度"为50，如图3-54所示。

图3-54

此时画面的色彩变得更鲜艳，如图3-55所示。

图3-55

（3）搜索并为01.mp4添加"自动颜色"效果，如图3-56所示。

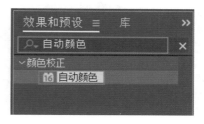

图3-56

此时画面的偏色变得不那么明显了，如图3-57所示。

图3-57

（4）搜索并为01.mp4添加"曲线"效果，如图3-58所示。

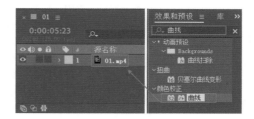

图3-58

（5）在曲线上单击添加一个控制点，并向上方拖动曲线，如图3-59所示。

图3-59

快速入门篇

此时画面更明亮，如图3-60所示。

图 3-60

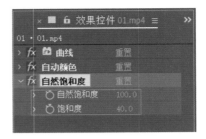

图 3-61

重点笔记

除了"色相/饱和度"之外，还可以使用"自然饱和度"效果。参数中"自然饱和度"数值不会因为数值较高时引起图像失真的情况。而"饱和度"数值则不宜设置过高。两种结合使用，效果也比较好，参数如图3-61所示，效果如图3-62所示。

图 3-62

3.4   制作黑白色调、单色调

黑白作品常见于艺术摄影作品中，通过"黑色和白色"效果可以将彩色视频或图片处理成黑白效果，还可以制作出单色视频效果。

3.4.1   认识"黑色和白色"调色效果

功能速查

"黑色和白色"效果可以去掉视频或图片中所有彩色部分，只单纯地保留黑白灰三色，还可以制作单色效果。

（1）将一张素材导入到"时间轴"面板，效果如图3-63所示。

图 3-63

（2）在"效果和预设"面板中搜索"黑色和白色"效果，将该效果拖到"时间轴"面板中的素材上，效果如图3-64所示。

图 3-64

（3）如果对当前黑白效果不满意，还可以适当修改参数，如图3-65所示。

图 3-65

此时的黑白效果更突出，如图3-66所示。

图 3-66

（4）除了可以制作黑白效果外，还可以模拟单色效果，只需要勾选"色调颜色"选项，并设置适合的颜色即可，如图3-67所示。

图 3-67

此时单色效果如图3-68所示。

图 3-68

 拓展笔记

在After Effects中用于调色的效果非常多，除了"黑色和白色"效果能模拟出上方的单色效果外，例如"三色调"效果也可以完成此类效果，如图3-69所示。

图 3-69

图3-70所示为应用"三色调"制作的单色效果。

图 3-70

3.4.2 实战：经典黑白色调的水墨感视频

文件路径

实战素材/第3章

操作要点

使用"亮度和对比度""黑色和白色"效果对视频进行调整亮度和对比度的操作，使用"黑色和白色"效果调整画面色调为黑白

案例效果

图 3-71

操作步骤

（1）执行"文件"/"导入"/"文件…"命令，导入全部素材。在"项目"面板中将01.mp4素材拖到"时间轴"面板中，此时在"项目"面板中自动生成与素材尺寸等大的合成，接着将02.png素材拖到"时间轴"面板中，如图3-72所示。

图 3-72

067

此时画面效果如图 3-73 所示。

图 3-73

（2）在"效果和预设"面板中搜索"亮度和对比度"效果，将该效果拖到"时间轴"面板中的01.mp4 图层上，如图 3-74 所示。

图 3-74

（3）在"时间轴"面板中单击打开01.mp4 图层下方的"效果"/"亮度和对比度"，设置"亮度"为40，"对比度"为100，如图 3-75 所示。

图 3-75

此时画面01.mp4 素材前后对比效果如图 3-76 所示。

图 3-76

（4）在"效果和预设"面板中搜索"黑色和白色"效果，将该效果拖到"时间轴"面板中的01.mp4 图层上，如图 3-77 所示。

（5）在"时间轴"面板中单击打开01.mp4 图层下方的"效果"/"黑色和白色"，设置"青色"为162.0，"蓝色"为0.0，如图 3-78 所示。

图 3-77

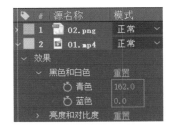

图 3-78

此时画面前后对比效果如图 3-79 所示。

图 3-79

（6）在"时间轴"面板中单击打开02.png图层下方的"变化"，设置"位置"为（1981.3，426.5），将时间线滑动至1秒，单击"不透明度"前方的 ⏱ （时间变化秒表）按钮，设置"不透明度"为0%，将时间线滑动到4秒位置处，设置"不透明度"为100%，如图 3-80 所示。

图 3-80

此时本案例制作完成，画面效果如图 3-81 所示。

图 3-81

3.5　课后练习：浓艳色彩

文件路径

实战素材/第3章

操作要点

使用"曲线"效果、"通道混合器"效果和"自然饱和度"效果制作浓艳色彩

案例效果

图3-82

操作步骤

（1）执行"文件"/"导入"/"文件…"命令，导入01.mp4素材。在"项目"面板中将01.mp4素材拖到"时间轴"面板中，此时在"项目"面板中自动生成与素材尺寸等大的合成，如图3-83所示。

图3-83

此时画面效果如图3-84所示。

图3-84

（2）在"效果和预设"面板中搜索"曲线"效果，将该效果拖到"时间轴"面板中的01.mp4图层上，如图3-85所示。

（3）在"效果控件"面板中打开"曲线"效果，首先将"通道"设置为RGB，在曲线上单击添加一个控制点，适当向左上角调整曲线形状，接着再次

添加一个控制点，适当向右下角调整曲线形状，如图3-86所示。

图3-85

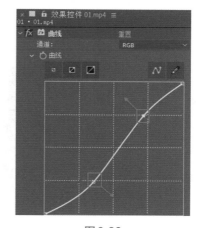

图3-86

此时画面效果如图3-87所示。

图3-87

（4）在"效果和预设"面板中搜索"通道混合器"效果，将该效果拖到"时间轴"面板中的01.mp4图层上，如图3-88所示。

图3-88

（5）在"时间轴"面板中单击打开01.mp4图层下方的"效果"/"通道混合器"，设置"红色 - 绿色"为26，"红色 - 蓝色"为-39，"蓝色 - 恒量"为5，如图3-89所示。

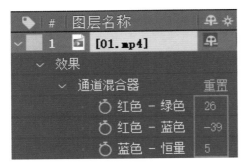

图 3-89

此时画面效果如图3-90所示。

图 3-90

（6）在"效果和预设"面板中搜索"自然饱和度"效果，将该效果拖到"时间轴"面板中的01.mp4图层上，如图3-91所示。

（7）在"时间轴"面板中单击打开01.mp4图层下方的"效果"/"自然饱和度"，设置"自然饱和度"为100.0，"饱和度"为64.0，如图3-92所示。

图 3-91

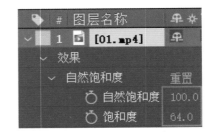

图 3-92

此时案例制作完成，画面效果如图3-93所示。

图 3-93

在进行作品调色、色彩搭配时，不同的色彩组合在一起会产生不同的色彩情感，下面推荐一些色彩的搭配方案，见表3-3。

表 3-3　常见色彩搭配方案

方案	活力	灿烂	绚丽	温和
图示				
方案	光辉	雅致	稳重	复古
图示				
方案	冷漠	希望	冰冷	清新
图示				

续表

方案	狂野	丰富	随性	静谧
图示				
方案	苦闷	阳光	明朗	欢乐
图示				
方案	炙热	烦躁	饱满	兴奋
图示				
方案	静寂	成熟	雅致	幽静
图示				
方案	潮流	婉约	纯真	低调
图示				

本章小结

　　本章介绍了一些简单的调色效果，能够解决一些常见的、简单的问题，例如画面太亮或太暗、制作黑白效果、单色效果、颜色饱和度过高或过低、调整色彩倾向等。

第4章
添加画面元素

制作视频效果时，我们总会觉得视频中缺少一些元素，感觉画面效果并不突出。有时当制作同样效果的视频时只需替换素材并添加多种画面元素就会得到新的视频效果。在画面中我们可添加"图形""文字""纯色"等元素，只需制作简单的动画效果便可使视频更具特色。本章就来学习如何添加元素。

学习目标

熟练掌握创建纯色的方法
了解并掌握添加文字的方法与文字效果
掌握绘制形状的方法
掌握关键帧制作简单的动画效果

思维导图

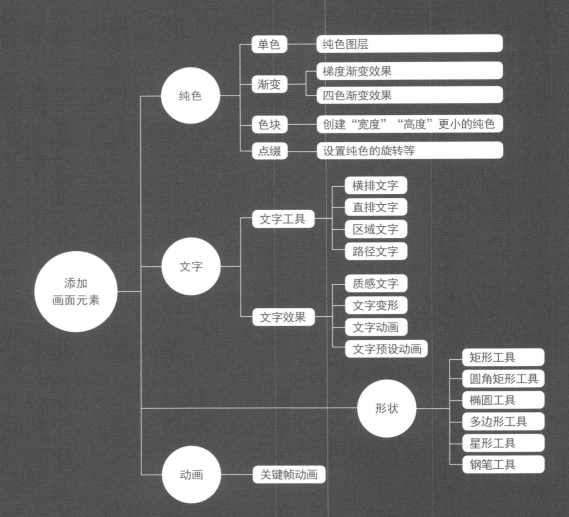

4.1 新建纯色

"纯色"图层是 After Effects 中最为常用的、基础的图层类型之一。"纯色"看似简单，但是有多种用途，见表4-1。

表 4-1 纯色的不同用途

用途	作为画面的单色背景	为其添加"梯度渐变"或"四色渐变"效果，制作彩色渐变背景	作为画面的色块，用色块制作彩色背景。需要在新建"纯色"时，设置更小的"宽度"和"高度"数值	作为画面中的小装饰。在新建"纯色"时，设置非常小的"宽度"和"高度"数值，并设置"旋转"数值，作为画面中的小点缀
图示				

4.1.1 认识"纯色"图层

功能速查

"纯色"图层常用于制作

单色的背景或画面元素。

（1）新建适合的合成，然后在"时间轴"面板单击右键，执行"新建"/"纯色"，如图4-1所示。

图 4-1

（2）在弹出的"纯色设置"中设置合适的颜色，如图4-2所示。

图 4-2

此时的画面效果如图4-3所示。

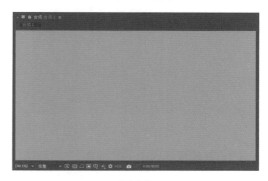

图 4-3

（3）还可以在创建时修改"宽度"和"高度"数值，如图4-4所示。

图 4-4

此时的画面效果如图4-5所示。

快速入门篇

图 4-5

重点笔记

制作小的"纯色"的方法很多

方法1：新建纯色时，设置更小的"宽度"和"高度"数值。

方法2：新建默认大小的"纯色"，然后鼠标左键拖拽纯色的任意一角位置，即可改变纯色大小，如图4-6所示。

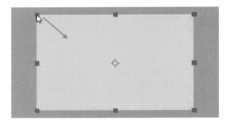

图 4-6

方法3：新建默认大小的"纯色"，然后选择纯色图层后，按快捷键S，设置适合的缩放数值即可，如图4-7所示。

图 4-7

4.1.2　实战：纯色图层制作服装展示

文件路径

实战素材/第4章

操作要点

使用"纯色"制作画面背景，使用文字工具搭配投影制作主体文字，最后使用线性颜色键将人物的白色背景去除

案例效果

图 4-8

操作步骤

（1）在"项目"面板中右击并选择"新建合成"选项，在弹出的"合成设置"面板中设置"合成名称"为合成1，"预设"为自定义，"宽度"为720，"高度"为480，"帧速率"为29.97帧/秒，"持续时间"为5秒。在"时间轴"面板中的空白位置处单击鼠标右键选择"新建"/"纯色"，在弹出的"纯色设置"窗口中设置"名称"为"浅色 红色 纯色 1"，"颜色"为"浅粉色"，如图4-9所示。

图 4-9

此时画面效果如图4-10所示。

图 4-10

（2）制作背景主体文字。在"时间轴"面板中的空白位置处单击鼠标右键选择"新建"/"文本"。

在"字符"面板中设置合适的"字体系列","填充"为白色,"描边"为无颜色,"字体大小"为140,在"段落"面板中选择▤（居中对齐文本）,如图4-11所示。

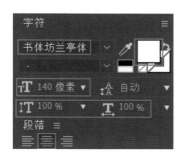

图4-11

（3）设置完成后输入合适的文本,如图4-12所示。

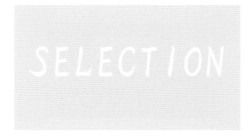

图4-12

（4）单击打开文字图层下方"变换",设置"位置"为（358.0,266.0）,如图4-13所示。

图4-13

（5）为文字添加阴影效果。在"时间轴"面板中右键选择该文本图层,在弹出的快捷菜单中执行"图层样式"/"投影"命令,如图4-14所示。

图4-14

（6）在"时间轴"面板中展开"图层样式"/"投影",设置"颜色"为粉色,"不透明度"为50%,"距离"为8.0,如图4-15所示。

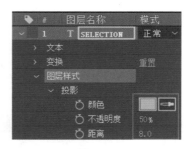

图4-15

此时文本效果如图4-16所示。

图4-16

（7）执行"文件"/"导入"/"文件…"命令,导入全部素材。在"项目"面板中将1.png素材拖到"时间轴"面板中,如图4-17所示。

图4-17

（8）在"时间轴"面板中打开1.png图层下方的"变换",设置"位置"为（355.0,243.0）,"缩放"为（60.0,60.0%）,如图4-18所示。

图4-18

此时画面效果如图4-19所示。

图4-19

（9）导入人像素材，并进行抠像。在"项目"面板中将2.jpg素材拖到"时间轴"面板中，接着打开2.jpg图层下方的"变换"，设置"位置"为（322.0，365.0），"缩放"为（27.0，27.0%），如图4-20所示。

图4-20

此时画面效果如图4-21所示。

图4-21

（10）去除白色背景。在"效果和预设"面板中搜索"线性颜色键"，并将其拖到"时间轴"面板中的2.jpg图层上，如图4-22所示。

图4-22

（11）在"时间轴"面板中单击打开素材2.jpg图层下方的"效果"/"线性颜色键"，单击"主色"后方的吸管工具，吸取素材2.jpg背景中的白色，接着设置"线性颜色键"下方的"匹配柔和度"为2.0%，如图4-23所示。

图4-23

此时画面效果如图4-24所示。

图4-24

（12）在"效果和预设"面板中搜索"亮度和对比度"，并拖到"时间轴"面板中的2.jpg图层上。接着在"时间轴"面板中单击打开素材2.jpg图层下方的"效果"/"亮度和对比度"，设置"亮度"为30，"对比度"为45，如图4-25所示。

图4-25

此时画面效果如图4-26所示。

图4-26

（13）在"时间轴"面板中的空白位置处单击鼠标右键，选择"新建"/"文本"，接着在"字符"面板中设置合适的"字体系列"，设置"填充颜色"为灰色，设置"字体大小"为15像素，"设置行距"为18像素，"垂直缩放"为100%，"水平缩放"为100%。然后单击"仿粗体"，在"段落"面板中选择"右对齐文本"，如图4-27所示。

图4-27

（14）设置完成后输入合适的文本，如图4-28所示。

图4-28

（15）单击打开图层1的文本图层下方的"变换"，设置"位置"为（646.0，318.0），如图4-29所示。

图4-29

此时画面效果如图4-30所示。

图4-30

（16）在工具栏中选择"矩形工具"，设置"填充"为粉色，接着在不选择任何图层的前提下，在小文字右侧合适位置按住鼠标左键拖拽绘制一个较小的长条矩形，如图4-31所示。

（17）在工具栏中长按"横排文字工具"，在弹出的工具组中选择 🔳 "直排文字工具"，在"字符"面板中设置合适的"字体系列"，"填充"为白色，"字体大小"为6，然后在刚绘制的粉色矩形上键入文字，如图4-32所示。

图4-31

图4-32

（18）在"时间轴"面板中单击打开图层1的文本图层下方的"变换"，设置"位置"为（657.5，337.0），如图4-33所示。

图4-33

此时本案例制作完成，画面效果如图4-34所示。

图4-34

4.2 添加文字

文字在画面中起到解说、装饰等多重作用。在视频制作过程中文字是尤为重要的部分，本节就来学习在导入视频素材后，如何快速添加文字。在After Effects中可以创建不同类型的文字，绘制方式见表4-2。

表 4-2　文字工具的不同绘制方式

文字类型	横排文字	直排文字	区域文字	路径文字
图示				
文字类型	质感文字 选择文字，执行右键"图层样式"，并添加合适的样式即可制作具有质感的文字，如内阴影、发光文字、浮雕文字等	文字变形 为文字添加"效果和预设"中适合的效果，可以制作文字变形效果	文字动画 为文字设置关键帧动画可使文字"动起来"。例如不透明度动画、位置动画、缩放动画、旋转动画等	文字预设动画 在"效果和预设"面板中的执行"动画预设"/"Text"，并将合适的文件夹中的预设拖至文字上即可完成动画
图示				

4.2.1　认识"文本"图层

功能速查

"文本"图层常用于创建文字。

（1）将视频素材拖动至"时间轴"面板中，使其自动生成一个等大的合成。然后在"时间轴"面板中单击右键，执行"新建"/"文本"，如图4-35所示。

图 4-35

（2）此时出现输入的符号，输入需要的文字内容，如图4-36所示。

（3）单击▶（选取工具）选择文字，并进入"字符"面板设置适合的参数，如图4-37所示。

图 4-36

图 4-37

（4）▶（选取工具）选择文字，手动移动文字位置，如图4-38所示。

图 4-38

（5）创建完整文字后，如果想得到一个操作简单、效果炫酷的效果，那么可以妙用"动画预设"。首先将时间轴拖动至第0帧，然后进入"效果和预设"面板中，单击展开"动画预设"/"Text"，此时可以看到很多文件夹，将其中一个文件夹中的某个预设效果拖动至文字图层上即可，如图4-39所示。

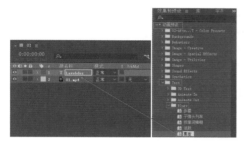

图 4-39

此时为视频制作的文字动画就做好了，如图4-40所示。可以看到文字在前2秒内由清晰、逐渐变大，变模糊，直至消失。

图 4-40

拓展笔记

除了在"时间轴"面板中新建"文本"图层创建文字外，还可以直接单击"工具栏"中的 ▥ （横排文字工具）创建文字，非常方便，如下图所示。

4.2.2 横排文字、直排文字、区域文字

1.横排文字

（1）在"工具栏"中选择"横排文字工具" ▥ ，然后在"合成面板"中单击鼠标左键，此时在"合成面板"中出现一个输入文字的光标符号，接着即可输入文本，如图4-41所示。

图 4-41

（2）单击 ▶ （选取工具）按钮，选择刚创建的文字。进入"字符"面板中，设置合适的"字体系列"和"字体大小"，如图4-42所示。

图 4-42

重点笔记

本书中大量案例中应用到了文字，通常设置了"字体系列"和"字体大小"。需要注意在"字体大小"数值不变的情况下，设置不同的"字体系列"，文字在画面中显示的大小是不同的。因此读者若使用了其他的"字体系列"，就需要根据字体在画面中的大小重新修改"字体大小"，不需要与本书参数完全一致。

此时文字效果如图4-43所示。

图 4-43

2.直排文字

在"工具栏"中长按"文字工具组" T，选择"直排文字工具" T，然后在"合成面板"中单击鼠标左键，此时在"合成面板"中出现一个输入文字的光标符号，接着即可输入文本，最后设置合适的"文字大小"，以匹配画面，如图 4-44 所示。

图 4-44

3.区域文字

（1）在"工具栏"中选择"横排文字工具" T，然后在"合成面板"中合适位置按住鼠标左键并拖至合适大小，绘制文本框，如图 4-45 所示。

图 4-45

（2）可在文本框中输入文本，如图 4-46 所示。

图 4-46

（3）设置合适的"文字大小"数值，如图 4-47 所示。

图 4-47

4.2.3　实战：为画面添加文字

文件路径

实战素材/第4章

操作要点

使用"外发光"命令制作出文字发光的效果

案例效果

图 4-48

操作步骤

（1）在"项目"面板中右击并选择"新建合成"选项，在弹出的"合成设置"面板中设置"合成名称"为合成01，"预设"为自定义，"宽度"为1150px，"高度"为768px，"帧速率"为25，"持续时间"为5秒。执行"文件"/"导入"/"文件…"命令，导入01.jpg素材。在"项目"面板中将01.jpg素材拖到"时间轴"面板中，如图 4-49 所示。

图 4-49

（2）在"时间轴"面板中单击打开01.mp4图层下方的"变换"，设置"缩放"为（29.0，29.0%），如图4-50所示。

图4-50

此时画面效果如图4-51所示。

图4-51

（3）在"时间轴"面板中空白位置单击鼠标右键，执行"新建"/"文本"命令。在"字符"面板中设置合适的"字体系列"和"字体样式"，设置"填充颜色"为黄色，"字体大小"为100像素，"垂直缩放"为100%，"水平缩放"为100%，单击

图4-52

"仿斜体"，然后在"段落"面板中选择 ■ "左对齐文本"，如图4-52所示。

（4）设置完成后输入合适的文本，如图4-53所示。

（5）在"时间轴"面板中单击打开文字图层，展开文本图层下方的"变换"，设置"位置"为（216.9，357.6），如图4-54所示。

图4-53

图4-54

（6）在"时间轴"面板中选择文字图层右击，在弹出的快捷菜单中执行"图层样式"/"外发光"命令。在"时间轴"面板中单击打开文本图层下方的"图层样式"/"外发光"，设置"颜色"为黄色，"大小"为40.0，如图4-55所示。

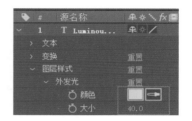

图4-55

此时本实例制作完成，滑动时间线查看实例制作效果，如图4-56所示。

图4-56

4.3 绘制形状

"形状图层"是After Effects中常用的图层方式，需要特别注意在绘制"形状图层"时不要选择任何图层，否则绘制出的是"蒙版"而非"形状"。形状图层的不同绘制工具见表4-3。

表 4-3　形状图层的不同绘制工具

类型	矩形工具	圆角矩形工具	椭圆工具	多边形工具
图示			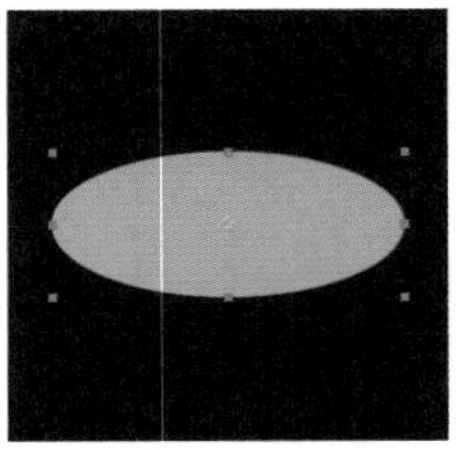	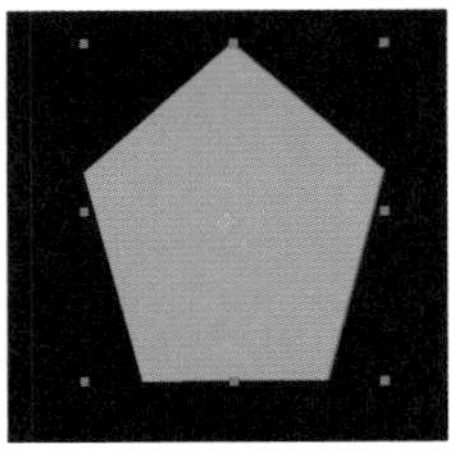

类型	星形工具	钢笔工具		
图示				

4.3.1　认识"形状图层"

 功能速查

"形状图层"命令常用于绘制不同的形状，起到画面装饰作用。可以绘制矩形、椭圆形、星形，也可使用钢笔工具绘制任意形状等。

（1）在"时间轴"面板中单击右键，执行"新建"/"形状图层"，如图4-57所示。

图 4-57

（2）在"工具栏"中设置合适的"填充"颜色，如图4-58所示。

图 4-58

（3）在合成面板中拖动绘制一个矩形形状，如图4-59所示。

（4）创建一组白色的文字，并调整图层顺序，将刚才的形状图层拖动至文字图层下方，如图4-60所示。

图 4-59

图 4-60

此时文字下方的底图效果出现了，如图4-61所示。

图 4-61

（5）除此之外，还可以在不选中任何图层的情况下，长按"工具栏"中的"矩形工具"按钮▣，如图4-62所示。

图 4-62

重点笔记

创建完成形状后，可以修改形状的"填充"颜色、"描边""描边宽度"。选择创建完成的"形状图层1"，修改"填充"颜色，即可更换为任意一种颜色，如图4-63所示。

图 4-63

如果需要形状图层不填充实体，而是仅仅显示描边效果，那么单击"填充"，并在弹出的对话框选择▨"无"按钮，如图4-64所示。

图 4-64

单击"描边"后方的颜色，并设置合适的颜色，适合的"描边"数值，即可看到描边的形状效果，如图4-65所示。

图 4-65

（6）拖动鼠标左键创建形状图层，作为画面装饰元素，如图4-66所示。

图 4-66

（7）或使用"工具栏"中的"钢笔工具"按钮✐，绘制任意的形状，如图4-67所示。

图 4-67

绘制完成后的画面效果如图4-68所示。

图 4-68

拓展笔记

"形状图层"和"蒙版"工具很像，但不要混淆。

（1）形状图层

绘制"形状图层"时，需要特别注意不要选择任何图层，然后再使用绘制工具进行绘制。此时绘制的"形状图层"是独立的一个层，如图4-69所示。

图 4-69

在合成面板中的效果，"形状图层"也是独立存在的，和其他图层无关联，如图4-70所示。

图4-70

当然，在绘制形状图层时，也不是不可以选择任何图层，如绘制之前选择已有的形状图层，那么再次绘制的形状图层则会出现在该形状图层的"内容"中，与其他形状并列，如图4-71所示。

图4-71

（2）蒙版

绘制"蒙版"需要选择相应的图层，再使用绘制工具进行绘制。例如为某个视频设置蒙版，则需要首先选择该图层，如图4-72所示。

图4-72

然后使用"矩形工具"在合成面板中拖动鼠标左键绘制，如图4-73所示。可以看到刚才选择的视频图层仅保留了矩形工具绘制的范围，而其他部分变为透明。

图4-73

并且在"时间轴"面板中，蒙版不是孤立存在的，而是在刚才选择的图层下方，如图4-74所示。

图4-74

4.3.2 实战：形状图层制作时尚杂志广告

文件路径

实战素材/第4章

操作要点

使用"钢笔工具"制作画面左侧的装饰形状，使用文字工具制作主体文字及辅助文字

案例效果

图4-75

操作步骤

（1）在"项目"面板中右击并选择"新建合成"选项，在弹出的"合成设置"面板中设置"合成名称"为1，"预设"为自定义，"宽度"为1200；"高度"为1731；"帧速率"为25帧/秒；"持续时间"为5秒。执行"文件"/"导入"/"文件…"命令，导入1.jpg素材。在"项目"面板中将1.jpg素材拖到

"时间轴"面板中,如图4-76所示。

图4-76

此时画面效果如图4-77所示。

图4-77

(2)绘制辅助形状。不选择任何图层,在工具栏中选择 ◢(钢笔工具),设置"填充"为无,"描边"为黄色,"描边宽度"为12像素,设置完成后在"合成"面板左侧绘制一个三角形形状,如图4-78所示。

图4-78

重点笔记

除了可以使用"钢笔工具"绘制三角形形状外,还可以使用"多边形工具"绘制。绘制完成后,进入"时间轴"面板中,展开"形状图层1"/"内容"/"多边星形1"/"多边星形路径1",并设置"点"为3,设置

适合的"旋转",如图4-79所示。

图4-79

即可制作出同样的三角形描边效果,如图4-80所示。

图4-80

(3)在不改变参数的情况下,继续绘制一个较小的三角形形状,如图4-81所示。

图4-81

(4)在"时间轴"面板中的空白位置处单击鼠标右键,选择"新建"/"文本",接着在"字符"面板中设置合适的"字体系列",设置"填充颜色"为白色,设置"字体大小"为190像素,"行距"为

图 4-82

42像素，"垂直缩放"为100%，"水平缩放"为100%，在"段落"面板中选择▤"右对齐文本"，如图4-82所示。

（5）设置完成后输入合适的文本，如图4-83所示。

图 4-83

（6）接着选择字母"A""S""O"，更改"填充颜色"为黄色，如图4-84所示。

图 4-84

（7）在"时间轴"面板中单击打开"FASHION"文本图层下方的"变换"，设置"位置"为（92.0,1173.5），如图4-85所示。

图 4-85

此时画面效果如图4-86所示。

图 4-86

（8）在工具栏中选择▥（文字工具），在画面底部合适位置按住鼠标左键拖拽绘制一个文本框，如图4-87所示。

（9）在"字符"面板中设置合适的"字体系列"，"填充颜色"为灰色，"字体大小"为35像素，然后在"段落"面板中单击选择▤（左对齐文

图 4-87

本），在文本框中单击鼠标左键插入光标输入文字内容，如图4-88所示。

图 4-88

（10）在"时间轴"面板中单击打开当前文本图层下方的"变换"，设置"位置"为（208.0,1468.0），如图4-89所示。

图 4-89

（11）选择图层1的文本图层，使用快捷键Ctrl+D进行复制，接着移动到" we can..encountered"文本图层上方，如图4-90所示。

图 4-90

（12）单击打开副本文字图层下方的"变换"，设置"位置"为（520.0,1468.0），如图4-91所示。

此时画面效果如图4-92所示。

图4-91

图4-92

（13）在"时间轴"面板中的空白位置处单击鼠标右键选择"新建"/"文本"，接着在"字符"面板中设置合适的"字体系列"，设置"填充颜色"为灰色，设置"字体大小"为120像素，"行距"为42像素，"垂直缩放"为100%，"水平缩放"为100%，在"段落"面板中选择"右对齐文本"，如图4-93所示。

图4-93

（14）设置完成后输入合适的文本，如图4-94所示。

图4-94

（15）单击打开"2025"文字图层下方的"变换"，设置"位置"为（804.0，1524.0），如图4-95所示。

图4-95

（16）在"时间轴"面板中的空白位置处单击鼠标右键选择"新建"/"文本"，接着在"字符"面板中设置合适的"字体系列"，设置"填充颜色"为灰色，设置"字体大小"为25像素，"行距"为42像素，"垂直缩放"为100%，"水平缩放"为100%，在"段落"面板中选择█"左对齐文本"，如图4-96所示。

图4-96

（17）设置完成后输入合适的文本，如图4-97所示。

图4-97

（18）单击打开图层1的文字图层下方的"变换"，设置"位置"为（792.0，1571.5），如图4-98所示。

图4-98

此时本案例制作完成，画面效果如图4-99所示。

图 4-99

重点笔记

"钢笔工具"的绘制技巧。

（1）绘制普通直线。单击左键，确定第一个点，移动鼠标位置，再次单击鼠标左键，确定第二个点，依次操作，如图4-100所示。

图 4-100

（2）绘制45°或90°直线。在上面操作的过程中按住键盘Shift键即可绘制45°或90°直线，如图4-101所示。

图 4-101

（3）钢笔工具绘制曲线。单击鼠标左键确定第一个点，移动鼠标，按住鼠标左键并拖动出第二个曲线点，依次操作，如图4-102所示。

图 4-102

（4）绘制完成后修改图形。绘制完成直线后，单击工具栏中的"选取工具"完成绘制。单击"钢笔工具"，并单击移动某个点时，点的位置会发生改变，如图4-103所示。

图 4-103

（5）当按住Alt键拖动该点时，会使得尖锐的点变为圆滑的效果，如图4-104所示。

图 4-104

（6）当对光滑的点按住Alt键单击时，则会转为尖锐的点，如图4-105所示。

图 4-105

（7）添加点。在"钢笔工具"状态下，在线上单击鼠标左键即可添加点，如图 4-106 所示。

图 4-106

4.3.3　实战：形状工具绘制儿童食品广告

文件路径

实战素材/第4章

操作要点

使用形状工具绘制画面背景和文字边框，使用"曲线"调亮人物肤色，最后键入合适的文字

案例效果

图 4-107

操作步骤

步骤01　制作背景

（1）在"项目"面板中，单击鼠标右键选择"新建合成"，在弹出来的"合成设置"面板中设置"合成名称"为合成1，"预设"为 PAL D1/DV 宽荧幕发型像素，"宽度"为1050，"高度"为576，"帧速率"为25，"持续时间"为7秒。执行"文件"/"导入"/"文件…"命令，导入全部素材。在"项目"面板中将01. jpg素材拖到"时间轴"面板中，如图 4-108 所示。

图 4-108

（2）在"时间轴"面板中单击打开01.jpg素材图层下方的"变换"，设置"缩放"为（82.0，82.0%），如图 4-109 所示。

图 4-109

此时画面图层如图 4-110 所示。

图 4-110

（3）在"时间轴"面板中空白位置单击鼠标左键，使当前"时间轴"面板不选中任何图层。接着在工具栏中单击选择"圆角矩形工具"，设置"描边"为白色，"描边宽度"为5，然后在"合成"面板中拖拽绘制，如图 4-111 所示。

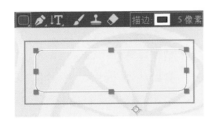

图 4-111

（4）在"时间轴"面板中打开形状图层下方的"内容"/"矩形 1"/"矩形路径 1"，设置"大小"为（412.0，116.0），"圆度"为 20.0，接着打开"变换"，设置"位置"为（521.0，288.0），如图 4-112 所示。

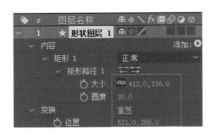

图 4-112

此时画面效果如图 4-113 所示。

图 4-113

（5）在"时间轴"面板中的空白位置处单击鼠标右键选择"新建"/"文本"，接着在"字符"面板中设置合适的"字体系列"，设置"填充颜色"为白色，设置"字体大小"为 78 像素，"垂直缩放"为 100%，"水平缩放"为 100%。然后，在"段落"面板中选择 "居中对齐文本"，如图 4-114 所示。

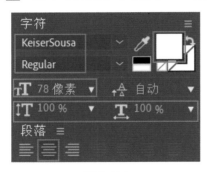

图 4-114

（6）设置完成后输入合适的文本，如图 4-115 所示。

图 4-115

（7）单击打开图层 1 的文字图层下方的"变换"，设置"位置"为（525.0，344.0），如图 4-116 所示。

图 4-116

此时画面文本效果如图 4-117 所示。

图 4-117

（8）在工具栏中单击选择"矩形工具"，设置"填充"为橙色，然后在"合成"面板底部拖拽绘制一个长方形并调整它的位置，如图 4-118 所示。

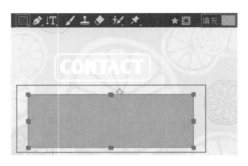

图 4-118

（9）在矩形选中状态下，在工具栏中选择"钢笔工具"，设置"颜色"为白色，然后在矩形上方绘制形状，如图 4-119 所示。

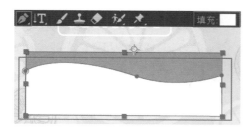

图 4-119

此时画面效果如图4-120所示。

图 4-120

步骤02 制作前景和点缀

（1）将"项目"面板中的素材02.png拖到"时间轴"面板中。在"时间轴"面板中单击打开02.png素材图层下方的"变换"，设置"位置"为（286.0，362.0），"缩放"为（70.0，70.0%），如图4-121所示。

图 4-121

此时画面效果如图4-122所示。

图 4-122

（2）在"效果和预设"面板中搜索"曲线"效果，拖到"时间轴"面板中的素材02.png图层上。选择素材02.png图层，在"效果控件"面板中展开"曲线"效果，在曲线上单击添加一个控制点并向左上角拖拽，如图4-123所示。

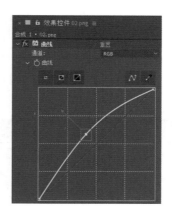

图 4-123

此时02.png素材画面效果如图4-124所示。

图 4-124

（3）将"项目"面板中的素材03.png拖到"时间轴"面板中。单击打开该图层下方的"变换"，设置"位置"为（525.0，282.0），"缩放"为（83.0，83.0%），如图4-125所示。

图 4-125

此时画面效果如图4-126所示。

图 4-126

（4）再次绘制一个圆角矩形。在不选择任何图层的前提下，在工具栏中单击选择"圆角矩形工具"，设置"描边"为蓝色，"描边宽度"为3，然后在"合成"面板中矩形右下角合适的位置进行绘制，如图4-127所示。

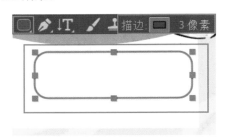

图 4-127

（5）在"时间轴"面板中的空白位置处单击鼠标右键选择"新建"/"文本"，接着在"字符"面板中设置合适的"字体系列"，设置"填充颜色"为蓝色，设置"字体大小"为25像素，"垂直缩放"为100%，"水平缩放"为100%。然后，在"段落"面板中选择 "居中对齐文本"，如图4-128所示。

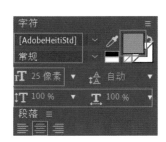

图 4-128

（6）设置完成后输入合适的文本，如图4-129所示。

图 4-129

（7）在"合成"面板中选中"50"，更改"字体大小"为60，如图4-130所示。

图 4-130

（8）单击打开图层1的文字图层下方的"变换"，设置"位置"为（715.0，480.0），如图4-131所示。

图 4-131

此时画面效果如图4-132所示。

图 4-132

（9）在蓝色圆角矩形下方继续键入文字。再次在"时间轴"面板中的空白位置处单击鼠标右键选择"新建"/"文本"，在"字符"面板中设置合适的"字体系列"，"填充"为蓝色，"字体大小"为13，"垂直缩放"为100%，"水平缩放"为100%。在"段落"面板中选择 "居中对齐文本"，如图4-133所示。

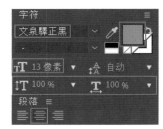

图 4-133

（10）设置完成后输入合适的文本，如图4-134所示。

图 4-134

（11）单击打开图层1的文字图层下方的"变换"，设置"位置"为（633.0，508.0），如图4-135所示。

图 4-135

（12）在"时间轴"面板中选择"Wearing……"，使用快捷键Ctrl+D进行复制，如图4-136所示。

图 4-136

（13）接着单击打开图层1的文字图层下方的"变换"，设置"位置"为（731.0，525.0），如图4-137所示。

图 4-137

此时画面效果如图4-138所示。

图 4-138

（14）以同样的方法继续在人物右侧键入文字，并设置合适的参数，如图4-139所示。

图 4-139

（15）在"工具栏"中选择"椭圆工具"，设置"填充"为蓝色，接着在画面合适的位置中按住Shift键的同时按住鼠标左键拖拽绘制一个正圆，如图4-140所示。

（16）在蓝色正圆上键入文字。再次在"时间轴"面板中的空白位置处单击鼠标右键选择"新建"/"文本"，在"字符"面板中设置合适的"字体系列"，"填充"为白色，"字体大小"为25，"垂直缩放"为100%，"水平缩放"为100%，在"段落"面板中选择 居中对齐文本"，如图4-141所示。

图 4-140

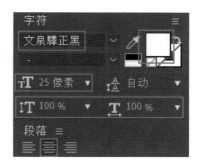

图 4-141

（17）设置完成后输入合适的文本，如图4-142所示。

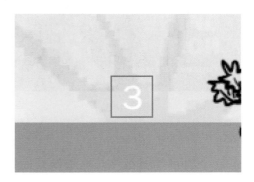

图 4-142

（18）单击打开图层1的文字图层下方的"变换"，设置"位置"为（575.0，440.0），如图4-143所示。

图 4-143

快速入门篇

此时本案例制作完成，画面效果如图4-144所示。

图4-144

4.3.4 实战：图层样式制作立体感场景

文件路径

实战素材/第4章

操作要点

使用形状工具绘制图形，并使用"内阴影"和"渐变叠加"效果为图形添加立体效果，使用"Keylight（1.2）"进行抠像人像，最后键入合适的文字

案例效果

图4-145

操作步骤

（1）在"项目"面板中，单击鼠标右键选择"新建合成"，在弹出来的"合成设置"面板中设置"合成名称"为01，"预设"为自定义，"宽度"为1500，"高度"为1000，"帧速率"为25，"持续时间"为5秒。下面创建由三角形、多边形、圆形组成的背景。在工具栏中选择 ✐（钢笔工具），设置"填充颜色"为蓝绿色，设置完成后在"合成"面板左侧绘制一个多边形形状，如图4-146所示。

（2）在"时间轴"面板空白区域单击，在"工具栏"中选择 ✐（钢笔工具），设置"填充颜色"为深绿色，接着在"合成"面板中蓝绿色图形右侧绘制一个多边形，如图4-147所示。

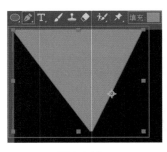 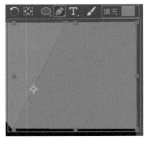

图4-146　　　　　　　图4-147

（3）在"时间轴"面板中右键选择形状图层2，在弹出的快捷菜单中执行"图层样式"/"渐变叠加"命令，如图4-148所示。

图4-148

（4）在"时间轴"面板中单击打开形状图层2下方的"图层样式"/"渐变叠加"，单击"编辑渐变"，如图4-149所示。

图4-149

（5）在弹出的"渐变编辑器"窗口设置渐变颜色为绿色到蓝绿色，如图4-150所示。

图4-150

（6）再次在"时间轴"面板中右键选择形状图层2，在弹出的快捷菜单中执行"图层样式"/"内阴影"命令，如图4-151所示。

图 4-151

（7）在"时间轴"面板中单击打开形状图层2下方的"图层样式"/"内阴影"，设置"不透明度"为70%，"角度"为（0x+200.0°），"距离"为60.0，"大小"为70.0，如图4-152所示。

此时画面效果如图4-153所示。

图 4-152　　　　　　　　图 4-153

（8）在"时间轴"面板空白区域单击，在"工具栏"中选择 （钢笔工具），设置"填充颜色"为深绿色，然后继续在"合成"面板中蓝绿色图形左侧绘制一个多边形，如图4-154所示。

（9）在"时间轴"面板中右键选择形状图层3，在弹出的快捷菜单中执行"图层样式"/"投影"命令。在"时间轴"面板中单击打开形状图层3下方的"图层样式"/"投影"，设置"不透明度"为70%，"角度"为（0x+170.0°），"距离"为50.0，"大小"为70.0，如图4-155所示。

此时画面效果如图4-156所示。

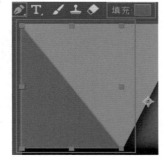

图 4-154

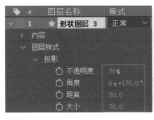

图 4-155　　　　　　　　图 4-156

（10）在不选中任何图层的状态下，在"工具

栏"中选择 （钢笔工具），设置"填充颜色"为深绿色，接着在"合成"面板左下角绘制一个多边形，如图4-157所示。

图 4-157

（11）在"时间轴"面板中单击打开形状图层3下方的"变换"，设置"位置"为（752.0，504.0），如图4-158所示。

图 4-158

（12）在"时间轴"面板中右键选择形状图层4，在弹出的快捷菜单中执行"图层样式"/"渐变叠加"命令。在"时间轴"面板中单击打开形状图层4下方的"图层样式"/"渐变叠加"，单击"编辑渐变"。在弹出的"渐变编辑器"窗口设置渐变颜色为绿色到深绿色，如图4-159所示。

图 4-159

此时画面效果如图4-160所示。

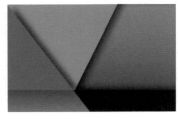

图 4-160

（13）以同样的方式绘制一个多边形并摆放到右下角合适位置，然后添加绿色到深绿色的"渐变叠加"效果，如图4-161所示。

（14）在"工具栏"中选择 （椭圆工具），设置"填充"为红色，接着在画面右侧合适位置按住Shift键的同时按住鼠标左键拖拽绘制一个正圆，如图4-162所示。

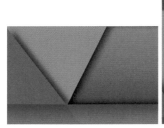
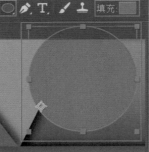

图4-161　　　　　　　　　图4-162

（15）再次在"时间轴"面板中右键选择形状图层6，在弹出的快捷菜单中执行"图层样式"/"内阴影"命令。在"时间轴"面板中单击打开形状图层6下方的"图层样式"/"内阴影"，设置"角度"为（0x+170.0°），"距离"为50.0，"大小"为100.0，如图4-163所示。

此时红色正圆画面效果如图4-164所示。

图4-163　　　　　　　　　图4-164

（16）在不选中任何图层状态下，在"工具栏"中选择 （椭圆工具），设置"填充"为红色，接着在圆形的上方位置按住Shift键的同时按住鼠标左键拖拽绘制一个正圆，如图4-165所示。

（17）在"时间轴"面板中单击打开形状图层7下方的"变换"，设置"位置"为（750.0，506.0），如图4-166所示。

图4-165

（18）再次在"时间轴"面板中右键选择形状图层7，在弹出的快捷菜单中执行"图层样式"/"内阴影"命令。

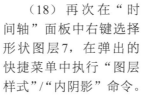

图4-166

在"时间轴"面板中单击打开形状图层7下方的"图层样式"/"内阴影"，设置"角度"为（0x-90.0°），"距离"为0.0，"大小"为40.0，如图4-167所示。

此时画面效果如图4-168所示。

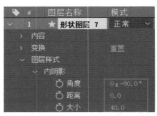
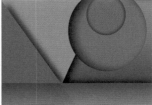

图4-167　　　　　　　　　图4-168

（19）导入人像素材，并进行抠像合成。执行"文件"/"导入"/"文件…"命令，导入全部素材。在"项目"面板中将1.jpg素材拖到"时间轴"面板中，如图4-169所示。

图4-169

此时画面效果如图4-170所示。

图4-170

（20）在"效果和预设"面板中搜索"Keylight（1.2）"效果。然后将该效果拖到"时间轴"面板中的01.jpg图层上，如图4-171所示。

图4-171

（21）在"时间轴"面板中单击选择01.jpg图层，接着在"效果控件"面板中展开"Keylight（1.2）"效果，然后单击Screen Colour 后方 （吸管工具），接着将光标移动到合成面板中绿色背景处，单击鼠标左键进行吸取，此时Screen Colour 后方的色块变为绿色，如图4-172所示。

图4-172

此时画面效果如图4-173所示。

图4-173

（22）为作品添加文字。在工具栏中选择 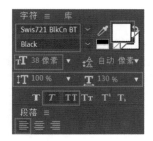（文字工具），在画面底部合适位置按住鼠标左键拖拽绘制一个文本框，如图4-174所示。

图4-174

（23）在"字符"面板中设置合适的"字体系列"和"字体样式"，"填充颜色"为白色，"字体大小"为144像素，接着单击下方的"全部大写字母"。然后在"段落"面板中单击选择 （左对齐文本），设置完成后，在文本框中单击鼠标左键插入光标输入文字内容，如图4-175所示。

图4-175

（24）在"时间轴"面板中单击打开文字图层的"变换"，设置"位置"为（412.4,453.0），如图4-176所示。

图4-176

（25）在"时间轴"面板中的空白位置处单击鼠标右键选择"新建"/"文本"，接着在"字符"面板中设置合适的"字体系列"，设置"填充颜色"为白色，设置"字体大小"为38像素，"垂直缩放"为100%，"水平缩放"为130%。然后单击"仿斜体""全部大写字母"，在"段落"面板中选择 "左对齐文本"，如图4-177所示。

图4-177

（26）设置完成后，输入合适的文本，如图4-178所示。

图4-178

（27）在"时间轴"面板中单击打开文字图层的"变换"，设置"位置"为（142.0,855.4），如图4-179所示。

图4-179

此时本案例制作完成，画面效果如图4-180所示。

图 4-180

4.3.5 实战：形状图层和图层样式制作降价图标

操作要点

使用"多边星形路径"制作渐变放射背景，然后使用钢笔工具和形状工具制作其他图形，并添加合适的渐变叠加图层样式，最后添加合适的文本

案例效果

图 4-181

操作步骤

（1）在"项目"面板中，单击鼠标右键选择"新建合成"，在弹出来的"合成设置"面板中设置"合成名称"为合成1，"预设"为自定义，"宽度"为1000，"高度"为1000，"像素长宽比"为方形像素，"帧速率"为24，"持续时间"为5秒，"背景颜色"为蓝色。设置完成后，在"工具栏"中选择▇（矩形工具），设置"填充颜色"为白色，然后在

合成面板中绘制一个与合成面板等大的矩形，如图4-182所示。

图 4-182

（2）在"时间轴"面板中单击打开形状图层1下方的"内容"，单击"添加"后方的 ▶ 按钮，选择"多边星形"，如图4-183所示。

图 4-183

（3）在"内容"/"矩形1"下方单击"矩形路径1"前方 ◉ （隐藏/显现）按钮，将矩形进行隐藏，接着展开"多边星形路径1"，设置"点"为30.0，"位置"为（–13.0，0.0），"内径"为0.0，"外径"为715.0，"外圆度"为200.0%，如图4-184所示。

图 4-184

此时画面效果如图4-185所示。

图 4-185

（4）在"时间轴"面板中选择形状图层1，单击鼠标右键，在弹出的快捷菜单中执行"图层样式"/"渐变叠加"命令，如图4-186所示。

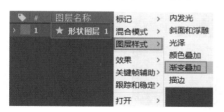

图4-186

（5）在"时间轴"面板中单击打开形状图层1下方的"图层样式"/"渐变叠加"，单击"颜色"后方的编辑渐变，在弹出的"渐变编辑器"窗口中，编辑一个从白色到淡蓝色的渐变，如图4-187所示。

图4-187

（6）设置"样式"为径向，"缩放"为150.0%，如图4-188所示。

图4-188

此时画面效果如图4-189所示。

图4-189

（7）在"时间轴"面板中的空白位置处单击鼠标右键，执行"新建"/"纯色"命令。接着在弹出的窗口中设置"颜色"为洋红色，并命名为"中间色洋红 纯色1"，如图4-190所示。

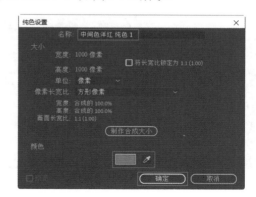

图4-190

（8）在"时间轴"面板中选择纯色图层，单击鼠标右键，在弹出的快捷菜单中执行"图层样式"/"渐变叠加"命令，接着单击打开纯色图层下方的"图层样式"/"渐变叠加"，单击"颜色"后方的编辑渐变，在弹出的"渐变编辑器"窗口中，编辑一个洋红色系的渐变，在编辑时可单击色条下方空白处添加色标，如图4-191所示。

图4-191

（9）设置"角度"为（0x+124.0°），如图4-192所示。

图4-192

此时画面效果如图4-193所示。

（10）绘制蒙版。在"时间轴"面板中选择纯色图层，在工具栏中单击选择 ✐（钢笔工具），然后在"合成"面板中绘制多个三角形遮罩，如图4-194所示。

图4-193　　　　　　　图4-194

（11）在不选中任何图层的状态下，在工具栏中单击 ✐（钢笔工具），设置"填充"为洋红色，"描边"为蓝色，"描边宽度"为3像素，接着在画面中合适位置单击鼠标左键建立锚点，接着在合适位置继续单击建立锚点，最后回到起点绘制一个箭头形状，如图4-195所示。

此时画面效果如图4-196所示。

图4-195　　　　　　　图4-196

（12）在不选中任何图层的状态下，继续使用 ✐（钢笔工具），并设置"填充"为墨绿色，然后在箭头右侧绘制个形状，作为丝带的阴影，如图4-197所示。

图4-197

（13）单击"时间轴"面板空白处，继续单击选择 ✐（钢笔工具），设置"填充"为墨绿色，然后在箭头左侧绘制个形状，作为丝带的阴影，如图4-198所示。

（14）在不选中任何图层的状态下，接着在工

具栏中单击选择 ✐（钢笔工具），将"填充"设置为蓝色，然后在箭头上方绘制一个弯曲的形状，如图4-199所示。

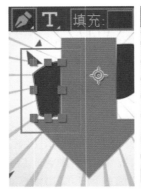
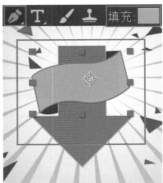

图4-198　　　　　　　图4-199

（15）"时间轴"面板中选择形状图层5，单击鼠标右键，在弹出的快捷菜单中执行"图层样式"/"渐变叠加"命令，接着单击打开形状图层5下方的"图层样式"/"渐变叠加"，单击"颜色"后方的编辑渐变，在弹出的"渐变编辑器"窗口中编辑一个蓝色系的渐变，在编辑时可单击色条下方空白处添加色标，如图4-200所示。

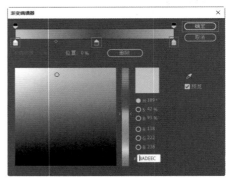

图4-200

（16）设置"角度"为（0x+183°），如图4-201所示。

此时画面效果如图4-202所示。

图4-201　　　　　　　图4-202

（17）在"时间轴"面板中的空白位置处单击鼠标右键选择"新建"/"文本"。接着在"字符"面板中设置合适的"字体系列"，设置"填充颜色"为白色，设置"字体大小"为117像素，"垂直缩放"为150%，"水平缩放"为100%，然后单击"仿粗体"，在"段落"面板中选择 "居中对齐文本"，如图4-203所示。

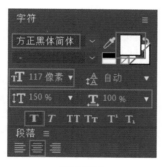

图4-203

（18）设置完成后输入合适的文本，如图4-204所示。

图4-204

（19）在"时间轴"面板中单击打开文字图层下方的"变换"，设置"位置"为（472.0，266.0），如图4-205所示。

图4-205

（20）在"时间轴"面板中选择文字图层，单击鼠标右键，在弹出的快捷菜单中执行"图层样式"/"渐变叠加"命令，接着单击打开文字图层下方的"图层样式"/"渐变叠加"，单击"颜色"后方的编辑渐变，在弹出的"渐变编辑器"窗口中，编辑一个洋红色系的渐变，在编辑时可单击色条下方空白处添加色标，如图4-206所示。

此时画面效果如图4-207所示。

（21）在不选中任何图层的状态下，在"工具栏"中选择 （矩形工具），设置"填充"为蓝色，然后在文字下方绘制一个矩形，如图4-208所示。

图4-206

图4-207　　　　　　　　　图4-208

（22）在"时间轴"面板中单击打开形状图层5，选择"图层样式"/"渐变叠加"，使用快捷键Ctrl+C进行复制，接着选择形状图层6，使用快捷键Ctrl+V进行粘贴，如图4-209所示。

图4-209

（23）单击打开形状图层6下方的"图层样式"/"渐变叠加"，设置"角度"为（0x+0.0°），如图4-210所示。

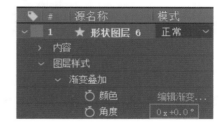

图4-210

此时画面效果如图4-211所示。

（24）在"时间轴"面板中的空白位置处单击鼠标右键选择"新建"/"文本"，接着在"字符"面板中设置合适的"字体系列"，设置"填充颜色"为白色，设置"字体大小"为145像素，"垂直缩放"为100%，"水平缩放"为85%，然后单击"仿粗体"，在"段落"面板中选择 **■** "居中对齐文本"，如图4-212所示。

 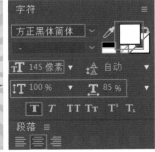

图4-211　　　　　　　图4-212

（25）设置完成后输入合适的文本，如图4-213所示。

图4-213

（26）在"时间轴"面板中单击打开文字图层下方的"变换"，设置"位置"为（484.0，572.0），如图4-214所示。

图4-214

（27）在"时间轴"面板中的空白位置处单击鼠标右键选择"新建"/"文本"，接着在"字符"面板中设置合适的"字体系列"，设置"填充颜色"为白色，设置"字体大小"为37像素，"垂直缩放"为

100%，"水平缩放"为85%，然后单击"仿粗体"，在"段落"面板中选择 **■** "居中对齐文本"，如图4-215所示。

图4-215

（28）设置完成后输入合适的文本，如图4-216所示。

图4-216

（29）在"时间轴"面板中单击打开文字图层下方的"变换"，设置"位置"为（460.0，335.0），如图4-217所示。

图4-217

此时画面效果如图4-218所示。

图4-218

（30）最后在工具栏中选择▢（椭圆工具），设置"填充"为灰色，接着在画面箭头底部绘制一个椭圆，如图4-219所示。

（31）在"时间轴"面板中单击打开形状图层7下方的"变换"，设置"不透明度"为65%，如图4-220所示。

此时本案例制作完成，画面效果如图4-221所示。

图4-219　　　　　　图4-220

图4-221

4.4 制作简单动画

在After Effects中可以使用关键帧快速制作动画，如位置、缩放、旋转、不透明度动画等，当然还可以对某些参数设置动画。

4.4.1 认识"关键帧动画"

 功能速查

"帧"是动画中最小的单位，可以简单理解为动画是由一张张图片快速播放组成的，其中的一张图片就是一帧。而关键帧指动画中起到关键作用的时刻，通过对这个时刻设置不同的属性，使其产生动画的变化。

（1）将背景素材导入，使用"文字工具"创建4个文字，每个文字在一层，如图4-222所示。

图4-222

（2）将4个字的位置适当调整，使其间距接近，如图4-223所示。

（3）将4个文字图层后方的"3D图层"按钮开启▢，如图4-224所示。

图4-223

图4-224

 重点笔记

默认不开启"3D图层"按钮时，在"时间轴"面板展开图层中的"变化"，可以看到仅有锚点、位置、缩放、旋转、不透明度属性，如图4-225所示。

图4-225

快速入门篇

但是当开启"3D图层"按钮时，新增了方向属性，并且多个参数由两组参数变为了三组，可以理解为可以调整XYZ三个轴向的参数效果，也就是在该状态下可以使图层变成三维空间的感觉，如图4-226所示。

图4-226

（4）选择4个文字图层，按快捷键P，即可同时展开四个图层的"位置"参数，如图4-227所示。

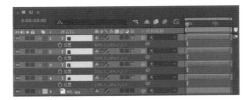

图4-227

（5）将时间轴移动至第10帧，单击仅选择图层4，单击"位置"前方的<mark>⏱</mark>（时间变化秒表）按钮，创建第一个关键帧，如图4-228所示。

图4-228

（6）将时间轴移动至第0帧，设置"位置"的最后一个参数为更小的数值，使其完全移动至画面以外，如图4-229所示。

图4-229

（7）此时拖动时间轴，可以看到已经产生了第一个文字飞入画面的动画效果，如图4-230所示。

图4-230

（8）将时间轴移动至第20帧，单击仅选择图层3，单击"位置"前方的<mark>⏱</mark>（时间变化秒表）按钮，创建一个关键帧，如图4-231所示。

图4-231

（9）将时间轴移动至第10帧，设置"位置"的最后一个参数为更小的数值，使其完全移动至画面以外，如图4-232所示。

图4-232

（10）此时拖动时间轴，可以看到已经产生了第二个文字飞入画面的动画效果，如图4-233所示。

图4-233

（11）同样的方式为图层2在1秒和20帧两个位置创建关键帧动画，为图层1在1秒10帧、1秒两个位置创建关键帧动画，如图4-234所示。

图 4-234

最终动画效果制作完成，如图4-235所示。

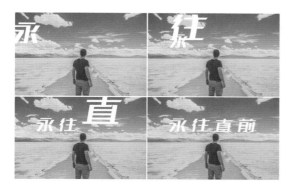

图 4-235

 疑难笔记

有时候找不到"3D图层"按钮，怎么办？

此时可以单击界面最下方的"切换开关/模式"按钮，切换一下即可出现了，如图4-236所示。

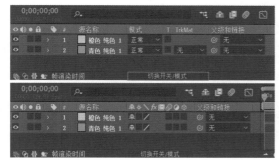

图 4-236

4.4.2 实战：视频弹幕动画效果

文件路径

实战素材/第4章

操作要点

使用"曲线"效果制作背景，使用文字工具制作文字，并使用关键帧制作位置动画

案例效果

图 4-237

操作步骤

（1）在"项目"面板中右击并选择"新建合成"选项，在弹出的"合成设置"面板中设置"合成名称"为01，"预设"为自定义，"宽度"为1920px，"高度"为1080px，"帧速率"为30，"持续时间"为3秒。执行"文件"/"导入"/"文件…"命令，导入01.mp4素材。在"项目"面板中将01.mp4素材拖到"时间轴"面板中，如图4-238所示。

图 4-238

（2）在"时间轴"面板中单击打开01.mp4素材图层，展开01.mp4素材图层下方的"变换"，设置"缩放"为（75.0，75.0%），如图4-239所示。

图 4-239

此时画面效果如图4-240所示。

图 4-240

（3）在"效果和预设"面板中搜索"曲线"效果。然后将该效果拖到"时间轴"面板中的01.mp4图层上。在"时间轴"面板中单击选择01.mp4图层，在"效果控件"面板展开"曲线"效果，在曲线上单击添加一个控制点并适当地向左上角进行拖拽，接着在曲线上再次添加一个控制点，并适当地向右下角进行拖拽，如图4-241所示。

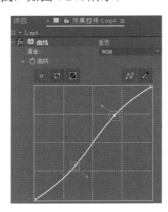

图4-241

此时画面效果如图4-242所示。

图4-242

（4）在"时间轴"面板中空白位置单击鼠标右键，执行"新建"/"文本"命令。在"字符"面板中设置合适的"字体系列"和"字体样式"，设置"填充颜色"为白色，"描边颜色"黑色；"字体大小"为80像素，"描边大小"为1像素，设置为"在填充上描边"，"垂直缩放"为100%，"水平缩放"为100%，然后在"段落"面板中选择■"左对齐文本"，如图4-243所示。

（5）设置完成后输入文本"好风景"，如图4-244所示。

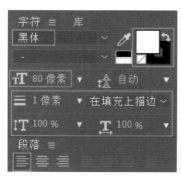

图4-243

图4-244

（6）在"时间轴"面板中单击打开好风景文字图层，展开文字素材图层下方的"变换"，将时间线滑动到起始位置，单击"位置"前方的 （时间变化秒表）按钮，设置"位置"为（1600.0，150.0）；再次将时间线滑动到2秒29帧位置处，设置"位置"为（900.0，150.0），如图4-245所示。

图4-245

此时画面文字效果如图4-246所示。

图4-246

（7）在"时间轴"面板中空白位置单击鼠标右键，执行"新建"/"文本"命令。在"字符"面板中设置合适的"字体系列"和"字体样式"，设置"填充颜色"为红色，"描边颜色"黑色，"字

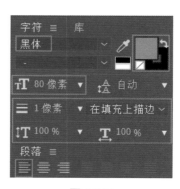

图4-247

体大小"为80像素，"描边大小"为1像素，设置为"在填充上描边"，"垂直缩放"为100%，"水平缩放"为100%，然后在"段落"面板中选择▤"左对齐文本"，如图4-247所示。

（8）设置完成后输入文本"远方，不算远"，如图4-248所示。

图4-248

（9）在"时间轴"面板中单击打开好风景文字图层，展开文字素材图层下方的"变换"，将时间线滑动到起始位置，单击"位置"前方的▨（时间变化秒表）按钮，设置"位置"为（1500.0，400.0）；再次将时间线滑动到2秒29帧位置处，设置"位置"为（180.0，400.0），如图4-249所示。

图4-249

此时画面效果如图4-250所示。

图4-250

（10）继续使用同样的方法制作其他弹幕文字，将其摆放在画面合适位置，并制作从起始时间到第2秒29帧位置，文字从不同位置从右到左的位置变化效果。此时本案例制作完成，画面效果如图4-251所示。

图4-251

4.5　课后练习：使用形状图层制作图案

文件路径

实战素材/第4章

操作要点

使用"椭圆工具"绘制图形，并为图形添加"百叶窗"效果，最后使用"文字工具"制作文字部分

案例效果

图4-252

操作步骤

（1）在"项目"面板中，单击鼠标右键选择"新建合成"，在弹出来的"合成设置"面板中设置"合成名称"为合成1，"预设"为自定义，"宽度"为693，"高度"为990，"帧速率"为24，"持续时间"为5秒。"背景颜色"为米色。在工具栏中选择◯（椭圆工具），设置"填充"为黄色，接着在画面中合适位置，按住Shift键的同时按住鼠标左键拖拽绘制一个黄色正圆，如图4-253所示。

（2）在形状图层1选中的状态下，继续使用"椭圆工具"在画面合适位置绘制其他黄色正圆，效果如图4-254所示。

快速入门篇

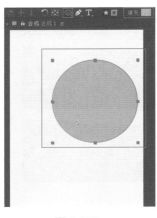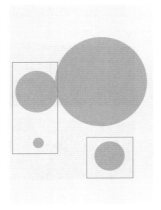

图 4-253   图 4-254

（3）在"时间轴"面板空白位置单击，接着在工具栏中选择◯（椭圆工具），将"填充"更改为黑色，在画面合适位置继续绘制4个大小不等的黑色正圆，如图4-255所示。

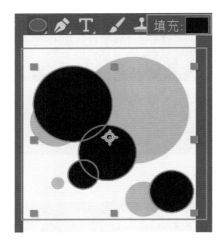

图 4-255

（4）在"效果和预设"面板搜索框中搜索"百叶窗"，将该效果拖到"时间轴"面板中的形状图层2上，如图4-256所示。

图 4-256

（5）在"时间轴"面板中单击打开形状图层2下方的"效果"/"百叶窗"，设置"过渡完成"为40%，"方向"为0x+90°，"宽度"为15，如图4-257所示。

（6）在"时间轴"面板空白位置单击，接着在工具栏中选择◯（椭圆工具），设置"填充"为黑色，继续绘制3个黑色正圆，如图4-258所示。

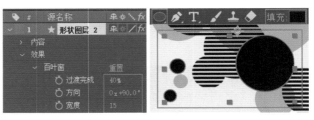

图 4-257   图 4-258

（7）在"效果和预设"面板搜索框中搜索"百叶窗"，将该效果拖到"时间轴"面板中的形状图层3上，在"时间轴"面板中单击打开形状图层3下方"效果"/"百叶窗"，设置"过渡完成"为55%，"宽度"为7，如图4-259所示。

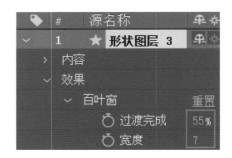

图 4-259

此时画面效果如图4-260所示。

图 4-260

（8）在"工具栏"中选择▮（矩形工具），设置"描边"为黑色，"描边宽度"为3像素，接着在画面顶部绘制一直矩形，如图4-261所示。

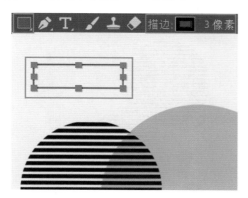

图4-261

（9）在"时间轴"面板中的空白位置处单击鼠标右键选择"新建"/"文本"，接着在"字符"面板中设置合适的"字体系列"，设置"填充颜色"为黑色，设置"字体大小"为20像素，"垂直缩放"为100%，"水平缩放"为138%。然后单击"仿粗体""全部大写字母"，在"段落"面板中选择■"左对齐文本"，如图4-262所示。

（10）设置完成后输入"your smile"，在输入"your"单词时，按下大键盘上的Enter键将"smile"切换到下一行，如图4-263所示。

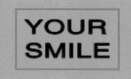

图4-262　　　　　　　图4-263

（11）在"时间轴"面板中单击打开文字图层的"变换"，设置"位置"为（77.0，92.5），如图4-264所示。

图4-264

此时文字画面效果如图4-265所示。

图4-265

（12）在文字右侧绘制一条分割线。在工具栏中选择▢（钢笔工具），设置"描边"为黑色，"描边宽度"为3像素，接着在文字右侧绘制一条直线，如图4-266所示。

图4-266

（13）在工具栏中选择▣（文字工具），在"字符"面板中设置合适的"字体系列"，设置"填充颜色"为黑色，"字体大小"为10像素，单击▣（全部大写字母），然后在"段落"面板中选择■"左对齐文本"。接着在分割线右侧单击鼠标左键插入光标输入文字，在输入文字时可按下大键盘上的Enter键将文字切换到下一行，如图4-267所示。

图4-267

（14）在"时间轴"面板中单击打开文字图层的"变换"，设置"位置"为（172.5，87.5），如图4-268所示。

图4-268

此时文字画面效果如图4-269所示。

图 4-269

（15）继续使用"文本工具"制作其他文字并摆放到画面左下角合适位置，如图4-270所示。

图 4-270

本案例制作完成，画面效果如图4-271所示。

图 4-271

本章小结

　　本章介绍了为画面添加元素的方法，包括新建纯色、添加文字、绘制形状、制作简单动画。通过对本章的学习，会了解如何将画面素材装饰得更加丰富。

Ae

高级拓展篇

第5章
高级调色技法

在After Effect中有几十种用于调色的效果，除去前面章节介绍过的几种简单调色命令外，本章还将系统地介绍剩余的调色命令。合适的色调可使画面效果更加突出。但调色是一把双刃剑，过度的调色会喧宾夺主，过淡的调色会平平无奇，所以调色不仅仅是考验对命令的熟练应用，还考验对色彩的感知。

学习目标

了解色彩的基础知识
熟练掌握常用调色效果的使用方法
学习各种颜色校正的含义

思维导图

高级调色技法 — 调色命令

调整明暗
- 亮度/对比度
- 色阶
- 色阶（单独控件）
- 曲线
- 自动色阶
- 自动对比度
- 曝光度
- 阴影/高光
- 色调均化
- CC Kernel

黑白图像
- 黑白和白色

特殊调色
- 视频限幅器
- CC Toner
- PS 任意映射
- 色光
- 广播颜色
- 保留颜色
- 颜色稳定器
- 颜色链接

调整色彩
- Lumetri颜色
- 自然饱和度
- 色相/饱和度
- 颜色平衡
- 颜色平衡（HLS）
- 通道混合器
- 替换颜色
- 自动颜色
- 色调
- 照片滤镜
- 四色渐变
- 三色调
- CC Color Neutralizer
- CC Color Offset
- 灰度系数/基值/增益
- 可选颜色
- 更改为颜色
- 更改颜色

5.1　调色的基础知识

"调色"操作始终离不开对颜色属性的更改。所以在进行调色之前我们首先需要学习与色彩相关的一些知识。

首先，构成色彩的基本要素是：色相、明度和纯度。这三种属性以人类对颜色的感觉为基础，互相制约，共同构成人类视觉中完整的颜色表现。

色彩对于图像而言更是非常重要，After Effects 提供了完善的色彩和色调调整功能，它不仅可以自动对图像进行调色，还可以根据自己的喜好或要求处理图像的色彩。

5.1.1　色彩的三大属性

色彩的三属性是指色彩具有的色相、明度、纯度三种属性。

1.色相

色相是色彩的外貌，是色彩的首要特征。例如红色、黄色、绿色。黑、白、灰三色属于"无彩色"，其他的任何色彩都属于"有彩色"，如图 5-1 所示。

图 5-1

各种色彩都有着属于自己的特点，给人的感觉也都是不相同的。有的会让人兴奋，有的会让人忧伤，有的会让人感到充满活力，还有的则会让人感到神秘莫测。在调色之前要计划好画面要传达的情感。不同颜色传达的含义见表 5-1。

表 5-1　不同颜色传达的含义

颜色	传达的含义
红	热情、欢乐、朝气、张扬、积极、警示
橙	兴奋、活跃、温暖、辉煌、活泼、健康
黄	阳光、活力、警告、快乐、开朗、吵闹
绿	健康、清新、和平、希望、新生、安稳
青	冰凉、清爽、理性、清洁、纯净、清冷
蓝	理性、专业、科技、现代、成熟、刻板
紫	浪漫、温柔、华丽、高贵、优雅、敏感

续表

图示	
	 黄色的包装给人活力、鲜明的视觉感受
	 蓝灰色调的摄影作品给人神秘、冷峻的感觉

2.明度

物体的表面反射光的程度不同，色彩的明暗程度就会不同，这种色彩的明暗程度称为明度。

不同的颜色明度有差异。每一种纯色都有与其相应的明度。黄色明度最高，蓝紫色明度最低，红、绿色为中间明度。

相同的颜色也会有明度差异。同一种颜色根据其加入黑色或加入白色数量的多少，明度也会有所不同，如图 5-2 所示。

图 5-2

3.纯度

颜色纯度用来表现色彩的鲜艳程度，也被称为饱和度。纯度最高的色彩就是原色，随着纯度的降低，色彩就会变淡。纯度降到最低就失去色相，变为无彩色，也就是黑色、白色和灰色，图 5-3 所示为不同颜色添加同一种灰色后颜色纯度发生的变化。

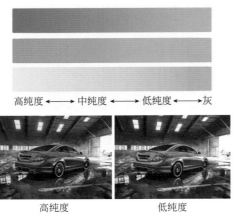

高纯度 ←→ 中纯度 ←→ 低纯度 ←→ 灰

高纯度　　　　　　　低纯度

图 5-3

5.1.2　基本调色原理

在进行图像调色之前，首先需要思考一下，为什么要调色？需要调色无非出于以下两种原因：图像色彩方面存在问题，需要解决；想要借助调色操作使图像更美观，或呈现出某种特殊的色彩。

1. 使用调色功能校正色彩错误

针对第一种情况，首先需要对图像存在的问题进行分析。可以从图像的明暗和色调两个方面来分析，画面是看起来太亮了，还是看起来太暗？画面色彩是否过于暗淡？本应是某种颜色的物体是否看起来颜色不同了？这些问题大多通过观察即可得出结论，而发现问题之后就可以有针对性地解决。表5-2列举了几种常见的问题及解决方案。

表 5-2　照片调色常见问题及解决方案

常见问题	曝光不足，即画面过暗	曝光过度，即画面过亮	画面偏灰，整个画面对比度较低
解决办法	提高画面整体亮度	降低画面整体亮度	增强对比度，增强亮部区域与暗部区域的反差
常用命令	亮度和对比度、曲线、色阶、曝光度	亮度和对比度、曲线、色阶、曝光度	亮度和对比度、曲线、色阶等
对比效果			
常见问题	画面亮部区域过亮，导致亮部区域细节不明显	画面暗部区域过暗，导致画面暗部一片"死黑"，缺少细节	画面偏色。例如画面色调过于暖或过于冷，或偏红、偏绿
解决办法	单独降低亮部区域的明度，不可进行画面整体明度的调整	单独提升暗部区域的明度，不可进行画面整体明度的调整	分析画面颜色成分，减少过多的色彩，或增加其补色
常用命令	阴影 / 高光	阴影 / 高光	颜色平衡、照片滤镜、可选颜色、Lumetri 颜色等
对比效果			

续表

常见问题	画面颜色感偏低，使图像看起来灰蒙蒙的
解决办法	增强自然饱和度 / 饱和度
常用命令	色相 / 饱和度、自然饱和度、Lumetri 颜色
对比效果	

2. 使用调色功能美化图像

解决了视频色彩方面的"错误"后，经常需要对视频进行美化。不同的色彩传达着不同的情感，想要画面主题突出，令人印象深刻，不仅需要画面内容饱满、生动，还可以通过色调去烘托气氛，如图5-4和图5-5所示为传达不同情感主题的画面。

图 5-4

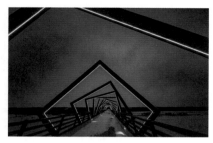

图 5-5

5.2　解读调色效果

在"效果和预设"面板中展开"颜色校正"效果组。在效果组中可以看到有多种效果命令，其中包括对画面明暗调整和调整色彩的命令。除此之外，还包括许多调整色相或一些特别的效果命令，部分命令可同时对画面的明暗以及色彩进行调整，如图5-6所示。

初次使用调色命令可能会有些迷惑，虽然大部分命令从名称上能够大致理解其功能，但真正在调色时，要用哪种命令呢？其实并不是每种命令都会被经常使用到，下面就通过表5-3简单认识一下各种调色命令。

图 5-6

表 5-3　调色命令速查

类型	调整明暗	调整色彩	制作单色图像	特殊调色效果
命令	三色调	Lumetri 颜色	黑色和白色	CC Color Neutralizer（CC 色彩中和）
说明	实用程度：★★★ 通过调整高光、中间调、阴影的颜色，对画面的整体颜色进行控制	实用程度：★★★★★ 该效果是一个专业的调色效果，包含大部分调色效果命令的内容，更精细地调整画面颜色，是最重要的调色效果	实用程度：★★ 可将彩色图像转换为灰度图像，通过设置合适的数值制作更加精细的黑白色调	实用程度：★ 该效果对颜色进行中和和校正

高级拓展篇

高级拓展篇

类型	调整明暗	调整色彩	制作单色图像	特殊调色效果
命令	阴影 / 高光	照片滤镜	CC Toner（CC 碳粉）	CC Color Offset（CC 色彩偏移）
说明	实用程度：★★★★ 通过调整画面阴影和高光数量，增加画面对比度	实用程度：★★★★ 该效果对素材进行颜色覆盖，从而达到的滤镜效果	实用程度：★★ 可以更加精准控制画面的阴影、高光、中间调	实用程度：★ 调整通道数值改变画面色调
命令	色调匀化	灰度系数 / 基数 / 增益	色调	CC Kernel（CC 内核）
说明	实用程度：★ 该效果可重新分配像素值达到更均匀的亮度和颜色	实用程度：★★ 通过调整系数、基数、增益画面的阴影、高光、中间调的色调	实用程度：★★★ 用于改变图像的暗部或阴影和高光部分的颜色	实用程度：★ 用于调整画面的阴影、高光、对比度来调整画面颜色
命令	亮度 / 对比度	通道混合器	保留颜色	PS 任意映射
说明	实用程度：★★★★ 调整画面亮度与对比度来修改画面颜色	实用程度：★★ 针对颜色的各个通道对颜色进行混合调整，可以通过颜色的加减调整，重新匹配通道色调	实用程度：★★ 可保留需要的颜色，其他颜色将变为灰色	实用程度：★ 通过调整相位参数，可以将图像进行相位转换
命令	曝光度	色相 / 饱和度	曲线	色光
说明	实用程度：★★★ 调整画面亮度，修改画面曝光过度或曝光不足等问题	实用程度：★★★★ 主要用于调整画面整体的色相、颜色饱和度与亮度	实用程度：★★★★ 通过调整图像的阴影、高光和中间调来调整画面颜色	实用程度：★ 根据画面的明暗区济南色覆盖
命令	自动色阶	更改为颜色	颜色平衡	广播颜色
说明	实用程度：★★★ 通过自动调整画面的阴影高光对画面颜色进行修改	实用程度：★★★ 可调整画面中某一颜色为指定颜色	实用程度：★★★★ 通过调整通道与阴影、高光、中间调的平衡来调整画面色调	实用程度：★ 可用来观看素材文件在广播电视上出现错误的范围
命令	自动对比度	自然饱和度	色阶（单独控件）	可选颜色
说明	实用程度：★★★★ 自动将画面阴影变黑、高光变白增加画面对比	实用程度：★★★★ 自然地增强或降低图像的色彩鲜艳程度	实用程度：★★★ 配合图像直方图，调整画面明暗及色彩倾向	实用程度：★★ 对画面某一颜色进行颜色调整
命令	自动颜色	颜色平衡（HLS）	视频限幅器	更改颜色
说明	实用程度：★★★ 根据阴影、高光、中间调自动调整画面颜色	实用程度：★★★★ 通过调整画面色相、饱和度、亮度修改画面颜色	实用程度：★ 将视频信号剪辑到合法范围，通过限制视频信号的色度和明亮度数值，从而符合广播电视要求的规范	实用程度：★★ 修改指定的颜色的色相、饱和度、亮度调整画面颜色，且整体画面颜色也会随之改变
命令	颜色稳定器	颜色链接		
说明	实用程度：★★ 通过阴影、高光和中间调的色彩与亮度进行采样，使图像色彩发生变化	实用程度：★ 使用一个图层的平均像素值为另一个图层着色		

5.2.1 三色调

功能速查

"三色调"通过设置图像的高光、中间调和阴影区域的颜色来调整画面颜色。

（1）将一张素材导入到"时间轴"面板，如图5-7所示。

图5-7

此时画面效果如图5-8所示。

图5-8

（2）在"效果和预设"面板中搜索"三色调"效果，将该效果拖到"时间轴"面板中的1图层上，如图5-9所示。

图5-9

此时画面效果如图5-10所示。

图5-10

5.2.2 通道混合器

功能速查

"通道混合器"是通过设置某一通道的颜色来更改画面颜色的。

（1）将一张素材导入"时间轴"面板，如图5-11所示。

图5-11

此时画面效果如图5-12所示。

图5-12

（2）在"效果和预设"面板中搜索"通道混合器"效果，将该效果拖到"时间轴"面板中的1图层上，如图5-13所示。

图5-13

（3）在"时间轴"面板单击打开"1.jpg图层/效果/通道混合器"，设置合适的参数，如图5-14所示。

图5-14

高级拓展篇

117

重点笔记

对作品进行调色时，除了要遵循基本的色彩理论以外，更多的是凭借"色彩感觉"进行调色。调色效果中的参数较多，不建议死记硬背参数数值，而是采用边滑动数值边观察色彩变化效果的方法进行调色。本书中的参数也是使用该方法得到的。

此时画面效果如图5-15所示。

图 5-15

5.2.3　CC Color Neutralizer

功能速查

"CC Color Neutralizer"通过中和图像中阴影、高光和中间调颜色来调整画面颜色。

（1）将一张素材导入"时间轴"面板，如图5-16所示。

图 5-16

此时画面效果如图5-17所示。

图 5-17

（2）在"效果和预设"面板中搜索"CC Color Neutralizer"效果，将该效果拖到"时间轴"面板中的1图层上，如图5-18所示。

图 5-18

（3）在"时间轴"面板单击打开"1.jpg图层/效果/CC Color Neutralizer"，设置合适的参数，如图5-19所示。

图 5-19

此时画面效果如图5-20所示。

图 5-20

5.2.4　CC Color Offset

功能速查

"CC Color Offset"通过调整图像各个通道的颜色来调整画面颜色。

（1）将一张素材导入"时间轴"面板，如图5-21所示。

图 5-21

此时画面效果如图5-22所示。

图5-22

（2）在"效果和预设"面板中搜索"CC Color Offset"效果，将该效果拖到"时间轴"面板中的1图层上，如图5-23所示。

图5-23

（3）在"效果控件"面板中展开"CC Color Offset"，设置合适的参数，如图5-24所示。

图5-24

此时画面效果如图5-25所示。

图5-25

5.2.5　CC Kernel

功能速查

"CC Kernel"通过调整图像中的亮部区域来调整画面颜色。

（1）将一张素材导入"时间轴"面板，如图5-26

所示。

图5-26

此时画面效果如图5-27所示。

图5-27

（2）在"效果和预设"面板中搜索"CC Kernel"效果，将该效果拖到"时间轴"面板中的1图层上，如图5-28所示。

图5-28

（3）在"时间轴"面板单击打开"1.jpg图层/效果/CC Kernel"，设置合适的参数，如图5-29所示。

图5-29

此时画面效果如图5-30所示。

图5-30

5.2.6 CC Toner

功能速查

"CC Toner"通过调整图像中阴影、高光和中间调的颜色来调整图像色调。

（1）将一张素材导入"时间轴"面板，如图5-31所示。

图 5-31

此时画面效果如图5-32所示。

图 5-32

（2）在"效果和预设"面板中搜索"CC Toner"效果，将该效果拖到"时间轴"面板中的1图层上，如图5-33所示。

图 5-33

此时画面效果如图5-34所示。

图 5-34

5.2.7 Lumetri 颜色

功能速查

"Lumetri 颜色"是一个强大的调色和校色效果。通过设置基本校正、创意、曲线、色轮、HSL次要、晕影选项来调整图像颜色，是After Effects中最重要、最强大、最常用的调色效果之一。

（1）将一张素材导入"时间轴"面板，如图5-35所示。

图 5-35

此时画面效果如图5-36所示。

图 5-36

（2）在"效果和预设"面板中搜索"Lumetri 颜色"效果，将该效果拖到"时间轴"面板中的1图层上，如图5-37所示。

图 5-37

（3）在"时间轴"面板单击打开"1.jpg图层/效果Lumetri 颜色"，设置合适的参数，如图5-38所示。

此时画面效果如

图 5-38

图5-39所示。

图5-39

5.2.8　PS 任意映射

 功能速查

"PS 任意映射"通过调整相位角度来调整画面颜色。

（1）将一张素材导入"时间轴"面板，如图5-40所示。

图5-40

此时画面效果如图5-41所示。

图5-41

（2）在"效果和预设"面板中搜索"PS 任意映射"效果，将该效果拖到"时间轴"面板中的1图层上，如图5-42所示。

图5-42

（3）在"效果控件"面板中展开"PS 任意映射"，设置合适的参数，如图5-43所示。

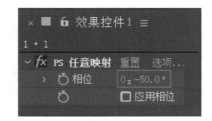

图5-43

此时画面效果如图5-44所示。

图5-44

5.2.9　灰度系数 / 基值 / 增益

 功能速查

"灰度系数 / 基值 / 增益"通过调整各个通道的暗部和亮部区域数值来调整画面颜色。

（1）将一张素材导入"时间轴"面板，如图5-45所示。

图5-45

此时画面效果如图5-46所示。

图5-46

（2）在"效果和预设"面板中搜索"灰度系数/基值/增益"效果，将该效果拖到"时间轴"面板中的1图层上，如图5-47所示。

图 5-47

（3）在"时间轴"面板单击打开"1.jpg图层/效果/灰度系数/基值/增益"，设置合适的参数，如图5-48所示。

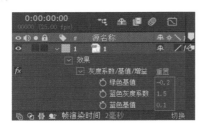

图 5-48

此时画面效果如图5-49所示。

图 5-49

5.2.10 色调

 功能速查

"色调"通过设置图像的高光和阴影区域的颜色来调整画面颜色，与三色调类似。

（1）将一张素材导入"时间轴"面板，如图5-50所示。

图 5-50

此时画面效果如图5-51所示。

图 5-51

（2）在"效果和预设"面板中搜索"色调"效果，将该效果拖到"时间轴"面板中的1图层上，如图5-52所示。

图 5-52

此时画面效果如图5-53所示。

图 5-53

5.2.11 色调均化

 功能速查

"色调均化"通过调整图像中亮部区域的亮度来均匀画面的亮度。

（1）将一张素材导入"时间轴"面板，如图5-54所示。

图 5-54

此时画面效果如图5-55所示。

图5-55

（2）在"效果和预设"面板中搜索"色调均化"效果，将该效果拖到"时间轴"面板中的1图层上，如图5-56所示。

图5-56

此时画面效果如图5-57所示。

图5-57

5.2.12 色阶

 功能速查

"色阶"通过调整图像通道中黑、白和灰度系数值来调整画面颜色。

（1）将一张素材导入"时间轴"面板，如图5-58所示。

图5-58

此时画面效果如图5-59所示。

图5-59

（2）在"效果和预设"面板中搜索"色阶"效果，将该效果拖到"时间轴"面板中的1图层上，如图5-60所示。

图5-60

（3）在"效果控件"面板中展开"色阶"，设置合适的参数，如图5-61所示。

图5-61

此时画面效果如图5-62所示。

图5-62

123

5.2.13 色阶（单独控件）

功能速查

"色阶（单独控件）"同"色阶"类似，但可以更方便地调整素材各个通道的颜色。

（1）将一张素材导入"时间轴"面板，如图5-63所示。

图 5-63

此时画面效果如图5-64所示。

图 5-64

（2）在"效果和预设"面板中搜索"色阶（单独控件）"效果，将该效果拖到"时间轴"面板中的1图层上，如图5-65所示。

图 5-65

（3）在"时间轴"面板单击打开"1.jpg图层/效果/色阶（单独控件）"，设置合适的参数，如图5-66所示。

图 5-66

此时画面效果如图5-67所示。

图 5-67

5.2.14 色光

功能速查

"色光"通过对图像中亮度存在的差异进行分析，自动重新为图像着色。

（1）将一张素材导入"时间轴"面板，如图5-68所示。

图 5-68

此时画面效果如图5-69所示。

图 5-69

（2）在"效果和预设"面板中搜索"色光"效果，将该效果拖到"时间轴"面板中的1图层上，如图5-70所示。

图 5-70

此时画面效果如图5-71所示。

图 5-71

5.2.15 广播颜色

 功能速查

"广播颜色"通过调整颜色或亮度来兼容老式设备。

（1）将一张素材导入"时间轴"面板，如图5-72所示。

图 5-72

此时画面效果如图5-73所示。

图 5-73

（2）在"效果和预设"面板中搜索"广播颜色"效果，将该效果拖到"时间轴"面板中的1图层上，如图5-74所示。

图 5-74

此时画面效果如图5-75所示。

图 5-75

5.2.16 保留颜色

 功能速查

"保留颜色"是保留图像中指定颜色，其他颜色通过设置合适的脱色量与容差参数变为灰色。

（1）将一张素材导入"时间轴"面板，如图5-76所示。

图 5-76

此时画面效果如图5-77所示。

图 5-77

（2）在"效果和预设"面板中搜索"保留颜色"效果，将该效果拖到"时间轴"面板中的1图层上，如图5-78所示。

图 5-78

（3）在"效果控件"面板中展开"保留颜色"，设置合适的参数，如图5-79所示。

图5-79

此时画面效果如图5-80所示。

图5-80

5.2.17 可选颜色

 功能速查

"可选颜色"是调整图像中指定的某一种颜色。

（1）将一张素材导入"时间轴"面板，如图5-81所示。

图5-81

此时画面效果如图5-82所示。

图5-82

（2）在"效果和预设"面板中搜索"可选颜色"效果，将该效果拖到"时间轴"面板中的1图层上，如图5-83所示。

图5-83

（3）在"时间轴"面板单击打开"1.jpg图层/效果/可选颜色"，设置合适的参数，如图5-84所示。

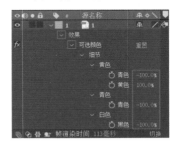

图5-84

此时画面效果如图5-85所示。

图5-85

5.2.18 曝光度

 功能速查

"曝光度"通过调整图像某一通道的曝光度来调整画面颜色。

（1）将一张素材导入"时间轴"面板，如图5-86所示。

图5-86

此时画面效果如图5-87所示。

图 5-87

（2）在"效果和预设"面板中搜索"曝光度"效果，将该效果拖到"时间轴"面板中的1图层上，如图5-88所示。

图 5-88

（3）在"时间轴"面板单击打开"1.jpg图层/效果/曝光度"，设置合适的参数，如图5-89所示。

图 5-89

此时画面效果如图5-90所示。

图 5-90

5.2.19　曲线

功能速查

　"曲线"通过调整图像的阴影、高光和中间调来调整画面颜色。

（1）将一张素材导入"时间轴"面板，如图5-91所示。

图 5-91

此时画面效果如图5-92所示。

图 5-92

（2）在"效果和预设"面板中搜索"曲线"效果，将该效果拖到"时间轴"面板中的1图层上，如图5-93所示。

图 5-93

（3）在"效果控件"面板中展开"曲线"，设置合适的曲线，如图5-94所示。

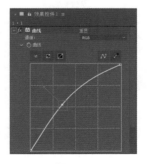

图 5-94

此时画面效果如图5-95所示。

图5-95

5.2.20　更改为颜色

功能速查

"更改为颜色"是将图像中某一颜色更改为指定颜色。

（1）将一张素材导入"时间轴"面板，如图5-96所示。

图5-96

此时画面效果如图5-97所示。

图5-97

（2）在"效果和预设"面板中搜索"更改为颜色"效果，将该效果拖到"时间轴"面板中的1图层上，如图5-98所示。

图5-98

（3）在"时间轴"面板单击打开"1.jpg图层/效果/更改为颜色"，设置合适的参数，如图5-99所示。

图5-99

此时画面效果如图5-100所示。

图5-100

5.2.21　自动色阶

功能速查

"自动色阶"通过调整图像黑色和白色区域颜色来调整图像阴影、高光和中间调颜色。

（1）将一张素材导入"时间轴"面板，如图5-101所示。

图5-101

此时画面效果如图5-102所示。

（2）在"效果和预设"面板中搜索"自动色阶"效果，将该效果拖到"时间轴"面板中的1图层上，如图 5-103 所示。

图 5-102

图 5-103

此时画面效果如图 5-104 所示。

图 5-104

5.2.22　自动对比度

　功能速查

"自动对比度"通过调整图像中黑色和白色区数值，从而增强图像明暗色彩差异。

（1）将一张素材导入"时间轴"面板，如图 5-105 所示。

图 5-105

此时画面效果如图 5-106 所示。

（2）在"效果和预设"面板中搜索"自动对比度"效果，将该效果拖到"时间轴"面板中的 1 图层

上，如图 5-107 所示。

图 5-106

图 5-107

此时画面效果如图 5-108 所示。

图 5-108

5.2.23　自动颜色

　功能速查

"自动颜色"根据图像中的阴影、高光和中间调颜色自动调整画面颜色和对比度。

（1）将一张素材导入"时间轴"面板，如图 5-109 所示。

图 5-109

此时画面效果如图 5-110 所示。

图 5-110

（2）在"效果和预设"面板中搜索"自动颜色"效果，将该效果拖到"时间轴"面板中的1图层上，如图 5-111 所示。

图 5-111

此时画面效果如图 5-112 所示。

图 5-112

5.2.24　视频限幅器

 功能速查

"视频限幅器"是将视频信号剪辑到合法范围，通过限制视频信号的色度和明亮度数值，从而符合广播要求的规范。

5.2.25　颜色稳定器

 功能速查

"颜色稳定器"将某个帧中阴影、高光和中间调的色彩与亮度进行采样，使图像色彩发生变化。

（1）将一张素材导入"时间轴"面板，如图 5-113 所示。

图 5-113

此时画面效果如图 5-114 所示。

图 5-114

（2）在"效果和预设"面板中搜索"颜色稳定器"效果，将该效果拖到"时间轴"面板中的1图层上，如图 5-115 所示。

图 5-115

（3）在"时间轴"面板单击打开"1.jpg图层/效果/颜色稳定器"，设置合适的参数，如图 5-116 所示。

图 5-116

（4）滑动时间线，画面效果如图 5-117 所示。

图 5-117

5.2.26 颜色平衡

（1）将一张素材导入"时间轴"面板，如图5-118所示。

图5-118

此时画面效果如图5-119所示。

图5-119

（2）在"效果和预设"面板中搜索"颜色平衡"效果，将该效果拖到"时间轴"面板中的1图层上，如图5-120所示。

图5-120

（3）在"效果控件"面板中展开"颜色平衡"，设置合适的参数，如图5-121所示。

图5-121

此时画面效果如图5-122所示。

图5-122

5.2.27 颜色平衡（HLS）

（1）将一张素材导入"时间轴"面板，如图5-123所示。

图5-123

此时画面效果如图5-124所示。

图5-124

（2）在"效果和预设"面板中搜索"颜色平衡（HLS）"效果，将该效果拖到"时间轴"面板中的1图层上，如图5-125所示。

图5-125

高级拓展篇

（3）在"效果控件"面板中展开"颜色平衡（HLS）"，设置合适的参数，如图5-126所示。

图 5-126

此时画面效果如图5-127所示。

图 5-127

5.2.28　颜色链接

 功能速查

　　"颜色链接"是将指定图像的颜色混合到当前图像中。

（1）将一张素材导入"时间轴"面板，如图5-128所示。

图 5-128

此时画面效果如图5-129所示。

图 5-129

（2）在"效果和预设"面板中搜索"颜色链接"效果，将该效果拖到"时间轴"面板中的1图层上，如图5-130所示。

图 5-130

（3）在"效果控件"面板中展开"颜色链接"，设置合适的参数，如图5-131所示。

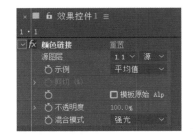

图 5-131

此时画面效果如图5-132所示。

图 5-132

5.2.29　黑色和白色

 功能速查

　　"黑色和白色"是将图像彩色转换为黑白。

（1）将一张素材导入"时间轴"面板，如图5-133所示。

图 5-133

此时画面效果如图5-134所示。

图5-134

（2）在"效果和预设"面板中搜索"黑色和白色"效果，将该效果拖到"时间轴"面板中的1图层上，如图5-135所示。

图5-135

此时画面效果如图5-136所示。

图5-136

5.2.30　四色渐变

 功能速查

"四色渐变"通过设置4个点位置及颜色为图像更改颜色。

（1）将一张素材导入"时间轴"面板，如图5-137所示。

图5-137

此时画面效果如图5-138所示。

图5-138

（2）在"效果和预设"面板中搜索"四色渐变"效果，将该效果拖到"时间轴"面板中的1图层上，如图5-139所示。

图5-139

（3）在"效果控件"面板中展开"四色渐变"，设置合适的参数，如图5-140所示。

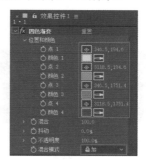

图5-140

此时画面效果如图5-141所示。

图5-141

5.2.31　阴影/高光

 功能速查

"阴影/高光"通过调整图像阴影和高光区域，使其变亮或者变暗来图像更改颜色。

高级拓展篇

133

中文版 After Effects 2022 完全自学教程（实战案例视频版）

（1）将一张素材导入"时间轴"面板，如图5-142所示。

图 5-142

此时画面效果如图 5-143 所示。

图 5-143

（2）在"效果和预设"面板中搜索"阴影/高光"效果，将该效果拖到"时间轴"面板中的1图层上，如图 5-144 所示。

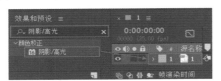

图 5-144

此时画面效果如图 5-145 所示。

图 5-145

5.2.32 照片滤镜

 功能速查

"照片滤镜"通过为图像添加各种滤镜效果来更改画面颜色。

（1）将一张素材导入"时间轴"面板，如图5-146所示。

图 5-146

此时画面效果如图 5-147 所示。

图 5-147

（2）在"效果和预设"面板中搜索"照片滤镜"效果，将该效果拖到"时间轴"面板中的1图层上，如图 5-148 所示。

图 5-148

（3）在"效果控件"面板中展开"照片滤镜"，设置合适的参数，如图 5-149 所示。

图 5-149

此时画面效果如图 5-150 所示。

图 5-150

高级拓展篇

5.2.33 色相/饱和度

"色相/饱和度"通过调整图像的色相和饱和度调整画面颜色。

（1）将一张素材导入"时间轴"面板，如图5-151所示。

图5-151

此时画面效果如图5-152所示。

图5-152

（2）在"效果和预设"面板中搜索"色相/饱和度"效果，将该效果拖到"时间轴"面板中的1图层上，如图5-153所示。

图5-153

（3）在"效果控件"面板中展开"色相/饱和度"，设置合适的参数，如图5-154所示。

图5-154

此时画面效果如图5-155所示。

图5-155

5.2.34 亮度和对比度

"亮度和对比度"通过调整图像的亮度和对比度来调整画面颜色。

（1）将一张素材导入"时间轴"面板，如图5-156所示。

图5-156

此时画面效果如图5-157所示。

图5-157

（2）在"效果和预设"面板中搜索"亮度和对比度"效果，将该效果拖到"时间轴"面板中的1图层上，如图5-158所示。

图5-158

（3）在"效果控件"面板中展开"亮度和对比度"，设置合适的参数，如图5-159所示。

高级拓展篇

图 5-159

此时画面效果如图5-160所示。

图 5-160

5.2.35 更改颜色

功能速查

"更改颜色"通过更改指定颜色的色相来更改画面颜色。

（1）将一张素材导入"时间轴"面板，如图5-161所示。

图 5-161

此时画面效果如图5-162所示。

图 5-162

（2）在"效果和预设"面板中搜索"更改颜色"效果，将该效果拖到"时间轴"面板中的1图层上，如图5-163所示。

图 5-163

（3）在"效果控件"面板中展开"更改颜色"，设置合适的参数，如图5-164所示。

图 5-164

此时画面效果如图5-165所示。

图 5-165

5.2.36 自然饱和度

功能速查

"自然饱和度"通过调整自然饱和度和饱和度来更改画面颜色。

（1）将一张素材导入"时间轴"面板，如图5-166所示。

图 5-166

此时画面效果如图5-167所示。

图5-167

（2）在"效果和预设"面板中搜索"自然饱和度"效果，将该效果拖到"时间轴"面板中的1图层上，如图5-168所示。

图5-168

（3）在"效果控件"面板中展开"自然饱和度"，设置合适的参数，如图5-169所示。

图5-169

此时画面效果如图5-170所示。

图5-170

5.3　调色效果应用实战

5.3.1　实战：打造复古色调

文件路径

实战素材/第5章

操作要点

使用"Lumetri 颜色"效果改变画面色调，使整体色感更加复古

案例效果

图5-171

操作步骤

（1）执行"文件"/"导入"/"文件…"命令，导入01.mp4素材。在"项目"面板中将01.mp4素材拖到"时间轴"面板中，此时在"项目"面板中自动生成与素材尺寸等大的合成，如图5-172所示。

图5-172

此时画面效果如图5-173所示。

图5-173

（2）在"效果和预设"面板中搜索"Lumetri颜色"效果，将该效果拖到"时间轴"面板中的01.mp4图层上，如图5-174所示。

图5-174

（3）在"效果控件"面板中打开"Lumetri颜色"效果，展开"基本校正"/"白平衡"，设置"色温"为100.0。展开"音调"，设置"曝光度"为0.6，"对比度"为30.0，"高光"为−100.0，"阴影"为−100.0，"饱和度"为50.0，如图5-175所示。

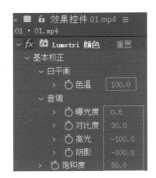

图5-175

 重点笔记

基本校正可以校正画面的色彩和曝光，让色彩和曝光状态相同。基本校正效果是后面所有效果的根本。

此时画面效果，如图5-176所示。

图5-176

（4）展开"创意"/"调整"/"分离色调"，将"阴影单色"的控制点适当向左上角进行拖拽；将"高光色调"的控制点适当向右下角进行拖拽，如图5-177所示。

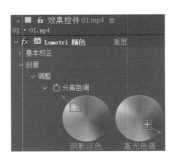

图5-177

（5）展开"曲线"/"RGB曲线"/"RGB曲线"，首先"通道"设置为红色，在红色曲线上单击添加两个控制点，适当向左上角调整曲线形状；将"通道"设置为绿色，在曲线上单击添加一个控制点，适当向左上角调整曲线形状，最后将"通道"设置为蓝色，将左上角控制点向上拖动，如图5-178所示。

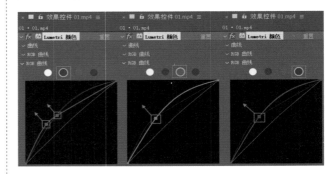

图5-178

（6）展开"色相饱和度曲线"/"色相与饱和度"，在曲线上单击添加控制点，调整曲线形状，如图5-179所示。

（7）展开"色轮"/"色轮"，将"中间调"控制点向左上拖动；然后将"阴影"的控制点适当向右下拖动；最后将"高光"的控制点向下适当拖动，如图5-180所示。

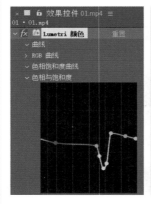 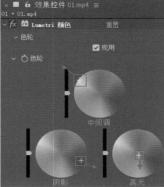

图5-179　　　　图5-180

（8）展开"晕影"，设置数量为"–3.0"，如图5-181所示。

图 5-181

此时本案例制作完成，画面效果如图5-182所示。

图 5-182

5.3.2 实战：唯美柔和的色调

文件路径

实战素材/第5章

操作要点

使用"色阶"效果和"CC Color Offset"效果制作唯美柔和的色调

案例效果

图 5-183

操作步骤

（1）执行"文件"/"导入"/"文件…"命令，导入01.mp4素材。在"项目"面板中将01.mp4素材拖到"时间轴"面板中，此时在"项目"面板中自动生成与素材尺寸等大的合成，如图5-184所示。

图 5-184

此时画面效果如图5-185所示。

图 5-185

（2）在"效果和预设"面板中搜索"色阶"效果，将该效果拖到"时间轴"面板中的01.mp4图层上，如图5-186所示。

图 5-186

（3）在"效果控件"面板中展开"色阶"设置"输入黑色"为–150.0，"输出黑色"为–70.0，如图5-187所示。

图 5-187

重点笔记

当打开"色阶"时可以看到直方图，可在直方图下方滑动滑块调整画面的阴影、高光。下方的"输入黑色""输入白色""灰度系数"值都会自动改变。同理，调整下方的数值，上方滑块也会改变。可根据个人习惯进行操作，如图5-188所示。

图 5-188

此时画面效果如图5-189所示。

图 5-189

（4）在"效果和预设"面板中搜索"CC Color Offset"效果，将该效果拖到"时间轴"面板中的01.mp4图层上，如图5-190所示。

图 5-190

（5）在"效果控件"面板中展开"CC Color Offset"设置"Red Phase"为（0X-41.0°），如图5-191所示。

此时本案例制作完成，滑动时间线，画面前后对比效果如图5-192所示。

图 5-191

图 5-192

5.3.3 实战：更加诱人的美食色调

文件路径

实战素材/第5章

操作要点

使用"Lumetri 颜色"效果制作诱人的美食色调

案例效果

图 5-193

操作步骤

（1）执行"文件"/"导入"/"文件…"命令，导入01.mp4素材。在"项目"面板中将01.mp4素材拖到"时间轴"面板中，此时在"项目"面板中自动生成与素材尺寸等大的合成，如图5-194所示。

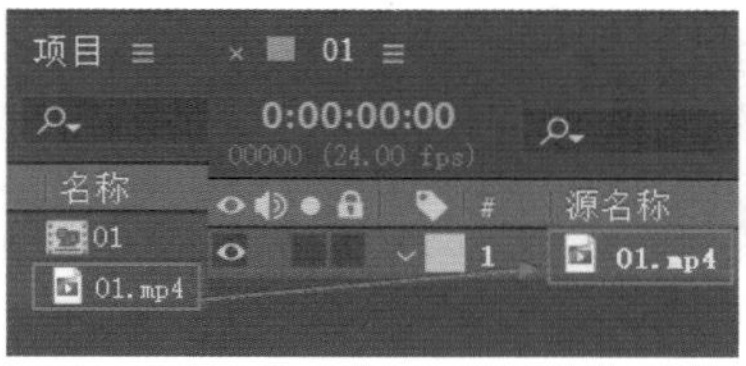

图 5-194

此时画面效果如图 5-195 所示。

图 5-195

（2）在"效果和预设"面板中搜索"Lumetri 颜色"效果，将该效果拖到"时间轴"面板中的 01.mp4 图层上，如图 5-196 所示。

图 5-196

（3）在"效果控件"面板中展开"Lumetri 颜色"/"基本校正"/"白平衡"设置"色温"为 20.0；接着展开"音调"，设置"曝光度"为 1.0，"对比度"为 50.0，"高光"为 1.0，如图 5-197 所示。

图 5-197

此时画面效果如图 5-198 所示。

图 5-198

（4）展开"曲线"/"RGB 曲线"/"RGB 曲线"，将"通道"设置为红色，在红色曲线上单击添加一个控制点并向右下角拖动，减少画面中红色数量，如图 5-199 所示。

（5）展开"色相饱和度曲线"/"色相与饱和度"，在曲线上单击添加控制点，调整曲线形状，如图 5-200 所示。

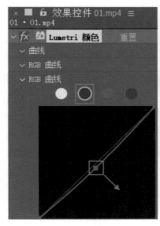 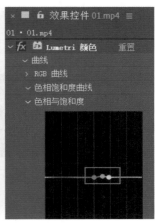

图 5-199　　　　　　　　图 5-200

（6）展开"色轮"/"色轮"，将"中间调"控制点进行适当向左上角拖动；然后将"阴影"的控制点进行适当向左上角拖动，如图 5-201 所示。

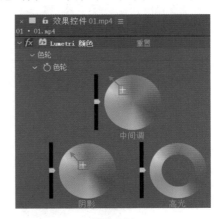

图 5-201

此时本案例制作完成，滑动时间线，画面效果如图 5-202 所示。

图 5-202

5.3.4 实战：只保留画面中的红色

文件路径

实战素材/第5章

操作要点

使用"锐化"效果与"曲线"效果调整画面的对比度，接着使用"保留颜色"效果制作出只保留画面中的红色的效果

案例效果

图 5-203

操作步骤

（1）执行"文件"/"导入"/"文件…"命令，导入01.mp4素材。在"项目"面板中将01.mp4素材拖到"时间轴"面板中，此时在"项目"面板中自动生成与素材尺寸等大的合成，如图5-204所示。

图 5-204

此时画面效果如图5-205所示。

图 5-205

（2）在"效果和预设"面板中搜索"锐化"效果，将该效果拖到"时间轴"面板中的01.mp4图层上，如图5-206所示。

（3）在"时间轴"面板中展开01.mp4素材图层下方的"效果"/"锐化"，设置"锐化量"为20，如图5-207所示。

图 5-206　　　　　　　图 5-207

此时画面效果与以前对比如图5-208所示。

图 5-208

（4）在"效果和预设"面板中搜索"曲线"效果，将该效果拖到"时间轴"面板中的01.mp4图层上，如图5-209所示。

（5）在"效果控件"面板中打开"曲线"效果，首先将"通道"设置为RGB，在曲线上单击添加一个控制点，适当向左上角拖动调整曲线形状。接着再次添加一个控制点，适当向左上角拖动调整曲线形状，如图5-210所示。

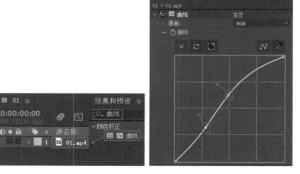

图 5-209　　　　　　　图 5-210

此时画面效果与以前对比如图5-211所示。

图 5-211

（6）在"效果和预设"面板中搜索"保留颜色"效果，将该效果拖到"时间轴"面板中的01.mp4图层上，如图5-212所示。

图 5-212

重点笔记

"保留颜色"效果需保留颜色与周围颜色对比明显，此效果除保留颜色外都会变为灰色。

（7）在"效果控件"面板中打开"保留颜色"效果，设置"脱色量"为100.0%，设置"要保留的颜色"为红色，"容差"为29.0%，如图 5-213 所示。

图 5-213

此时本案例制作完成，滑动时间线，画面前后对比效果如图 5-214 所示。

图 5-214

5.3.5 实战：让视频色调变梦幻

文件路径

实战素材/第5章

操作要点

学习"亮度和对比度""颜色平衡（HLS）""Lumetri 颜色"效果的使用

案例效果

图 5-215

操作步骤

（1）执行"文件"/"导入"/"文件…"命令，导入全部素材。在"项目"面板中将01.mp4素材拖到"时间轴"面板中，此时在"项目"面板中自动生成与素材尺寸等大的合成。接着再次将02.mp4素材拖到"时间轴"面板中，如图 5-216 所示。

图 5-216

（2）在"时间轴"面板中选择02.mp4图层，设置"混合模式"为变亮，如图 5-217 所示。

图 5-217

此时画面效果让如图 5-218 所示。

图 5-218

（3）在"效果和预设"面板中搜索"亮度和对比度"效果，将该效果拖到"时间轴"面板中的01.mp4图层上，如图 5-219 所示。

图 5-219

（4）在"时间轴"面板中展开01.mp4素材图层下方的"效果"/"亮度和对比度"，设置"亮度"为10，"对比度"为70，如图 5-220 所示。

高级拓展篇

图 5-220

此时画面效果如图 5-221 所示。

图 5-221

（5）在"效果和预设"面板中搜索"颜色平衡（HLS）"效果，将该效果拖到"时间轴"面板中的 01.mp4 图层上，如图 5-222 所示。

图 5-222

（6）在"时间轴"面板中展开 01.mp4 素材图层下方的"效果"/"颜色平衡（HLS）"，设置"色相"为（0x+141.0°），"饱和度"为 10.0，如图 5-223 所示。

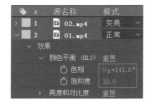

图 5-223

此时画面效果如图 5-224 所示。

图 5-224

重点笔记

该效果通过调整画面的色相、饱和度、亮度修改画面颜色，适用于画面对比度不大的情况。

（7）在"效果和预设"面板中搜索"Lumetri 颜色"效果，将该效果拖到"时间轴"面板中的 01.mp4 图层上，如图 5-225 所示。

图 5-225

（8）在"效果控件"面板中展开"Lumetri 颜色"/"曲线"/"RGB 曲线"/"RGB 曲线"，将"通道"设置为绿色，在绿色曲线上单击添加一个控制点向左上角拖动，如图 5-226 所示。

图 5-226

此时本案例制作完成，滑动时间线，画面效果如图 5-227 所示。

图 5-227

5.3.6　实战："四色渐变"制作幻彩色调

文件路径

实战素材/第 5 章

操作要点

使用"四色渐变"效果制作画面朦胧感，接着修改"混合模式"

案例效果

图 5-228

操作步骤

（1）在"项目"面板中，单击鼠标右键选择"新建合成"，在弹出来的"合成设置"面板中设置"合成名称"为01，"预设"为自定义，"宽度"为1920，"高度"为1080，"像素长宽比"为方形像素，"帧速率"为23.976，"分辨率"为完整，"持续时间"为5秒。执行"文件"/"导入"/"文件…"命令，导入全部素材。在"项目"面板中将01.mp4素材拖到"时间轴"面板中，如图5-229所示。

图 5-229

此时画面效果，如图5-230所示。

图 5-230

（2）在"效果和预设"面板中搜索"四色渐变"效果，将该效果拖到"时间轴"面板中的01.mp4素材图层上，如图5-231所示。

图 5-231

（3）在"时间轴"面板中单击打开01.mp4素材图层下方"效果"/"四色渐变"，设置"点1"为（36.0，42.0），"点2"为（1869.0，42.0），"点3"为（45.0，1026.0），"点4"为（1890.0，1044.0），"不透明度"为70.0%，"混合模式"为"滤色"，如图5-232所示。

图 5-232

滑动时间线，此时画面效果如图5-233所示。

图 5-233

重点笔记

1. 在"时间轴"面板中单击01.mp4素材文件，在"效果控件"面板展开"四色渐变"，单击"位置和颜色"。此时在"合成"面板中四角出现选择点，可单击移动位置。此时效果控件面板中点的位置会自动变化，如图5-234所示。

图 5-234

2.可以在"效果控件"面板展开"四色渐变"/"位置和颜色"调整点的位置，此时"合成"面板中点的位置已自动变换，如图5-235所示。

图 5-235

（4）在"项目"面板中将02.mp4素材拖到"时间轴"面板中。在"时间轴"面板中设置02.mp4素材图层的"混合模式"为屏幕，如图5-236所示。

图 5-236

此时本案例制作完成，画面效果如图5-237所示。

图 5-237

5.3.7 实战：使用调整图层统一调色

文件路径

实战素材/第5章

操作要点

使用"钢笔工具"制作背景，接着使用调整图层与"通道

混合器"调整画面色调

案例效果

图 5-238

操作步骤

（1）在"项目"面板中，单击鼠标右键选择"新建合成"，在弹出来的"合成设置"窗口中设置"合成名称"为01，"预设"为自定义，"宽度"为1200，"高度"为1521，"帧速率"为29.97，"持续时间"为8秒。在工具栏中选择（钢笔工具），设置"填充"为淡蓝色，接着在"合成面板"中右下角位置绘制一个多边形，如图5-239所示。

（2）在不选中任何图层的状态下，在工具栏中选择（钢笔工具），设置"填充"为淡粉色，接着在"合成面板"左上角位置绘制一个多边形，如图5-240所示。

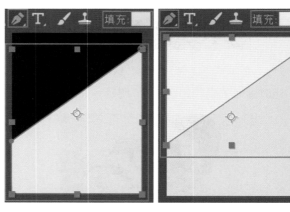

图 5-239　　　　图 5-240

（3）执行"文件"/"导入"/"文件…"命令，导入全部素材。在"项目"面板中将全部素材拖到"时间轴"面板中，如图5-241所示。

此时画面效果，如图5-242所示。

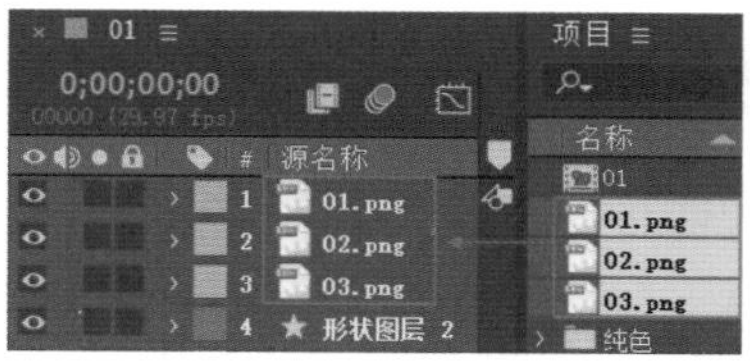

图 5-241

图 5-242

（4）在"时间轴"面板中的空白位置处单击鼠标右键，执行"新建"/"调整图层"命令，如图 5-243 所示。

图 5-243

（5）在"效果和预设"面板中搜索"通道混合器"效果，将该效果拖到"时间轴"面板中的调整图层上，如图 5-244 所示。

图 5-244

（6）在"时间轴"面板中展开"通道混合器"效果，设置"红色-绿色"为30，"红色-蓝色"为30，"绿色-恒量"为15，"蓝色-红色"为–10，如图 5-245 所示。

图 5-245

此时本案例制作完成，画面效果如图 5-246 所示。

图 5-246

5.4　课后练习：经典电影色调

文件路径

实战素材/第5章

操作要点

使用"可选颜色""Lumetri 颜色"效果调整色调制作电影色，并创建文字，制作文字效果

案例效果

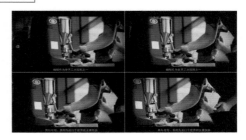

图 5-247

操作步骤

（1）在"项目"面板中，单击鼠标右键选择"新建合成"，在弹出来的"合成设置"面板中设置"合成名称"为01，"预设"为HDTV 1080 29.97，"宽度"为1920，"高度"为1280，"帧速率"为29.97，"持续时间"为5秒。执行"文件"/"导入"/"文件…"命令，导入01.jpg素材。在"项目"面板中将01.jpg素材拖到"时间轴"面板中，如图5-248所示。

图5-248

此时画面效果，如图5-249所示。

图5-249

（2）此时视频时长比较长，播放速度很慢。在时间轴面板中选择素材01.mp4，并执行右键"时间"/"时间伸缩"，如图5-250所示。

图5-250

（3）出弹出的"时间伸缩"窗口中设置"持续时间"为5秒。此时素材就变为了5秒，并且在播放时速度变得更快，如图5-251所示。

图5-251

重点笔记

1."时间伸缩"命令，主要用于加速视频与延长视频速率。

2.在弹出的"时间伸缩"窗口中选择"当前帧"可制作前方时间效果不变后方可加速视频和延长视频的效果，如图5-252所示。

图5-252

（4）在"效果和预设"面板中搜索"可选颜色"效果，将该效果拖到"时间轴"面板中的01.mp4图层上，如图5-253所示。

图5-253

（5）在"时间轴"面板中单击打开01.mp4图层下方的"效果"/"可选颜色"/"细节"/"红色"，设置"青色"为50.0%，"黑色"为20.0%，如图5-254所示。

图5-254

此时画面效果与之前画面效果对比如图5-255所示。

图5-255

（6）在"效果和预设"面板中搜索"Lumetri颜色"效果，将该效果拖到"时间轴"面板中的01.mp4图层上，如图5-256所示。

图 5-256

（7）在"效果控件"面板中展开"Lumetri 颜色"/"基本校正"/"白平衡"，设置"色温"为30.0，"色调"为–30.0；接着展开"音调"，设置"对比度"为100.0，"高光"为–20.0，"阴影"为50.0，如图 5-257 所示。

图 5-257

此时画面效果如图 5-258 所示。

图 5-258

（8）展开"创意"/"调整"/"分离色调"，将"高光色调"的控制点向左上角适当拖动，如图 5-259所示。

图 5-259

（9）展开"曲线"/"RGB 曲线"/"RGB 曲线"，将"通道"设置为绿色，在绿色曲线上单击添加一

个控制点向右下角拖动，减少画面中绿色数量。将"通道"设置为蓝色，在蓝色曲线上单击添加一个控制点向左上角拖动，如图 5-260 所示。

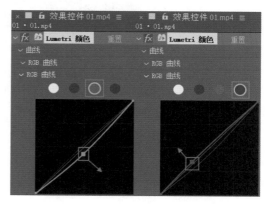

图 5-260

（10）展开"色相饱和度曲线"/"色相与饱和度"，在曲线上单击添加控制点，调整曲线形状，如图 5-261 所示。

（11）展开"色轮"/"色轮"，将"中间调"控制点进行向右下角拖动；然后将"阴影"的控制点适当向左下角拖动；最后将"高光"的控制点向下适当拖动，如图 5-262 所示。

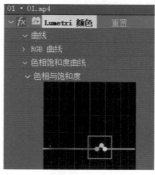 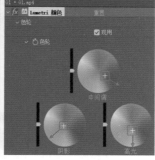

图 5-261　　　　　　图 5-262

（12）最后展开"晕影"，设置"数量"为–5.0，"中点"为40.0，如图 5-263 所示。

图 5-263

此时画面效果与之前画面效果对比如图 5-264 所示。

149

图 5-264

（13）在工具栏中选择▣（矩形工具），设置"填充"为黑色，接着在"合成面板"中画面的底部绘制一个矩形，如图 5-265 所示。

图 5-265

（14）在工具栏中选择▣（矩形工具），设置"填充"为黑色，接着在"合成面板"中画面的顶部绘制一个矩形，如图 5-266 所示。

图 5-266

此时画面效果如图 5-267 所示。

图 5-267

（15）在"时间轴"面板中空白位置单击鼠标右键，执行"新建"/"文本"命令。在"字符"面板中设置合适的"字体系列"，设置"填充颜色"为白色，"描边颜色"为蓝色，"字体大小"为 50 像素，"描边"为 2 像素，选择"在填充上描边"，设置垂直缩放为 100%，展开"段落"，设置"对齐方式"为☰居中对齐，如图 5-268 所示。

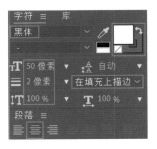

图 5-268

（16）设置完成后输入文本，如图 5-269 所示。

图 5-269

（17）将文字图层的起始时间设置为 2 秒。在"时间轴"面板中单击打开文字图层下方的"变换"，设置"位置"为（1010.4，1054.6），如图 5-270 所示。

图 5-270

此时画面效果如图 5-271 所示。

图 5-271

（18）在"时间轴"面板中空白位置单击鼠标右键，执行"新建"/"文本"命令。在"字符"面板中设置合适的"字体系列"，设置"填充颜色"为白色，"描边颜色"为蓝色，"字体大小"为 50 像素，"描边"为 2 像素，选择"在填充上描边"，设置垂直缩放为 100%，展开"段落"，设置为☰居中对齐，如图 5-272 所示。

图5-272

（19）设置完成后输入文本，如图5-273所示。

图5-273

（20）将文字图层的结束时间设置为2秒。在"时间轴"面板中单击打开文字图层下方的"变换"，设置"位置"为（1002.4，1054.6），如图5-274所示。

图5-274

此时案例制作完成，滑动时间线，画面效果如图5-275所示。

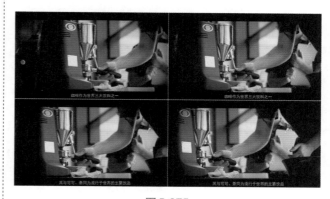

图5-275

本章小结

本章对调色知识进行了非常全面、系统的介绍。调色效果有很多，调整一个视频可能会使用到多个调色效果。我们需要先知道要调整什么，再去考虑拿什么效果去调整。这就需要了解不同调色效果的特点和应用范围，还需要从大量的实践中去积累调色经验。

第6章
特效

特效是 After Effects 的主要功能之一，广泛运用于电影、电视、广告、短视频中。特效不仅仅让整个视频文件看起来更加绚丽多彩，更是简单、直观、具有冲击力地将视频的主旨与调性提升。本章将介绍一些简单、有效的特效命令，用简单便捷的方式制作画面效果。

学习目标

了解常用特效的使用方法
掌握模糊效果使用方法
掌握画面过渡效果的使用方法
熟练掌握"3D"类特效的使用方法

思维导图

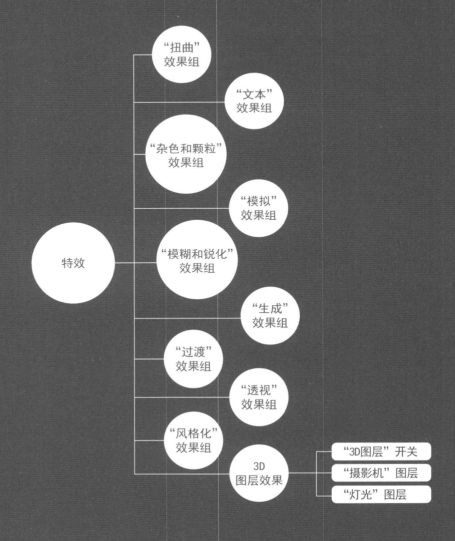

6.1 认识 After Effects 中的效果

After Effect 以强大的效果命令著称，通过为素材添加一个或多个效果，可以使素材产生特殊的质感、变形、抽象的变化，从而完成视频的制作。

6.1.1 认识"效果"

After Effects 中效果的使用方法非常简单，无需死记硬背各项参数，通常只需一边调整不同的参数，一边观看左侧的预览效果即可。进入"效果和控件"面板，即可看到包含了25组效果组，每个组中又包含了几个或更多效果，如图6-1所示。

图6-1

6.1.2 认识"动画预设"效果组

"动画预设"是 After Effects 中比较特殊的效果组。为文字或其他图层添加动画预设效果，可以快速产生特殊效果或动画。图6-2所示为动画预设的分类。在本书第7章和第8章中也有讲到该部分内容。

图6-2

6.2 "扭曲"效果组

功能速查

"扭曲"效果组是在不损坏图像质量的前提下，对图像进行拉长、扭曲、积压等操作，模拟出3D控件效果，给人以真实的立体画面效果。

将素材图片打开，如图6-3所示。在"效果和预设"面板中展开"扭曲"效果组，其中包括"球面化""贝塞尔曲线变形""漩涡条纹""改变形状""放大""镜像""CC Bend It""CC Bender""CC Blobbylize""CC Flo Motion""CC Griddler""CC Lens""CC Page Turn""CC Power Pin""CC Ripple Pin""CC Slant""CC Smear""CC Split""CC Split 2""CC Tiler""光学补偿""湍流置换""置换图""偏移""网格变形""保留细节最大""凸出""变形""变换""变形稳定器""旋转扭曲""极坐标""果冻效应修复""波形变形""波纹""液化""边角定位"37种效果，如图6-4所示。各种效

果说明见表6-1。

图6-3

图6-4

表 6-1　"扭曲"效果组各种效果说明

效果	球面化	贝塞尔曲线变形	放大
说明	通过设置合适的半径参数，可以在图像指定区域将图像扭曲，产生球面效果	通过调整曲线控制点使图像扭曲变形	通过设置合适的参数，可以将图像某一区域放大
图示			
效果	镜像	CC Bend It	CC Bender
说明	通过设置合适的反射中心和反射角度，使图像产生对称效果	通过设置合适的参数，可以将图像指定区域进行弯曲变形	通过设置合适的参数，可以将图像进行倾斜弯曲
图示		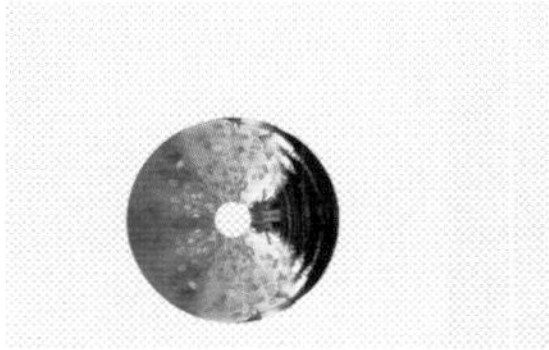	
效果	CC Blobbylize	CC Flo Motion	CC Griddler
说明	通过设置合适的参数，可以将图像产生液化效果，并可以显示指定图层	通过设置合适的参数，可以在图像指定位置进行拉伸缩放	通过设置合适的参数，可以在图像上创建网格效果
图示			
效果	CC Lens	CC Page Turn	CC Power Pin
说明	通过设置合适的参数，可以使图像产生镜头扭曲效果	通过设置合适的参数，使图像产生翻页效果	通过调整图像四个边角位置，使图像变形产生透视效果
图示	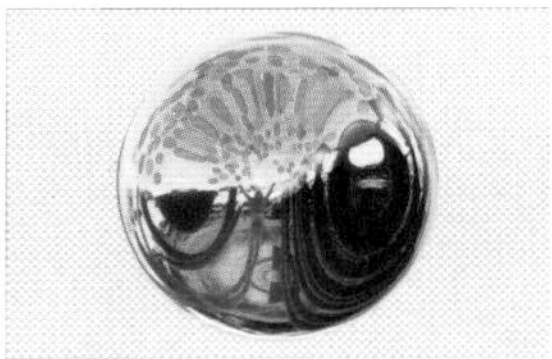		
效果	CC Slant	CC Smear	CC Split
说明	通过调整参数可以将图像进行倾斜。当勾选"Set Color"时，可以为图像填充颜色	通过调整参数可以将图像的某一位置进行变形	通过调整参数可以将图像从分裂点 A 到分裂点 B 进行分裂
图示			

续表

效果	CC Split 2	CC Tiler	光学补偿
说明	通过调整参数可以将图像从分裂点 A 和分裂点 B 分别进行分裂	通过调整参数可以将图像进行复制，并将图像水平和垂直平铺整个画面	通过设置合适的参数可以将图像进行引入或移除镜头扭曲
图示		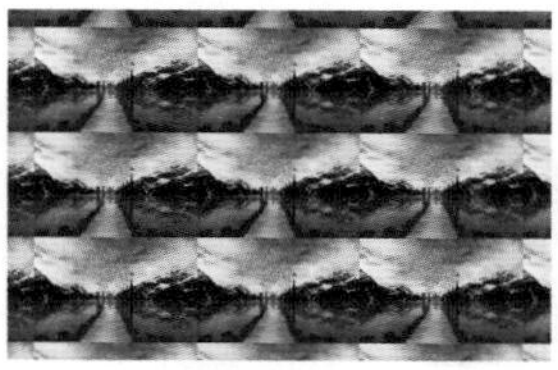	

效果	湍流置换	置换图	偏移
说明	通过设置合适的参数和置换，可以在图像中创建湍流扭曲效果	通过设置合适的参数，可以将指定图层进行水平或垂直方向的置换	通过调整参数可以将图像进行水平和垂直方向的移动
图示			

效果	网格变形	保留细节最大	凸出
说明	通过调整参数可以在图像中添加网格，然后通过调整网格控制点将图像进行变形	通过设置合适的参数不仅可以将图像进行放大并保留图像细节，还可以去除杂色	通过设置合适的水平和垂直半径参数，可以将指定区域放大扭曲变形
图示			

效果	变形	变换	旋转扭曲
说明	通过调整参数可以将图像进行水平或垂直的扭曲变形	通过调整参数可以将图像进行二维几何变换	通过调整参数可以将图像在指定位置，以指定角度和指定半径进行旋转扭曲
图示		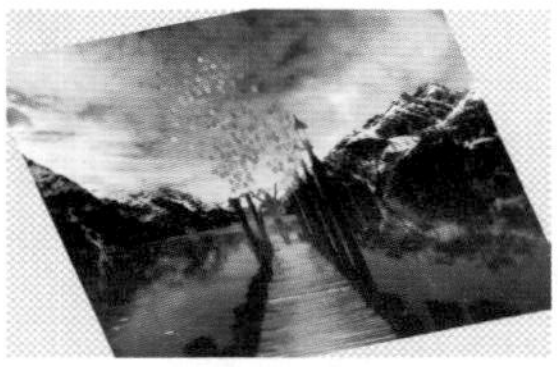	

效果	极坐标	波形变形	波纹
说明	通过调整插值参数，可以将图形进行矩形到极线或者极线到矩形的变形	通过设置合适的波浪类型，并调整参数可以使素材产生波形变形效果	通过调整合适的参数，可以在图像指定位置创建波纹效果，并且波纹效果是在指定波纹中心向四周移动的
图示	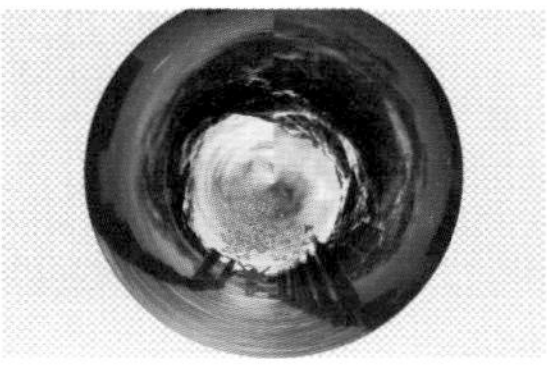	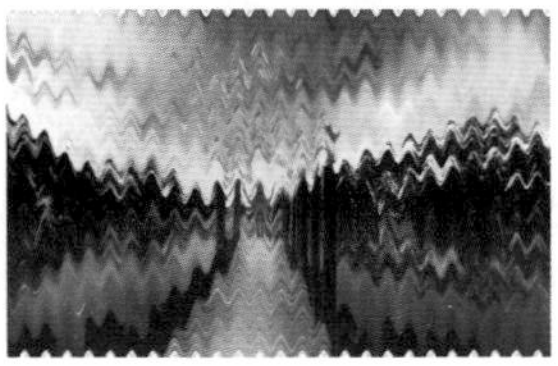	

高级拓展篇

效果	液化	边角定位	
说明	通过设置合适的工具和参数，可以将图像进行旋转、推动和缩放等扭曲变形	通过调整图像四角位置参数可以将图像进行变形	
图示	 		

6.2.1　实战："液化"效果制作流动背景

文件路径

实战素材/第6章

操作要点

使用椭圆工具、"梯度渐变"和"液化"效果制作流动背景

案例效果

图 6-5

操作步骤

（1）在"项目"面板中，单击鼠标右键选择"新建合成"，在弹出来的"合成设置"面板中设置"合成名称"为01，"预设"为自定义，"宽度"为3508，"高度"为2480，"像素长宽比"为方形像素，"帧速率"为29.97，"持续时间"为5秒，单击"确定"按钮。在"时间轴"面板中的空白位置处单击鼠标右键，执行"新建"/"纯色"命令。接着在弹出的"纯色设置"窗口中设置"颜色"为浅青色，并命名为"浅色 青色 纯色 1"，如图6-6所示。

（2）在不选中任何图层的状态下，在"工具栏"中选择◯（椭圆工具），设置"填充"为白色，接着在画面合适位置按住Shift键的同时按住鼠标左键拖动绘制一个正圆，如图6-7所示。

图 6-6

图 6-7

（3）在"时间轴"面板中单击打开形状图层1下方的"变换"，设置"不透明度"为50%，如图6-8所示。

（4）在"效果和预设"面板中搜索"梯度渐变"效果，将该效果拖到"时间轴"面板中的形状图层1上。在"时间轴"面板中单击打开形状图层1下方的"效果"/"梯度渐变"，设置"起始颜色"为青色，"结束颜色"为粉色，如图6-9所示。

图 6-8

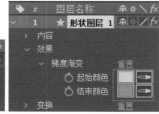

图 6-9

此时画面效果如图6-10所示。

（5）在"效果和预设"面板中搜索"液化"效果，将该效果拖到"时间轴"面板中的形状图层1上，如图6-11所示。

图 6-10

图 6-11

重点笔记

1．"液化"效果可用于视频修图，对脸部或云彩进行修整。

2．可与"脸部跟踪"一同使用，对面部进行液化修图。

（6）在"时间轴"面板中选择形状图层1，在"效果控件"面板中展开"液化"/"工具"，选择 （向前推动工具）。接着展开"变形工具选项"，设置"画笔大小"为500，"画笔压力"为50，如图6-12所示。

（7）设置完成后按住鼠标左键在画面中拖动进行反复涂抹。此时画面效果如图6-13所示。

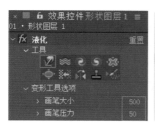

图6-12　　　　　　　　　图6-13

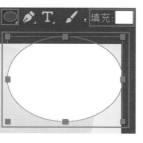

图6-14

（8）在不选中任何图层的状态下，在"工具栏"中选择 （椭圆工具），设置"填充"为白色，接着在画面右上角合适位置按住鼠标左键拖动绘制一个正圆，如图6-14所示。

（9）在"时间轴"面板中单击打开形状图层2下方的"变换"，设置"位置"为（1698.0，1252.0），"不透明度"为50%，如图6-15所示。

此时画面效果如图6-16所示。

图6-15　　　　　　　　　图6-16

（10）在"效果和预设"面板中搜索"梯度渐变"效果，将该效果拖到"时间轴"面板中的形状

图层2上。在"时间轴"面板中单击打开形状图层2下方的"效果"/"梯度渐变"，设置"渐变起点"为（1988.4，316.8），"起始颜色"为粉色，"渐变终点"为（2949.8，458.9），"结束颜色"为紫色，如图6-17所示。

此时画面效果如图6-18所示。

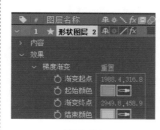

图6-17　　　　　　　　　图6-18

（11）在"效果和预设"面板中搜索"液化"效果，将该效果拖到"时间轴"面板中的形状图层2上。在"时间轴"面板中选择形状图层2，在"效果控件"面板中展开"液化"/"工具"，选择 （向前推动工具）。接着展开"变形工具选项"，设置"画笔大小"为300，"画笔压力"为50，如图6-19所示。

（12）设置完成后按住鼠标左键在画面中拖动进行反复涂抹。此时画面效果如图6-20所示。

图6-19　　　　　　　　　图6-20

（13）在"工具栏"中选择 （椭圆工具），设置"填充"为白色，接着在画面右下角合适位置按住鼠标左键拖动绘制一个椭圆，如图6-21所示。

（14）在"时间轴"面板中单击打开形状图层3下方的"变换"，

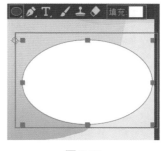

图6-21

设置"位置"为（1658.0，1248.0），取消约束比例，设置"缩放"为（108.8，138.2%），"不透明度"为

高级拓展篇

60%，如图6-22所示。

图6-22

（15）在"效果和预设"面板中搜索"梯度渐变"效果，将该效果拖到"时间轴"面板中的形状图层3上。在"时间轴"面板中单击打开形状图层3下方的"效果"/"梯度渐变"，设置"起始颜色"为青色，"渐变终点"为（3148.0，2020.0），"结束颜色"为淡蓝色，如图6-23所示。

此时画面效果如图6-24所示。

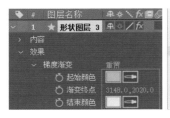 

图6-23　　　　　　　　　图6-24

（16）在"效果和预设"面板中搜索"液化"效果，将该效果拖到"时间轴"面板中的形状图层3上。在"时间轴"面板中选择形状图层3，在"效果控件"面板中展开"液化"/"工具"，选择 （向前推动工具）。接着展开"变形工具选项"，设置"画笔大小"为500，"画笔压力"为50，如图6-25所示。

（17）设置完成后按住鼠标左键在画面中拖动进行反复涂抹。此时画面效果如图6-26所示。

图6-25　　　　　　　　　图6-26

（18）在"工具栏"中选择 （椭圆工具），设置"填充"为红色，接着在画面左下角合适位置按住鼠标左键拖动绘制一个椭圆，如图6-27所示。

（19）在"时间轴"面板中单击打开形状图层4下方的"变换"，设置"不透明度"为60%，如图6-28所示。

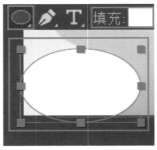 

图6-27　　　　　　　　　图6-28

（20）在"效果和预设"面板中搜索"梯度渐变"效果，将该效果拖到"时间轴"面板中的形状图层4上。在"时间轴"面板中单击打开形状图层4下方的"效果"/"梯度渐变"，设置"渐变起点"为（210.0，1932.0），"起始颜色"为淡蓝色，"渐变终点"为（870.0，2418.0），"结束颜色"为蓝色，如图6-29所示。

此时画面效果如图6-30所示。

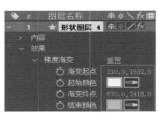 

图6-29　　　　　　　　　图6-30

（21）在"效果和预设"面板中搜索"液化"效果，将该效果拖到"时间轴"面板中的形状图层4上。在"时间轴"面板中选择形状图层4，在"效果控件"面板中展开"液化"/"工具"，选择 （向前推动工具）。接着展开"变形工具选项"，设置"画笔大小"为400，"画笔压力"为50，如图6-31所示。

（22）设置完成后按住鼠标左键在画面中拖动进行反复涂抹。此时画面效果如图6-32所示。

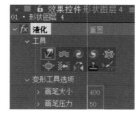 

图6-31　　　　　　　　　图6-32

（23）执行"文件"/"导入"/"文件…"命令，导入01.png素材。在"项目"面板中将01.png素材拖到"时间轴"面板中，如图6-33所示。

图6-33

此时本案例制作完成，画面效果如图6-34所示。

图6-34

6.2.2 实战：使用"镜像"制作海天一色

文件路径

实战素材/第6章

操作要点

使用"镜像"效果制作海天一色

案例效果

图6-35

操作步骤

（1）执行"文件"/"导入"/"文件…"命令，导入全部素材。在"项目"面板中将01.mp4素材拖到"时间轴"面板中，此时在"项目"面板中自动生成与素材尺寸等大的合成，如图6-36所示。

图6-36

此时画面效果，如图6-37所示。

图6-37

（2）在"效果和预设"面板中搜索"镜像"效果，将该效果拖到"时间轴"面板中的01.png素材图层上，如图6-38所示。

图6-38

（3）在"时间轴"面板中单击打开01.png素材图层下方的"效果"/"镜像"，设置"反射中心"为（2560.0，1080.0），"反射角度"为（0x+90.0°），如图6-39所示。

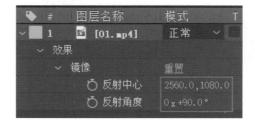

图6-39

📄 **重点笔记**

可以通过设置反射中心的参数调整画面效果，还可以通过"合成"面板调整合适的反射中心点来调整画面效果。如图6-40所示。

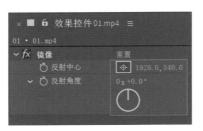

图 6-40

此时本案例制作完成，画面效果如图6-41所示。

图 6-41

6.2.3　实战：使用"边角定位"更换户外广告牌

文件路径

实战素材/第6章

操作要点

使用"边角定位"效果更换户外广告牌

案例效果

图 6-42

操作步骤

（1）在"项目"面板中，单击鼠标右键选择"新建合成"，在弹出来的"合成设置"面板中设置"合成名称"为1，"预设"为自定义，"宽度"为1584，"高度"为1045，"像素长宽比"为"方形像素"，"帧速率"为25，"分辨率"为完整，"持续时间"为5秒。执行"文件"/"导入"/"文件…"命令，

导入全部素材。在"项目"面板中将素材1.jpg拖到"时间轴"面板中，如图6-43所示。

图 6-43

此时画面效果如图6-44所示。

图 6-44

（2）在"项目"面板中将素材2.jpg拖到"时间轴"面板中。此时画面效果如图6-45所示。

图 6-45

（3）在"效果和预设"面板中搜索"边角定位"效果，将该效果拖到"时间轴"面板中的2.jpg素材图层上，如图6-46所示。

图 6-46

（4）在"时间轴"面板中单击打开2.jpg素材图层下方的"效果"/"边角定位"，设置"左上"为（252.0，148.0），"右上"为（1396.0，248.0），左下"为（212.0，762.0），"右下"为（1500.0，750.0），如

图6-47所示。

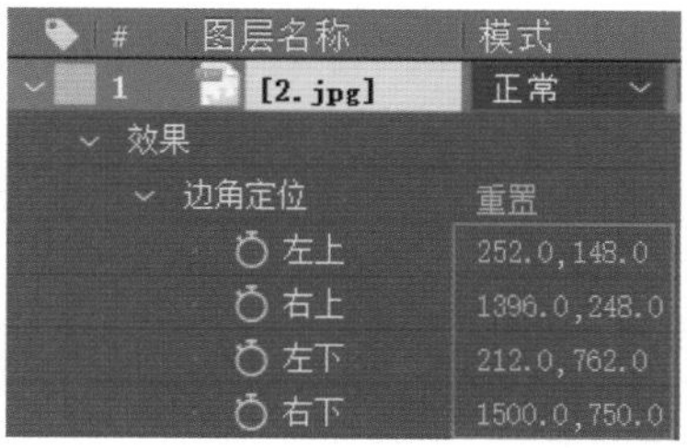

🏷	#	图层名称	模式
∨	1	[2.jpg]	正常
	∨ 效果		
		∨ 边角定位	重置
		⏱ 左上	252.0,148.0
		⏱ 右上	1396.0,248.0
		⏱ 左下	212.0,762.0
		⏱ 右下	1500.0,750.0

图6-47

此时本案例制作完成，画面效果如图6-48所示。

图6-48

6.3 "文本"效果组

⏱ 功能速查

"文本"效果组中编号是数字效果，可以为素材生成有序或随机数字序列，时间码可以阅读并记录时间信息。

图6-49

将素材图片打开，如图6-49所示。在"效果和预设"面板中展开"文本"效果组，其中包括"编号""时间码"两种效果，如图6-50所示。具体说明见表6-2。

图6-50

表6-2 "文本"效果组说明

效果	编号	时间码
说明	通过设置合适的格式类型和合适的参数，可以在图像指定位置创建有序或随机的编号序列	通过设置合适的显示格式，可以在图像指定位置创建时间码
图示	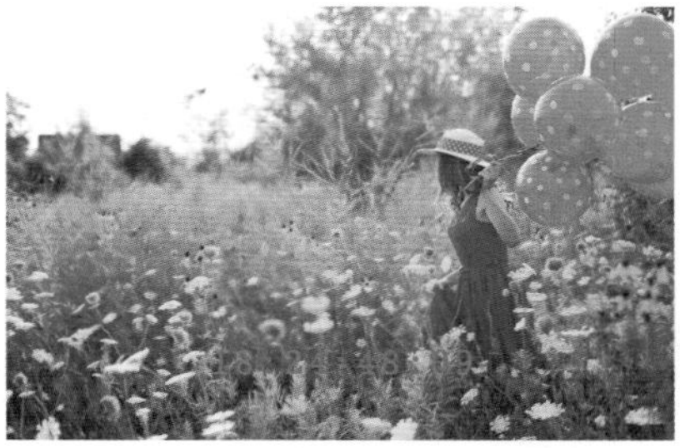	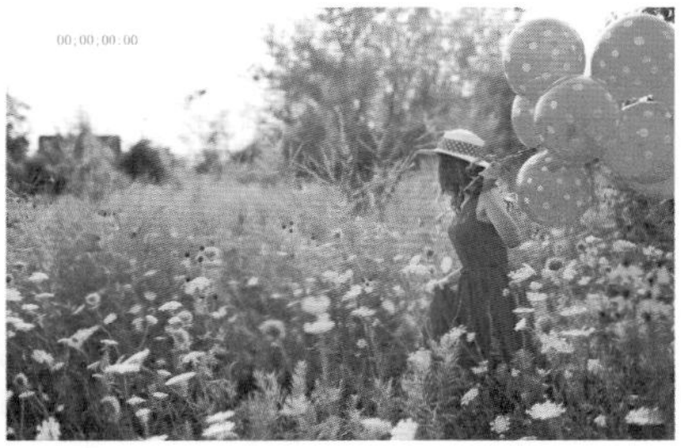

高级拓展篇

6.4 "杂色和颗粒"效果组

 功能速查

"杂色和颗粒"效果组可以生成各种随机动态效果，可以为图像添加或去除杂色和胶片颗粒。

将素材图片打开，如图6-51所示。在"效果和预设"面板中展开"杂色和颗粒"效果组，其中包括"分形杂色""中间值""中间值（旧版）""匹配颗粒""杂色""杂色 Alpha""杂色 HLS""杂色

图6-51　　　　　　　　　　　　图6-52

HLS 自动""湍流杂色""添加颗粒""移除颗粒""蒙尘划痕"12种效果，如图6-52所示。具体说明见表6-3。

表6-3　"杂色和颗粒"效果组说明

效果	分形杂色	中间值	中间值（旧版）
说明	通过设置合适的参数可以模拟各种随机自然效果	通过设置半径，可以将图像指定半径内的像素进行模糊处理	通过设置合适的参数，将图像进行模糊处理
图示			
效果	匹配颗粒	杂色	杂色 Alpha
说明	可以指定匹配某一图层为图像的杂色颗粒效果	通过设置合适的参数，可以为图像添加杂色	通过设置合适的参数，可以为图像添加杂色，并添加到 Alpha 通道
图示			
效果	杂色 HLS	杂色 HLS 自动	湍流杂色
说明	可以通过设置色相、亮度和饱和度将杂色添加到 HLS 通道上	自带杂色效果，并且可以设置色相、亮度和饱和度，将杂色添加到 HLS 通道上	通过设置合适的参数，可以创建基于湍流的图案，与分形杂色效果类似
图示			

续表

效果	添加颗粒	移除颗粒	蒙尘划痕
说明	不仅可以通过设置参数为图像添加颗粒效果，还可以通过设置合适的预设为图像添加胶片颗粒效果	通过设置合适的参数可以去除图像中的颗粒和噪点	通过调整半径和阈值参数，可以将图像中的不同的像素更改为相邻的像素
图示			

6.5 "模拟"效果组

功能速查

"模拟"效果组可以模拟自然界中下雨、爆炸、反射、波浪等自然现象的特效。

将素材图片打开，如图6-53所示。在"效果和预设"面板中展开"模拟"效果组，其中包括"焦散""卡片动画""CC Ball Action""CC Bubbles""CC Drizzle""CC Hair""CC Mr. Mercury""CC Particle Systems II""CC Particle World""CC Pixel Polly""CC Rainfall""CC Scatterize""CC Snowfall""CC Star Burst""泡沫""波形环境""碎片""粒子运动场"18种效果，如图6-54所示。具体说明见表6-4。

图 6-53

图 6-54

表 6-4 "模拟"效果组说明

效果	焦散	卡片动画	CC Ball Action
说明	通过设置合适的参数，可以模拟水面折射效果	通过设置合适的参数，可以将图像分为多个卡片	通过设置合适的参数，可以模拟三维球形网格效果
图示			
效果	CC Bubbles	CC Drizzle	CC Hair
说明	通过设置合适的参数，可以生成气泡效果	通过设置合适的参数，可以模拟雨滴落在水面产生波纹的效果	通过设置合适的参数，可以生成毛发效果
图示			

续表

效果	CC Mr. Mercury	CC Particle Systems II	CC Particle World
说明	通过设置合适的参数，可以模拟液体流动效果	通过设置合适的参数，可以模拟粒子烟花效果	通过设置合适的参数，可以模拟火花、烟花效果
图示			
效果	CC Pixel World	CC Rainfall	CC Scatterize
说明	通过设置合适的参数，可以模拟破碎掉落效果	通过设置合适的参数，可以模拟下雨效果	通过设置合适的参数，可以将图像产生粒子分散效果
图示			
效果	CC Snowfall	CC Star Burst	泡沫
说明	通过设置合适的参数，可以模拟下雪效果	通过设置合适的参数，可以模拟粒子星球效果	通过设置合适的参数，可以在图像中生成气泡、水珠等效果
图示			
效果	波形环境	碎片	粒子运动场
说明	通过设置合适的参数，可以在图像中根据物理学模拟创建波形图形	通过设置合适的参数，可以在图像中创建类似爆炸的效果	通过设置合适的参数，可以在图像中创建大量相似的对象，并产生独立的运动动画效果
图示			

6.5.1 实战："CC Drizzle""CC Rainfall"制作雨滴效果

案例效果

文件路径

实战素材/第6章

操作要点

使用"CC Drizzle""CC Rainfall"效果制作下雨和水波纹效果，接着创建调整图层，使用"曲线"效果调整画面亮度

图6-55

（1）执行"文件"/"导入"/"文件…"命令，导入全部素材。在"项目"面板中将01.mp4素材拖到"时间轴"面板中，此时在"项目"面板中自动生成与素材尺寸等大的合成，如图6-56所示。

图6-56

此时画面效果如图6-57所示。

图6-57

（2）制作雨滴效果。在"效果和预设"面板中搜索"CC Rainfall"效果，将该效果拖到"时间轴"面板中的01.mp4素材图层上，如图6-58所示。

图6-58

（3）在"时间轴"面板中选择01.mp4素材图层，在"效果控件"面板中打开"CC Rainfall"效果，设置"Drops"为4000，"Size"为5.00，"Speed"为3000，"Wind"为1300.0，"Variation%（Wind）"为40.0，"Opacity"为30.0，接着展开"Extras"设置"Embed Depth%"为30.0，如图6-59所示。

图6-59

此时画面效果如图6-60所示。

图6-60

（4）制作水波效果。在"时间轴"面板中的空白位置处单击鼠标右键，执行"新建"/"纯色"命令。接着在弹出的"纯色设置"窗口中设置"颜色"为灰色，并命名为"灰色 纯色1"，接着单击"确定"按钮，如图6-61所示。

图6-61

（5）激活"灰色 纯色1"图层的"3D图层"。展开"灰色 纯色1"素材图层下方的"变换"，设置"位置"为（1322.4，490.0，0.0），"X轴旋转"为（0x-60.0°），"Z轴旋转"为（0x+30.0°），如图6-62所示。

图6-62

此时画面效果如图6-63所示。

图6-63

（6）在纯色图层选中的状态下，在工具栏中选择（钢笔工具），在画面合适的位置单击鼠标左键建立锚点，绘制一个多边形，在绘制时可调整锚点两端控制点改变路径形状，如图6-64所示。

（7）再次在画面合适的位置单击鼠标左键建立锚点，绘制一个多边形，如图6-65所示。

图6-64

图6-65

（8）在“时间轴”面板中单击打开纯色图层下方的“蒙版1”与“蒙版2”，分别设置“蒙版羽化”为（100.0，100.0）像素，如图6-66所示。

图6-66

此时画面效果如图6-67所示。

图6-67

（9）在“效果和预设”面板中搜索“CC Drizzle”效果，将该效果拖到“时间轴”面板中的纯色图层上，在“时间轴”面板中单击打开纯色图层下方“效果”/“CC Drizzle”，设置“Drip Rate”为2.0，“Longevity（sec）”为1.50，“Ripple Height”为150.0，如图6-68所示。

（10）在“时间轴”面板中设置纯色图层的“混合模式”为叠加，如图6-69所示。

图6-68

图6-69

此时画面效果如图6-70所示。

图6-70

（11）在“时间轴”面板中空白位置处点击右键，在弹出的快捷菜单中执行“新建”/“调整图层”命令，如图6-71所示。

（12）在“效果和预设”面板中搜索“曲线”效果，将该效果拖到“时间轴”面板中的调整图层上。在“效果控件”面板中打开“曲线”效果，首先将“通道”设置为RGB，在曲线上单击添加一个控制点，适当向左上角拖动，调整曲线形状，如图6-72所示。

图6-71

图6-72

此时本案例制作完成，滑动时间线查看案例制作效果，如图6-73所示。

图6-73

6.5.2 实战："CC Scatterize"制作粒子图像动画

文件路径
实战素材/第6章

操作要点
使用"曲线"调整背景的色调,接着使用"CC Scatterize"效果制作粒子图像动画

案例效果

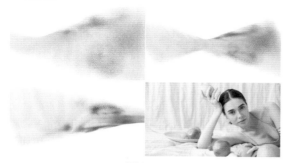

图6-74

操作步骤

（1）执行"文件"/"导入"/"文件…"命令,导入全部素材。在"项目"面板中将01.mp4素材拖到"时间轴"面板中,此时在"项目"面板中自动生成与素材尺寸等大的合成,如图6-75所示。

图6-75

此时画面效果,如图6-76所示。

图6-76

（2）在"时间轴"面板中的空白位置处单击鼠标右键,执行"新建"/"纯色"命令。接着在弹出的"纯色设置"窗口中设置"颜色"为"白色 纯色1",接着单击"确定"按钮,如图6-77所示。接着

将纯色图层拖到01.mp4素材图层下方。

（3）调整画面亮度。在"效果和预设"面板中搜索"曲线"效果,将该效果拖到"时间轴"面板中的调整图层上。在"效果控件"面板中打开"曲线"效果,首先将"通道"设置为RGB,在曲线上单击添加一个控制点,适当向左上角拖动,调整曲线形状,如图6-78所示。

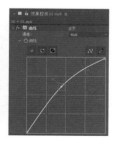

图6-77 图6-78

此时画面效果如图6-79所示。

图6-79

（4）制作粒子图像动画。在"效果和预设"面板中搜索"CC Scatterize"效果,将该效果拖到"时间轴"面板中的01.mp4素材图层上。接着在"时间轴"面板中单击打开01.mp4素材图层下方的"效果"/"CC Scatterize",将时间线滑动到起始位置,单击"Scatter""Right Twist"和"Left Twist"前方的 ⏱（时间变化秒表）按钮,设置"Scatter"为49.0,设置"Right Twist"为（0x+181.0°）,设置"Left Twist"为（0x+72.0°）;再次将时间线滑动到5秒5帧位置处,设置"Scatter"为0.0,"Right Twist"为（0x+0.0°）,"Left Twist"为（0x+0.0°）,如图6-80所示。

图6-80

此时本案例制作完成，画面效果如图6-81所示。

图6-81

6.5.3 实战："CC Snowfall"制作浪漫飘雪

文件路径

实战素材/第6章

操作要点

使用"CC Snowfall"效果制作浪漫飘雪的画面

案例效果

图6-82

操作步骤

（1）执行"文件"/"导入"/"文件…"命令，导入全部素材。在"项目"面板中将01.mp4素材拖到"时间轴"面板中，此时在"项目"面板中自动生成与素材尺寸等大的合成，如图6-83所示。

图6-83

此时画面效果如图6-84所示。

图6-84

（2）在"效果和预设"面板中搜索"CC Snowfall"效果，将该效果拖到"时间轴"面板中的01.mp4素材图层上，如图6-85所示。

图6-85

（3）在"时间轴"面板中选择01.mp4素材图层，在"效果控件"面板中打开"CC Snowfall"效果，设置"Size"为10.00，"Variation%（Speed）"为60.0，"Wind"为−600.0，"Variation%（Wind）"为40.0，"Spread"为20.0，"Opacity"为30.0，如图6-86所示。

图6-86

此时本案例制作完成，画面效果如图6-87所示。

图6-87

6.6 "模糊和锐化"效果组

功能速查

"模糊和锐化"效果组是调整图像的模糊和清晰度的。

将素材图片打开，如图6-88所示。在"效果和预设"面板中展开"模糊和锐化"效果组，其中包括"复合模糊""锐化""通道模糊""CC Cross Blur""CC Radial Blur""CC Radial Fast Blur""CC Vector Blur""摄像机镜头模糊""摄像机抖动去模糊""智能模糊""双向模糊""定向模糊""径向模糊""快速方框模糊""钝化蒙版""高斯模糊"16种效果，如图6-89所示。具体说明见表6-5。

图 6-88

图 6-89

表 6-5 "模糊和锐化"效果组说明

效果	复合模糊	锐化	通道模糊
说明	通过指定模糊图层的亮度值调整模糊效果	通过设置合适的锐化量来提高图像对比度	通过设置不同的颜色模糊度将图像进行模糊
图示			
效果	CC Cross Blur	CC Radial Blur	CC Radial Fast Blur
说明	通过设置合适的参数，可以将图像进行水平或垂直方向的模糊	通过设置合适的参数，可以在指定位置将图像进行缩放和旋转模糊	通过设置合适的参数，可以快速将图像在指定位置进行缩放模糊
图示			
效果	CC Vector Blur	摄像机镜头模糊	智能模糊
说明	通过设置合适的参数，可以将图像的不同通道进行方向模糊	通过设置合适的参数，可以模拟摄像机镜头模糊	通过设置合适的参数，可以将图像的边缘进行模糊
图示			

高级拓展篇

续表

效果	双向模糊	定向模糊	径向模糊
说明	通过设置合适的参数，可以将图像进行平滑模糊	通过设置合适的方向和模糊长度参数，可以将图像以指定方向模糊	通过设置合适的参数，可以在指定位置对图像进行旋转或缩放模糊
图示			

效果	快速方框模糊	钝化蒙版	高斯模糊
说明	通过设置合适的参数，可以将图像进行多次重复模糊	通过设置合适的参数，可以增强图像的细节对比度	通过设置合适的模糊度和模糊方向，可以将图像进行均匀模糊
图示			

6.6.1 实战："复合模糊"制作模糊水雾效果

文件路径

实战素材/第6章

操作要点

使用"曲线"效果调整画面颜色，使用"复合模糊"效果制作模糊水雾效果

案例效果

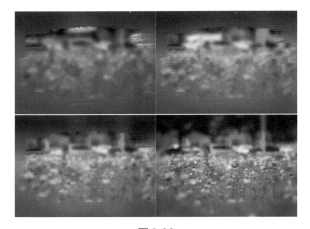

图6-90

操作步骤

（1）在"项目"面板中右击并选择"新建合成"选项，在弹出的"合成设置"面板中设置"合成名称"为01，"预设"为自定义，"宽度"为1024；"高度"为768；"帧速率"为25帧/秒；"持续时间"为5秒，单击"确定"按钮。执行"文件"/"导入"/"文件…"命令，导入全部素材。在"项目"面板中将01.jpg素材拖到"时间轴"面板中，如图6-91所示。

图6-91

此时画画效果，如图6-92所示。

图6-92

（2）在"项目"面板中将02.mp4素材拖到"时间轴"面板中，并在"时间轴"面板中打开02.mp4图层下方的"变换"，设置"缩放"为（74.0，74.0%），如图6-93所示。

图6-93

此时画面效果，如图6-94所示。

图6-94

（3）调整画面亮度。在"效果和预设"面板中搜索"曲线"效果，将该效果拖到"时间轴"面板中的02.mp4素材图层上。在"效果控件"面板中打开"曲线"效果，首先将"通道"设置为RGB，在曲线上单击添加一个控制点，适当向左上角拖动，调整曲线形状，接着再次单击添加一个控制点，适当向右下角拖动，调整曲线形状，如图6-95所示。

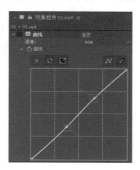

图6-95

此时画面前后对比效果如图6-96所示。

图6-96

（4）在"效果和预设"面板中搜索"复合模糊"效果，将该效果拖到"时间轴"面板中的02.mp4素材图层上。接着在"时间轴"面板中单击打开

02.mp4素材图层下方的"效果"/"复合模糊"，设置"模糊图层"为2.01.jpg；将时间线滑动到起始位置，单击"最大模糊"前方的（时间变化秒表）按钮，设置"最大模糊"为150.0；再次将时间线滑动到4秒24帧位置处，设置"最大模糊"为20.0，设置"反转模糊"为开，如图6-97所示。

图6-97

此时本案例制作完成，画面效果如图6-98所示。

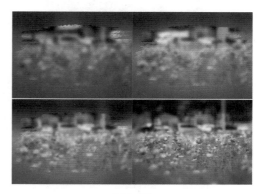

图6-98

6.6.2 实战："径向模糊"制作急速行驶

文件路径

实战素材/第6章

操作要点

使用"Lumetri 颜色"效果调整画面颜色，使用"径向模糊"制作运动的动态感

案例效果

图6-99

操作步骤

（1）执行"文件"/"导入"/"文件…"命令，导入全部素材。在"项目"面板中将01.mp4素材拖到"时间轴"面板中，此时在"项目"面板中自动生成与素材尺寸等大的合成，如图6-100所示。

图6-100

此时画面效果如图6-101所示。

图6-101

（2）调整画面颜色。在"效果和预设"面板中搜索"Lumetri 颜色"效果，将该效果拖到"时间轴"面板中的01.mp4图层上，如图6-102所示。

图6-102

（3）在"效果控件"面板中打开"Lumetri 颜色"效果，展开"基本校正"/"白平衡"，设置"色温"为–50.0，"色调"为20.0，如图6-103所示。

（4）展开"创意"/"调整"/"分离色调"，将"阴影单色"的控制点适当往右上角进行拖动；将"高光色调"的控制点适当往右下角进行拖动，如图6-104所示。

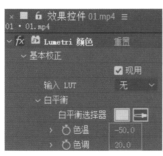

图6-103

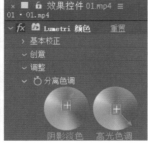

图6-104

（5）展开"曲线"/"RGB 曲线"/"RGB 曲线"，首先"通道"设置为RGB，在曲线上单击添加一个控制点，适当向左上角调整曲线形状；将"通道"设置为红色，在曲线上单击添加一个控制点，适当向右下角调整曲线形状；将"通道"设置为绿色，在曲线上单击添加一个控制点，适当向右下角调整曲线形状，最后将"通道"设置为蓝色，适当向右下角调整曲线形状，如图6-105所示。

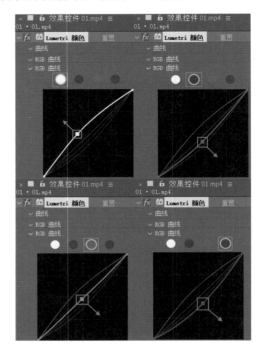

图6-105

（6）展开"色相饱和度曲线"/"色相与饱和度"，在曲线上单击添加控制点，调整曲线形状，如图6-106所示。

（7）展开"色轮"/"色轮"，将"中间调"控制点向右上拖动；然后将"阴影"的控制点适当向右上拖动；最后将"高光"的控制点向右下适当拖动，如图6-107所示。

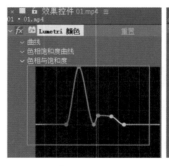

图6-106

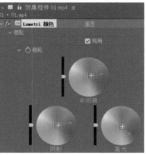

图6-107

此时画面效果如图6-108所示。

图6-108

（8）制作动态感。在"效果和预设"面板中搜索"径向模糊"效果，将该效果拖到"时间轴"面板中的01.mp4图层上。在"时间轴"面板中单击打开01.mp4素材图层下方的"效果"/"径向模糊"，将时间线滑动至起始时间的位置，单击"数量"前方的 ⏱（时间变化秒表）按钮，设置"数量"为0.0；将时间线滑动到3秒18帧位置处，设置"数量"为50.0，设置"类型"为缩放，设"消除锯齿（最佳品质）"为高，如图6-109所示。

图6-109

此时本案例制作完成，画面效果如图6-110所示。

图6-110

6.6.3　实战："定向模糊"制作炫酷广告

文件路径

实战素材/第6章

操作要点

使用"卡片擦除"制作人物左侧手臂的特殊效果，使用"定向模糊"制作出具有角度的模糊效果

案例效果

图6-111

操作步骤

（1）在"项目"面板中，单击鼠标右键选择"新建合成"，在弹出来的"合成设置"面板中设置"合成名称"为合成1，"预设"为PAL D1/DV宽银幕方形像素，"宽度"为1050，"高度"为576，"像素长宽比"为方形像素，"帧速率"为25，"持续时间"为5秒。在"时间轴"面板中的空白位置处单击鼠标右键，执行"新建"/"纯色"命令。接着在弹出的"纯色设置"窗口中设置"颜色"为"黑色 纯色 1"，如图6-112所示。

图6-112

（2）在"时间轴"面板中选择"黑色 纯色1"图层，单击鼠标右键执行"图层样式"/"渐变叠加"，如图6-113所示。

图6-113

（3）在"时间轴"面板中单击打开"黑色 纯色1"图层下方的"图层样式"/"渐变叠加"，单击"颜色"后方的"编辑渐变"，在弹出的"渐变编辑器"

中的色条下方空白处单击鼠标左键添加色块，接着编辑一个由青色到蓝色再到洋红色的渐变，如图6-114所示。

图6-114

（4）设置"角度"为（0x+60°），如图6-115所示。

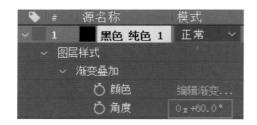

图6-115

此时画面背景效果如图6-116所示。

图6-116

（5）执行"文件"/"导入"/"文件…"命令，导入全部素材。在"项目"面板中将1.png素材拖到"时间轴"面板中。在"时间轴"面板中单击打开1.png图层下方的"变换"，设置"位置"为（545.0，288.0），"缩放"为（56.0，56.0%），如图6-117所示。

图6-117

此时画面效果如图6-118所示。

图6-118

（6）在"效果和预设"面板中搜索"定向模糊"效果，将该效果拖到"时间轴"面板中的1.png素材图层上，单击打开图层下方的"效果"/"定向模糊"，设置"方向"为（0x+88.0°），"模糊长度"为80.0，如图6-119所示。

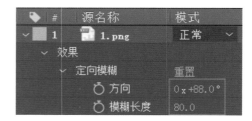

图6-119

此时画面效果如图6-120所示。

图6-120

（7）在"效果和预设"面板中搜索"卡片擦除"效果，将该效果拖到"时间轴"面板中的1.png素材图层上，单击打开素材图层下方的"效果"/"卡片擦除"，设置"过渡完成"为21%，"过渡宽度"为40%，"行数"为35，"翻转轴"为X，"翻转方向"为正向，"翻转顺序"为从左到右，如图6-121所示。

此时画面效果如图6-122所示。

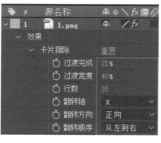

图6-121

图6-122

（8）再次在"项目"面板中将1.png素材拖到"时间轴"面板中。单击打开该图层下方的"变换"，设置"缩放"为（56.0，56.0%），如图6-123所示。

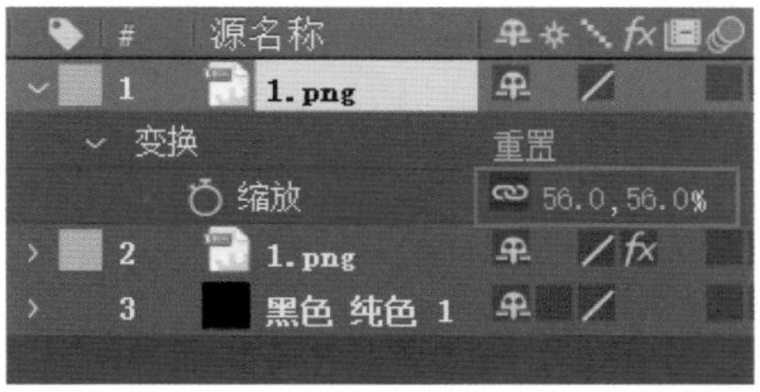

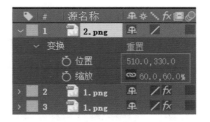

图6-123

（9）在"效果和预设"面板中搜索"卡片擦除"效果，将该效果拖到"时间轴"面板中的图层1的1.png素材图层上。在"时间轴"面板中单击打开图层1下方的"效果"/"卡片擦除"，设置"过渡完成"为21%，"过渡宽度"为40%，"背面图层"为2.1.png，"行数"为35，"翻转轴"为X，"翻转方向"为正向，"翻转顺序"为从左到右，"渐变图层"为2.1.png，如图6-124所示。

图6-124

此时画面效果如图6-125所示。

图6-125

（10）最后将"项目"面板中的2.png素材拖拽到"时间轴"面板中，在"时间轴"面板中单

击打开2.png图层下方的"变换"，设置"位置"为（510.0，330.0），"缩放"为（60.0，60.0%），如图6-126所示。

图6-126

此时本案例制作完成，画面效果如图6-127所示。

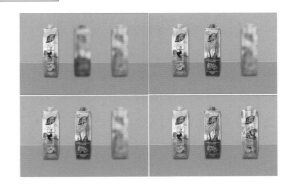

图6-127

6.6.4　实战："高斯模糊"制作产品展示动画

文件路径

实战素材/第6章

操作要点

激活"3D图层"，然后制作翻转动画，并使用"投影""高斯模糊"效果制作产品展示动画

案例效果

图6-128

操作步骤

（1）在"项目"面板中，单击鼠标右键选择"新建合成"，在弹出来的"合成设置"面板中设

置"合成名称"为1，"预设"为自定义，"宽度"为2000，"高度"为1300，"像素长宽比"为方形像素，"帧速率"为24，"分辨率"为完整，"持续时间"为5秒。接着在工具栏中单击选择"矩形工具"，设置"填充"为蓝绿色，然后在"合成"面板底部拖拽绘制一个长方形并调整它的位置，如图6-129所示。

图6-129

（2）在工具栏中单击选择"矩形工具"，设置"填充"为玫粉色，然后在"合成"面板合适的地方拖拽绘制一个长方形，如图6-130所示。

图6-130

（3）在"时间轴"面板中单击打开形状图层2下方的"变换"，设置"位置"为（1000.0，182.0）；接着取消约束比例，设置"缩放"为（100.0，150.0%），如图6-131所示。

图6-131

此时画面效果如图6-132所示。

图6-132

（4）执行"文件"/"导入"/"文件…"命令，导入全部素材。在"项目"面板中将01.png素材拖到"时间轴"面板中，如图6-133所示。

图6-133

此时画面效果如图6-134所示。

图6-134

（5）在"时间轴"面板中激活01.png素材图层的"3D图层"，接着单击打开01.png素材图层下方的"变换"，设置"位置"为（1561.8，591.2，0.0），"缩放"为（70.0，70.0，70.0%），接着将时间线滑动至第2秒位置，单击"方向"前方的 ⏱ （时间变化秒表）按钮，设置"方向"为（0.0°，180.0°，0.0°）；将时间线滑动到第3秒位置处，设置"方向"为（0.0°，0.0°，0.0°），如图6-135所示。

图6-135

（6）在"效果和预设"面板中搜索"投影"效果，将该效果拖到"时间轴"面板中的01.png素材图层上。在"时间轴"面板中单击打开01.png素材图层下方的"效果"/"投影"，设置"方向"为（0x+160.0°），"距离"为30.0，"柔和度"为70.0，如图6-136所示。

此时画面效果如图6-137所示。

图6-136

图6-137

（7）在"效果和预设"面板中搜索"高斯模糊"效果，将该效果拖到"时间轴"面板中的01.png素材图层上。在"时间轴"面板中单击打开01.png素材图层下方的"效果"/"高斯模糊"，接着将时间线滑动至第2秒位置，单击"模糊度"前方的（时间变化秒表）按钮，设置"模糊度"为100.0；将时间线滑动到第3秒位置处，设置"模糊度"为0.0，设置"重复边缘像素"为开，如图6-138所示。

图6-138

此时滑动时间线，画面效果如图6-139所示。

图6-139

（8）在"项目"面板中将02.png素材拖到"时间轴"面板中。在"时间轴"面板中激活02.png素材图层的"3D图层"，接着单击打开02.png素材图层下方的"变换"，设置"位置"为（480.0，592.0，2.0），"缩放"为（70.0，70.0，70.0%），接着将时间线滑动至起始时间位置处，单击"方向"前方的（时间变化秒表）按钮，设置"方向"为（0.0°，180.0°，0.0°），将时间线滑动到第1秒位置处，设

置"方向"为（0.0°，0.0°，0.0°），如图6-140所示。

图6-140

（9）在"效果和预设"面板中搜索"投影"效果，将该效果拖到"时间轴"面板中的02.png素材图层上。在"时间轴"面板中单击打开02.png素材图层下方的"效果"/"投影"，设置"方向"为（0x+160.0°），"距离"为30.0，"柔和度"为70.0，如图6-141所示

（10）在"效果和预设"面板中搜索"高斯模糊"效果，将该效果拖到"时间轴"面板中的02.png素材图层上。在"时间轴"面板中单击打开02.png素材图层下方的"效果"/"高斯模糊"；接着将时间线滑动至起始时间位置处，单击"模糊度"前方的（时间变化秒表）按钮，设置"模糊度"为100.0；将时间线滑动到第1秒位置处，设置"模糊度"为0.0，设置"重复边缘像素"为开，如图6-142所示。

图6-141　　　　图6-142

此时滑动时间线，画面效果如图6-143所示。

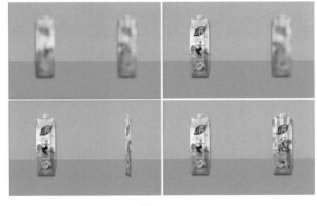

图6-143

高级拓展篇

177

（11）在"项目"面板中将03.png素材拖到"时间轴"面板中。在"时间轴"面板中激活03.png素材图层的"3D图层"，接着单击打开03.png素材图层下方的"变换"，设置"位置"为（978.0，590.0，0.0），"缩放"为（70.0，70.0，70.0%），接着将时间线滑动至第1秒位置处，单击"方向"前方的 （时间变化秒表）按钮，设置"方向"为（0.0°，180.0°，0.0°），将时间线滑动到第2秒位置处，设置"方向"为（0.0°，0.0°，0.0°），如图6-144所示。

图6-144

（12）在"效果和预设"面板中搜索"投影"效果，将该效果拖到"时间轴"面板中的03.png素材图层上。在"时间轴"面板中单击打开03.png素材图层下方的"效果"/"投影"，设置"方向"为（0x+160.0°），"距离"为30.0，"柔和度"为70.0，如图6-145所示。

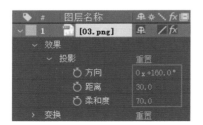

图6-145

（13）在"效果和预设"面板中搜索"高斯模糊"效果，将该效果拖到"时间轴"面板中的03.png素材图层上。在"时间轴"面板中单击打开03.png素材图层下方的"效果"/"高斯模糊"，接着将时间线滑动至第1秒位置处，单击"模糊度"前方的 （时间变化秒表）按钮，设置"模糊度"为100.0，将时间线滑动到第2秒位置处，设置"模糊度"为0.0，设置"重复边缘像素"为开，如图6-146所示。

图6-146

此时本案例制作完成，画面效果如图6-147所示。

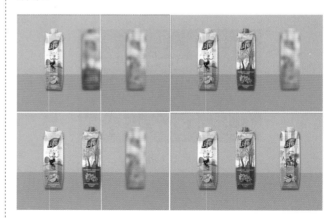

图6-147

6.7 "生成"效果组

功能速查

"生成"效果组为图像添加图形、纹理、填色和渐变填色等效果。

将素材图片打开，如图6-148所示。在"效果和预设"面板中展开"生成"效果组，其中包括"圆形""分形""椭圆""吸管填充""镜头光晕""CC Glue Gun""CC Light Burst 2.5""CC Light Rays""CC Light Sweep""CC Threads""光束""填充""网格""单元格图案""写入""勾画""四色渐变""描边""无线电波""梯度渐变""棋盘""油漆桶""涂写""音频波形""音频频谱""高级闪电"26种效果，如图6-149所示。具体说明见表6-6。

图6-148   图6-149

表 6-6 "生成"效果组说明

效果	圆形	分形	椭圆
说明	通过设置合适的参数，可以在图像中指定位置创建圆形图案	通过设置合适的参数，使图像生成曼德布罗特和朱莉娅分形图像	通过设置合适的参数，可以在图像中指定位置创建圆形圆环
图示			
效果	吸管填充	镜头光晕	CC Glue Gun
说明	通过设置合适参数，可在图像中合适位置进行颜色采样并填充颜色	通过设置合适的参数，可以在图像指定位置添加光晕效果	通过设置合适的参数，可以使图像产生胶水喷射弧度效果
图示			
效果	CC Light Burst 2.5	CC Light Rays	CC Light Sweep
说明	通过设置合适的参数，可以在图像中生成光线透视效果	通过设置合适的参数，可以在图像中不同颜色映射出不同颜色光芒	通过设置合适的参数，可在图像指定位置创建指定角度的扫光光线
图示			
效果	CC Threads	光束	填充
说明	通过设置合适的参数，可以在图像中生成带有纹理的交叉线条	通过设置合适的参数，可以在图像指定位置创建移动光束效果	通过设置合适的参数，可以在图像中填充指定颜色
图示			

高级拓展篇

高级拓展篇

效果	网格	单元格图案	勾画
说明	通过设置合适的参数，可以在图像中创建网格效果	通过设置合适的参数，可以在图像中创建单元格图案	通过设置合适的参数，可以围绕图像等高线和路径绘制航行灯
图示			

效果	四色渐变	描边	无线电波
说明	通过设置合适的参数，可以在图像指定区域添加 4 种颜色渐变效果	通过设置合适的参数，可以在路径上创建轮廓边框	通过设置合适的参数，可以在图像中创建辐射波
图示			

效果	梯度渐变	棋盘	油漆桶
说明	通过设置合适的参数，可以在图像指定区域创建线性或径向渐变效果	通过设置合适的参数，可以在图像中创建带有不透明度的棋盘图案	通过设置合适的参数，不仅可以为卡通轮廓着色，还可以替换图像中指定区域的颜色
图示			

效果	音频波形	音频频谱	高级闪电
说明	通过设置合适的参数，可以在图像上创建音频波形	通过设置合适的参数，可以在图像上创建音频频谱	通过设置合适的参数，可以在图像上模拟闪电效果
图示			

6.7.1 实战：为视频添加镜头光晕

文件路径

实战素材/第6章

操作要点

使用"镜头光晕"效果制作视频光感效果

案例效果

图 6-150

操作步骤

（1）执行"文件"/"导入"/"文件…"命令，导入全部素材。在"项目"面板中将01.mp4素材拖到"时间轴"面板中，此时在"项目"面板中自动生成与素材尺寸等大的合成，如图6-151所示。

图 6-151

此时画面效果如图6-152所示。

（2）在"效果和预设"面板中搜索"镜头光晕"效果，将该效果拖到"时间轴"面板中的01.mp4素材图层上，如图6-153所示。

图 6-152

（3）在"时间轴"面板中单击打开01.mp4素材图层下方的"效果"/"镜头光晕"，将时间线滑动至起始时间位置处，单击"光晕中心"前方的 （时间变化秒表）按钮，设置"光晕中心"为（56.7，800.0）；再次将时间线滑动到2秒位置处，设置"光晕中心"为（260.3，500.0）。将时间线滑动到3秒12帧位置处，设置"光晕中心"为（238.2，900.0）。将时间线滑动到4秒11帧位置处，设置"光晕中心"为（83.3，900.0），设置"光晕亮度"为115%，如图6-154所示。

图 6-153

图 6-154

此时本案例制作完成，画面效果如图6-155所示。

图 6-155

6.8 "过渡"效果组

功能速查

"过渡"效果组是将图层以各种形态逐渐消失，直至完全显示出下方图层或指定图层。

将素材图片打开，如图6-156所示。在"效果和预设"面板中展开"过渡"效果组，其中包括"渐变擦除""卡片擦除""CC Glass Wipe""CC Grid Wipe""CC Image Wipe""CC Jaws""CC Light Wipe""CC Line Sweep""CC Radial Scale Wipe""CC Scale Wipe""CC Twister""CC WarpoMatic""光圈擦除""块溶解""百叶窗""径向擦除""线性擦除"17种效果，如图6-157所示。具体说明见表6-7。

图 6-156　　　　　　　图 6-157

表 6-7　"过渡"效果组说明

效果	渐变擦除	卡片擦除
说明	通过设置合适的参数，将图像以明暗程度进行擦除过渡	通过设置合适的参数，可以将图像模拟卡片翻转效果进行过渡
图示		
效果	CC Glass Wipe	CC Grid Wipe
说明	可以将当前图像以溶解的方式进行过渡	可以将图像以网格的形式进行擦除过渡
图示		
效果	CC Image Wipe	CC Jaws
说明	可以以指定图像的属性进行擦除过渡	将图像以锯齿的方式进行擦除过渡
图示		
效果	CC Light Wipe	CC Line Sweep
说明	将图像在指定位置以光线形式进行擦除过渡	将图像以逐行扫描的方式进行擦除过渡
图示		

续表

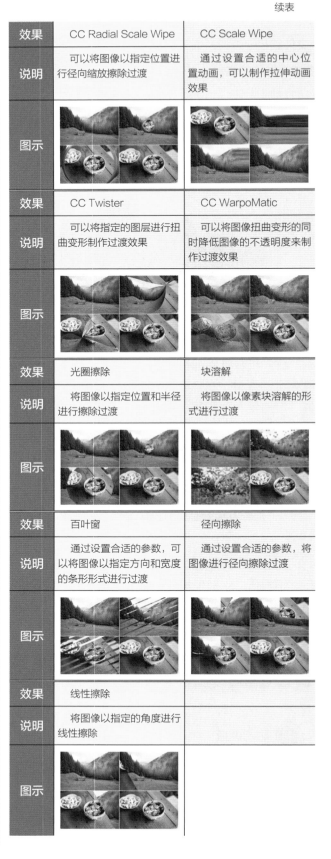

效果	CC Radial Scale Wipe	CC Scale Wipe
说明	可以将图像以指定位置进行径向缩放擦除过渡	通过设置合适的中心位置动画，可以制作拉伸动画效果
图示		
效果	CC Twister	CC WarpoMatic
说明	可以将指定的图层进行扭曲变形制作过渡效果	可以将图像扭曲变形的同时降低图像的不透明度来制作过渡效果
图示		
效果	光圈擦除	块溶解
说明	将图像以指定位置和半径进行擦除过渡	将图像以像素块溶解的形式进行过渡
图示		
效果	百叶窗	径向擦除
说明	通过设置合适的参数，可以将图像以指定方向和宽度的条形形式进行过渡	通过设置合适的参数，将图像进行径向擦除过渡
图示		
效果	线性擦除	
说明	将图像以指定的角度进行线性擦除	
图示		

6.8.1 实战：应用几种"过渡效果"制作视频过渡

文件路径

实战素材/第6章

操作要点

使用"CC Grid Wipe""CC Image Wipe""百叶窗""径向擦除"效果制作视频过渡效果

案例效果

图6-158

操作步骤

（1）在"项目"面板中，单击鼠标右键选择"新建合成"，在弹出来的"合成设置"面板中设置"合成名称"为01，"预设"为自定义，"宽度"为1080，"高度"为1920，"像素长宽比"为方形像素，"帧速率"为50，"分辨率"为完整，"持续时间"为10秒，单击"确定"按钮。执行"文件"/"导入"/"文件…"命令，导入全部素材。在"项目"面板中将全部素材拖到"时间轴"面板中，如图6-159所示。

图6-159

此时画面效果如图6-160所示。

图6-160

（2）在"时间轴"面板中将01.mp4素材图层拖拽到02.mp4素材图层下方。接着在"效果和预设"面板中搜索"CC Grid Wipe"效果，将该效果拖到"时间轴"面板中的02.mp4素材图层上。在"时间轴"面板中单击打开02.mp4素材图层下方的"效果"/"CC Grid Wipe"，将时间线滑动到2秒位置处，单击"Completion"前方的（时间变化秒表）按钮，设置"Completion"为0.0%；再次将时间线滑动到3秒位置处，设置"Completion"为100.0%，如图6-161所示。

图6-161

此时画面效果如图6-162所示。

图6-162

（3）在"时间轴"面板选择01.mp4与02.mp4素材图层，单击鼠标右键执行"预合成"命令，或者使用快捷键Shift+Ctrl+C进行预合成，此时在弹出的"预合成"窗口中设置"新合成名称"为"预合成1"，如图6-163所示。

中文版 After Effects 2022 完全自学教程（实战案例视频版）

高级拓展篇

图 6-163

（4）在"效果和预设"面板中搜索"CC Image Wipe"效果，将该效果拖到"时间轴"面板中的预合成1图层上。在"时间轴"面板中单击打开预合成1图层下方的"效果"/"CC Image Wipe"，将时间线滑动到4秒位置处，单击"Completion"前方的（时间变化秒表）按钮，设置"Completion"为0.0%；再次将时间线滑动到5秒位置处，设置"Completion"为100.0%，如图6-164所示。

图 6-164

此时画面效果如图6-165所示。

图 6-165

（5）在"时间轴"面板选择预合成1图层与03.mp4素材图层，单击鼠标右键执行"预合成"命令，命名为"预合成2"，如图6-166所示。

图 6-166

（6）在"效果和预设"面板中搜索"百叶窗"效果，将该效果拖到"时间轴"面板中的预合成2图层上。在"时间轴"面板中单击打开预合成2图层下方的"效果"/"百叶窗"，将时间线滑动到6秒位置处，单击"过渡完成"前方的（时间变化秒表）按钮，设置"过渡完成"为0%；再次将时间线滑动到7秒位置处，设置"过渡完成"为100.0%。设置"方向"为（0x-45.0°），"宽度"为50，如图6-167所示。

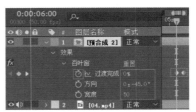

图 6-167

此时画面效果如图6-168所示。

图 6-168

（7）在"时间轴"面板选择预合成2图层与04.mp4素材图层，单击鼠标右键执行"预合成"命令，命名为"预合成3"，如图6-169所示。

图6-169

（8）在"效果和预设"面板中搜索"径向擦除"效果，将该效果拖到"时间轴"面板中的预合成3图层上。在"时间轴"面板中单击打开预合成3图层下方的"效果"/"径向擦除"，将时间线滑动到8秒位置处，单击"过渡完成"前方的 （时间变化秒表）按钮，设置"过渡完成"为0%；再次将时间线滑动到9秒位置处，设置"过渡完成"为100.0%，如图6-170所示。

图6-170

此时本案例制作完成，画面效果如图6-171所示。

图6-171

6.9 "透视"效果组

功能速查

"透视"效果组可以对图像进行三维透视变化。

将素材图片打开，如图6-172所示。在"效果和预设"面板中展开"透视"效果组，其中包括"3D 眼镜""3D 摄像机跟踪器""CC Cylinder""CC

Environment""CC Sphere""CC Spotlight""径向阴影""投影""斜面 Alpha""边缘斜面"10种效果，如图6-173所示。具体说明见表6-8。

图6-172

图6-173

表 6-8　"透视"效果组说明

效果	3D 眼镜	CC Cylinder	CC Sphere
说明	通过设置合适的参数，可以将两个视图合并产生 3D 效果	通过设置合适的参数，可以使图像卷起产生立体圆柱效果	通过设置合适的参数，可以使图像产生立体球体效果
图示			
效果	CC Spotlight	投影	斜面 Alpha
说明	通过设置合适的参数，可以为图像添加聚光灯效果	通过设置合适的参数，可以为图像后方添加阴影	通过设置合适的参数，可以为图像 Alpha 边缘添加浮雕外观效果加边界
图示			
效果	边缘斜面		
说明	通过设置合适的参数，可以为图像边缘增添斜面外观效果		
图示			

6.10　"风格化"效果组

 功能速查

　　"风格化"效果组可以模拟绘画效果，或者是通过修改、置换原图像像素的对比等操作来为素材添加不同效果。

　　将素材图片打开，如图6-174所示。在"效果和预设"面板中展开"风格化"效果组，其中包括"阈值""画笔描边""卡通""散布""CC Block Load""CC Burn Film""CC Glass""CC HexTile""CC Kaleida""CC Mr. Smoothie""CC Plastic""CC RepeTile""CC Threshold""CC Threshold RGB""CC Vignette""彩色浮雕""马赛克""浮雕""色调分离""动态拼贴""发光""查找边缘""毛边""纹理化""闪光灯"25种效果，如图6-175所示。具体说明见表6-9。

图 6-174

图 6-175

表 6-9 "风格化"效果组说明

效果	阈值	画笔描边	卡通
说明	可以将图像转化成高对比度的黑白图像效果	通过设置合适的参数，可以对图像产生类似水彩画的效果	通过设置合适的参数，可以将图像简化并对图像进行描边
图示			
效果	散布	CC Block Load	CC Burn Film
说明	通过设置合适的参数，可以将图像进行模糊	通过设置合适的参数，可以模拟图像加载效果	通过设置合适的参数，可以在图像上产生胶片烧灼的效果
图示			
效果	CC Glass	CC HexTile	CC Kaleida
说明	通过设置合适的参数，可以使图像产生类似玻璃的效果	通过设置合适的参数，可以使图像产生六边形拼接效果	通过设置合适的参数，可以使图像产生类似万花筒的效果
图示			
效果	CC Mr. Smoothie	CC Plastic	CC RepeTile
说明	通过设置合适的参数，可以使图像产生类似溶解的效果	通过设置合适的参数，使图像产生类似塑料的效果	通过设置合适的参数，可以使图像产生上下或左右进行重复叠加效果
图示			
效果	CC Threshold	CC Threshold RGB	CC Vignette
说明	通过设置合适的参数，将图像转化成高对比度的黑白图像效果	通过设置红、绿和蓝通道阈值的参数，调整图像颜色	通过设置合适的参数，可以为图像添加光晕效果
图示			

续表

高级拓展篇

效果	彩色浮雕	马赛克	浮雕
说明	通过设置合适的参数，使图像产生彩色浮雕效果	通过设置合适的参数，将图像变为网格并以单色填充	通过设置合适的参数，抑制图像颜色并强化图像边缘产生凹凸起伏的效果
图示			
效果	色调分离	动态拼贴	发光
说明	通过设置合适的参数，可以将图像中的颜色数量减少，并使颜色过渡更突兀	通过设置合适的参数，可以将图像进行复制并以水平和垂直拼接	通过设置合适的参数，可以将图像中亮部区域变得更亮
图示			
效果	查找边缘	毛边	纹理化
说明	通过设置合适的参数，可以查找图像边缘，并强调图像边缘	通过设置合适的参数，可以将图像边缘变粗糙	通过设置合适的参数，可以将指定图像纹理映射到当前图像上
图示			
效果	闪光灯		
说明	通过设置合适的参数，可以为图像创建闪光效果		
图示			

6.10.1 实战："CC Kaleida"制作分形特效动画

案例效果

文件路径

实战素材/第6章

操作要点

使用"CC Kaleida"效果制作分形特效动画

图6-176

操作步骤

（1）在"项目"面板中，单击鼠标右键选择"新建合成"，在弹出来的"合成设置"面板中设置"合成名称"为01，"预设"为HDTV 1080 25，"宽度"为1920，"高度"为1080，"帧速率"为25，"持续时间"为6秒。执行"文件"/"导入"/"文件…"命令，导入全部素材。将"项目"面板中的素材01.mp4拖拽到"时间轴"面板中，如图6-177所示。

图 6-177

此时画面效果如图6-178所示。

图 6-178

（2）制作分形特效动画。在"效果和预设"面板中搜索"CC Kaleida"效果，将该效果拖到"时间轴"面板中的01.mp4素材图层上，如图6-179所示。

图 6-179

（3）在"时间轴"面板中单击打开纯色图层下方的"效果"/"CC Kaleida"，设置"Center"为（798.0，540.0），将时间线滑动到起始位置，单击"Size"和"Rotation"前方的 ⏱（时间变化秒表）按钮，设置"Size"为100.0，设置"Rotation"为（0x+0.0°）；再次将时间线滑动到5秒24帧位置处，设置"Size"为30.0，"Rotation"为（0x+230.0°），如图6-180所示。

图 6-180

此时本案例制作完成，滑动时间线查看案例制作效果，如图6-181所示。

图 6-181

6.10.2 实战："画笔描边""彩色浮雕"制作油画质感

文件路径

实战素材/第6章

操作要点

使用"画笔描边""彩色浮雕"效果制作油画质感

案例效果

图 6-182

操作步骤

（1）执行"文件"/"导入"/"文件…"命令，导入全部素材。在"项目"面板中将01.mp4素材拖到"时间轴"面板中，此时在"项目"面板中自动生成与素材尺寸等大的合成，如图6-183所示。

图6-183

（2）在"时间轴"面板中单击打开01.mp4素材图层下方的"变换"，设置"缩放"为（105.0，105.0%），如图6-184所示。

图6-184

此时画面图层如图6-185所示。

图6-185

（3）在"效果和预设"面板中搜索"画笔描边"效果，将该效果拖到"时间轴"面板中的01.mp4图层上。在"时间轴"面板中单击打开01.mp4素材图层下方的"效果"/"画笔描边"，设置"画笔大小"为5.0，"描边随机性"为2.0，如图6-186所示。

图6-186

此时画面效果如图6-187所示。

图6-187

（4）在"效果和预设"面板中搜索"彩色浮雕"效果，将该效果拖到"时间轴"面板中的01.mp4图层上。在"时间轴"面板中单击打开01.mp4素材图层下方的"效果"/"彩色浮雕"，设置"起伏"为2.00，"对比度"为50，如图6-188所示。

图6-188

此时本案例制作完成，画面效果如图6-189所示。

图6-189

6.10.3 实战："马赛克"制作彩色流动背景

文件路径

实战素材/第6章

操作要点

使用"曲线"效果调整背景颜色，接着使用"马赛克"效果制作彩色流动背景。创建文字并添加"描边"效果

案例效果

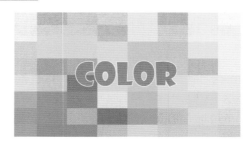

图6-190

操作步骤

（1）在"项目"面板中，单击鼠标右键选择

"新建合成",在弹出来的"合成设置"面板中设置"合成名称"为01,"预设"为HDTV 1080 25,"宽度"为1920 px,"高度"为1080 px,"帧速率"为25,"持续时间"为5秒16帧。执行"文件"/"导入"/"文件…"命令,导入01.mp4素材。在"项目"面板中将01.mp4素材拖到"时间轴"面板中,如图6-191所示。

图6-191

此时画面效果如图6-192所示。

图6-192

(2)在"效果和预设"面板中搜索"曲线"效果,将该效果拖到"时间轴"面板中的01.mp4图层上,如图6-193所示。

图6-193

(3)在"效果控件"面板中打开"曲线"效果,首先将"通道"设置为RGB,在曲线上单击添加一个控制点,适当向左上角调整曲线形状,接着再次添加一个控制点,适当向右下角调整曲线形状,如图6-194所示。

此时画面效果如

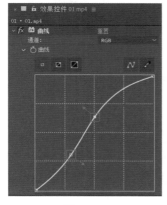

图6-194

图6-195所示。

图6-195

(4)在"效果和预设"面板中搜索"马赛克"效果,将该效果拖到"时间轴"面板中的01.mp4图层上,如图6-196所示。

图6-196

此时画面效果如图6-197所示。

图6-197

(5)在"时间轴"面板中空白位置单击鼠标右键,执行"新建"/"文本"命令。在"字符"面板中设置合适的"字体系列"和"字体样式",设置"填充颜色"为红色,"字体大小"为462像素,"垂直缩放"为100%,"水平缩放"为100%。设置"上标",然后在"段落"面板中选择 "居中对齐文本",如图6-198所示。

图6-198

（6）设置完成后输入合适的文本，如图6-199所示。

图6-199

（7）在"时间轴"面板中单击打开文字图层，展开文字素材图层下方的"变换"，设置位置为（947.2，782.7），如图6-200所示。

（8）在"时间轴"面板中选择文字图层右击，在弹出的快捷菜单中执行"图层样式"/"描边"命令。在"时间轴"面板中单击打开文字图层下方的"图层样式"/"描边"，设置"颜色"为白色，"大小"为5.0，如图6-201所示。

图6-200

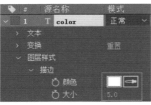

图6-201

此时本案例制作完成，画面效果如图6-202所示。

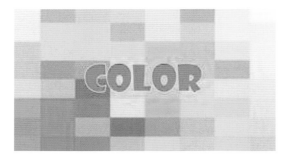

图6-202

6.10.4 实战："卡通""阈值"制作黑白动画

文件路径

实战素材/第6章

操作要点

使用"卡通""阈值"制作画面卡通效果，接着修改"混合模式"制作出漫画效果

案例效果

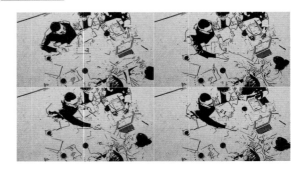

图6-203

操作步骤

（1）在"项目"面板中，单击鼠标右键选择"新建合成"，在弹出来的"合成设置"面板中设置"合成名称"为合成1，"预设"为自定义，"宽度"为2560，"高度"为1440，"像素长宽比"为方形像素，"帧速率"为30，"持续时间"为6秒。执行"文件"/"导入"/"文件…"命令，导入全部素材。在"项目"面板中将01.mp4素材拖到"时间轴"面板中，如图6-204所示。

图6-204

此时画面效果，如图6-205所示。

图6-205

（2）在"效果和预设"面板中搜索"阈值"效果，将该效果拖到"时间轴"面板中的01.mp4素材图层上。在"时间轴"面板中单击打开01.mp4素材图层下方的"效果"/"阈值"，设置"级别"为80，如图6-206所示。

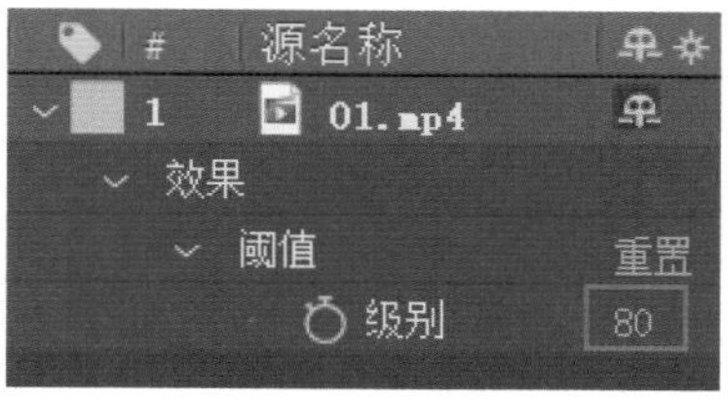

图 6-206

此时画面效果如图 6-207 所示。

图 6-207

（3）在"效果和预设"面板中搜索"卡通"效果，将该效果拖到"时间轴"面板中的 01.mp4 素材图层上。在"时间轴"面板中单击打开 01.mp4 素材图层下方的"效果"/"卡通"，设置"细节半径"为12.0，"细节阈值"为20.0，展开"填充"，设置"阴影步骤"为10.0，"阴影平滑度"为85.0，展开"边缘"，设置"阈值"为2.25，"宽度"为2.0，如图6-208 所示。

此时画面效果如图 6-209 所示。

图 6-208 　　　　图 6-209

（4）在"项目"面板中将 02.jpg 素材拖到"时间轴"面板中。在"时间轴"面板中单击打开 02.jpg 图层下方的"变换"，设置"缩放"为（205.0，205.0%），如图 6-210 所示。

图 6-210

（5）在"时间轴"面板中设置 02.jpg 素材图层的混合模式为较深的颜色，如图 6-211 所示。

图 6-211

此时本案例制作完成，画面效果如图 6-212 所示。

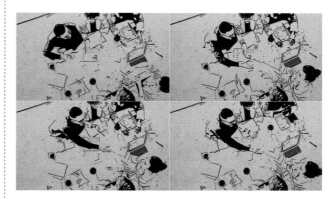

图 6-212

高级拓展篇

6.11　3D 图层效果

After Effects 中的 3D 图层包括"摄影机"图层、"灯光"图层等内容，除此之外还可以通过将素材开启"3D 图层"按钮的方式设置素材的 3D 效果。

6.11.1　认识"3D 图层"类型

1."3D 图层"开关

将素材拖拽至"时间轴"面板后，素材只能对 X、Y 两个轴向的参数进行修改，而开启了"3D 图层"

按钮 🔲 后，即可对素材的 X、Y、Z 三个轴向进行调整，因此素材可以产生空间的旋转、位移、缩放等效果，常与"摄影机"图层使用。

例如将视频素材导入"时间轴"面板后，只能看到每个参数后方有两个数值，如图 6-213 所示。

但是当开启了"3D 图层"按钮 🔲 后，如图 6-214 所示。可以看到某些参数后方出现了 3 个数值，我们可以为相应的参数设置动画，如图 6-215 所示。即可完成空间的三维旋转、位移变化等效果，如图6-216所示。

图6-213

图6-214

图6-215

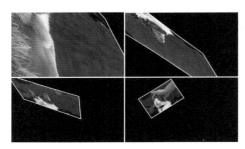

图6-216

2．"摄影机"图层

"摄影机"图层主要用于制作视频3D效果。"摄影机"图层需素材图层打开"3D图层"。可在"时间轴"面板空白区域右键单击，在弹出的快捷菜单中执行"新建"/"摄影机"命令创建摄影机。或使用快捷键Ctrl+Alt+Shift+C创建摄影机。可在弹出的"摄影机设置"窗口中设置"胶片大小""焦距""缩放""视角"。摄影机的焦段越小视角越宽。常与"空对象"图层设置"父子链接"命令一同使用。

3．"灯光"图层

"灯光"图层主要用于使图层产生灯光和投影效果。"灯光"图层需素材图层打开"3D图层"。可在"时间轴"面板空白区域右键单击，在弹出的快

捷菜单中执行"新建"/"灯光"命令创建摄影机。或使用快捷键Ctrl+Alt+Shift+L创建灯光。可在弹出的"灯光设置"窗口中设置"灯光颜色""灯光类型""强度"等。可设置为四视图中视图调角度。

6.11.2 实战："灯光"图层和"摄影机"图层制作真实光影

文件路径

实战素材/第6章

操作要点

创建文字使用"梯度渐变"效果制作文字效果，接着使用"灯光""摄影机"制作真实光影的立体效果

案例效果

图6-217

操作步骤

（1）在"项目"面板中，单击鼠标右键选择"新建合成"，在弹出来的"合成设置"面板中设置"合成名称"为01，"预设"为自定义，"宽度"为1200，"高度"为768，"帧速率"为25，"持续时间"为5秒。单击"确定"按钮。在"时间轴"面板中的空白位置处单击鼠标右键，执行"新建"/"纯色"命令，如图6-218所示。

图6-218

（2）在弹出的"纯色设置"窗口中设置"颜色"为"中等灰色-品蓝色 纯色1"，如图6-219所示。

此时画面效果如图6-220所示。

图6-219　　　　　　　　图6-220

（3）激活"中等灰色-品蓝色 纯色1"图层的"3D图层"按钮。展开"中等灰色-品蓝色 纯色1"素材图层下方的"变换"，设置"位置"为（470.2，650.8，0.0），设置"缩放"为（3000.0，3000.0，3000.0），设置"方向"为（90.0°，0.0°，0.0°），如图6-221所示。

（4）展开"材质选项"，设置"投影"为开，"接受灯光"为关，如图6-222所示。

图6-221

此时画面效果如图6-223所示。

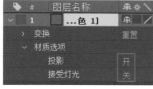　　　

图6-222　　　　　　　　图6-223

（5）在"时间轴"面板中的空白位置处单击鼠标右键，执行"新建"/"纯色"命令。接着在弹出的"纯色设置"窗口中设置"颜色"为"品蓝色 纯色1"，如图6-224所示。

（6）激活"品蓝色 纯色1"图层的"3D图层"按钮。展开"中等灰色-品蓝色 纯色1"素材图层下方的"变换"，设置"位置"为（470.2，0.0，1000.0），设置"缩放"为（3000.0，3000.0，3000.0），如图6-225所示。

图6-224　　　　　　　　图6-225

（7）展开"材质选项"，设置"投影"为开，"接受灯光"为关，如图6-226所示。

此时画面效果如图6-227所示。

图6-226　　　　　　　　图6-227

（8）在"时间轴"面板中的空白位置处单击鼠标右键，选择"新建"/"文本"，接着在"字符"面板中设置合适的"字体系列"，设置"填充颜色"为白色，设置"字体大小"为182像素，"设置行距"为68像素，"垂直缩放"为100%，"水平缩放"为100%。然后单击"全部大写字母"，在"段落"面板中选择█ "左对齐文本"，如图6-228所示。

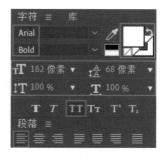

图6-228

（9）设置完成后输入合适的文本，如图6-229所示。

图6-229

（10）在"时间轴"面板中激活文字图层的"3D图层"按钮。展开文字图层下方的"变换"，设置"位置"为（516.3，650.0，−258.5），设置"方向"

为（0.0°，330.0°，0.0°），如图6-230所示。

图6-230

（11）展开"材质选项"，设置"投影"为开，"接受灯光"为关，如图6-231所示。

此时文本效果如图6-232所示。

图6-231　　　　　　图6-232

（12）在"效果和预设"面板中搜索"梯度渐变"效果，将该效果拖到"时间轴"面板中的文字图层上，如图6-233所示。

图6-233

（13）在"时间轴"面板中单击打开文字图层下方的"效果"/"梯度渐变"，设置"渐变起点"为（591.8，554.0），"起始颜色"为乳黄色，"渐变终点"为（994.9，842.0），"结束颜色"为黄色，"渐变形状"为径向渐变，如图6-234所示。

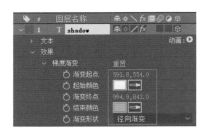

图6-234

（14）此时画面效果如图6-235所示。

（15）在"时间轴"面板中的空白位置处单击鼠标右键，选择"新建"/"文本"，接着在"字符"面板中设置合适的"字体系列"，设置"填充颜色"为

图6-235

白色，设置"字体大小"为182像素，"设置行距"为68像素，"垂直缩放"为100%，"水平缩放"为100%。然后单击"全部大写字母"，在"段落"面板中选择 "左对齐文本"，如图6-236所示。

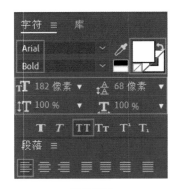

图6-236

（16）设置完成后输入合适的文本，如图6-237所示。

图6-237

（17）在"时间轴"面板中激活图层1的文字图层的"3D图层"。展开图层1的文字图层下方的"变换"，设置"位置"为（−346.0，650.0，130.0），设置"方向"为（0.0°，30.0°，0.0°），如图6-238所示。

（18）展开"材质选项"，设置"投影"为开，"接受灯光"为关，如图6-239所示。

图6-238　　　　　　图6-239

（19）在"效果和预设"面板中搜索"梯度渐变"效果，将该效果拖到"时间轴"面板中的图层1的文字图层上，如图6-240所示。

图6-240

（20）在"时间轴"面板中单击打开图层1的文字图层下方的"效果"/"梯度渐变"，设置"渐变起点"为（591.8，554.0），"起始颜色"为乳黄色，"渐变终点"为（994.9，842.0），"结束颜色"为黄色，"渐变形状"为径向渐变，如图6-241所示。

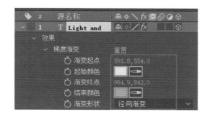

图6-241

此时画面效果如图6-242所示。

图6-242

（21）在"时间轴"面板中空白区域右击，在弹出的快捷菜单中执行"新建"/"灯光"命令，如图6-243所示。

图6-243

（22）此时在弹出的"灯光设置"窗口中，设置"灯光类型"为点，设置"颜色"为淡黄色，接着勾选"投影"，设置"阴影深度"为100%，"阴影扩散"为50px，如图6-244所示。

图6-244

（23）在"时间轴"面板中展开聚光1图层下方的"变换"，设置"位置"为（450.0，465.0，–392.0），如图6-245所示。

图6-245

此时画面效果如图6-246所示。

图6-246

（24）在"时间轴"面板中空白区域右击，在弹出的快捷菜单中执行"新建"/"摄影机"命令，如图6-247所示。

图6-247

（25）在"时间轴"面板中展开摄影机1图层下方的"变换"，设置"目标点"为（448.0，400.0，–180.0），"位置"为（473.0，545.0，–636.0），如图6-248所示。

（26）展开摄影机1图层下方的"摄影机选项"，设置"缩放"为426.7像素，"焦距"为718.0像素，"光圈"为12.1像素，如图6-249所示。

图6-248 　　　　　　　　图6-249

此时本案例制作完成，滑动时间线查看案例制作效果，如图6-250所示。

图6-250

6.11.3　实战："摄影机"图层制作移轴效果

文件路径

实战素材/第6章

操作要点

使用"3D图层"与"边角定位"效果及摄像机图层制作移轴效果

案例效果

图6-251

操作步骤

（1）执行"文件"/"导入"/"文件…"命令，导入01.mp4素材。在"项目"面板中将01.mp4素材拖到"时间轴"面板中，此时在"项目"面板中自动生成与素材尺寸等大的合成。在"项目"面板中再次将01.mp4素材拖到"时间轴"面板中，如图6-252所示。

图6-252

此时画面效果如图6-253所示。

图6-253

（2）接着激活01.mp4素材图层的"3D图层"。展开01.mp4素材图层下方的"变换"，设置"X轴旋转"为（0x-40.0°），如图6-254所示。

图6-254

此时画面效果如图6-255所示。

图6-255

（3）在"效果和预设"面板中搜索"边角定位"效果，将该效果拖到"时间轴"面板中的01.mp4的素材图层上，如图6-256所示。

（4）在"时间轴"面板中单击打开01.mp4素材图层下方的"效果"/"边角定位"，设置"左上"为

（-1266.8，-1444.0）；"右上"为（5130.2，-1476.9），如图6-257所示。

图6-256　　　　　　　　图6-257

此时画面效果如图6-258所示。

图6-258

（5）在"时间轴"面板中空白区域右击，在弹出的快捷菜单中执行"新建"/"摄影机"命令，如图6-259所示。

图6-259

（6）在"时间轴"面板中展开摄影机1图层下方的"摄影机选项"，设置"缩放"为2742.0像素，"景深"为开，"光圈"为1000.0像素。接着将时间线滑动至起始位置，单击"焦距"前方的 （时间变化秒表）按钮，设置"焦距"为1000.0像素，将时间线滑动到第1秒位置处，设置"焦距"为3000.0像素，如图6-260所示。

图6-260

此时本案例制作完成，滑动时间线查看案例制作效果，如图6-261所示。

图6-261

6.12　课后练习："百叶窗"效果制作视频片头

文件路径

实战素材/第6章

操作要点

使用"百叶窗"效果制作画面效果，使用文字工具制作文字

案例效果

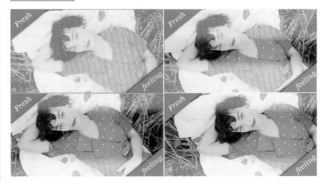

图6-262

操作步骤

（1）在"项目"面板中右击并选择"新建合成"选项，在弹出的"合成设置"面板中设置"合成名称"为合成01，"预设"为HDTV 1080 25，"宽度"为1920，"高度"为1080，"帧速率"为25，"持续时间"为5秒。执行"文件"/"导入"/"文件…"命令，导入01.mp4素材。在"项目"面板中将01.mp4素材拖到"时间轴"面板中，如图6-263所示。

图 6-263

此时画面效果如图6-264所示。

图 6-264

（2）制作百叶窗效果。在"时间轴"面板中的空白位置处单击鼠标右键，执行"新建"/"纯色"命令。接着在弹出的"纯色设置"窗口中设置"颜色"为白色，并命名为"白色 纯色 1"，接着单击"确定"按钮，如图6-265所示。

图 6-265

（3）在"时间轴"面板中选中纯色图层，在"工具栏"中选择■（矩形工具），将光标移动到"合成"面板中，在中间位置按住鼠标左键进行拖拽绘制一个矩形蒙版，如图6-266所示。

图 6-266

（4）在"时间轴"面板中单击打开纯色图层下方的"蒙版"，将时间线滑动至3秒位置处，单击"蒙版路径"前方的■（时间变化秒表）按钮，如图6-267所示。

图 6-267

（5）在"时间轴"面板中单击打开纯色图层下方的"蒙版"，将时间线滑动至起始时间位置处，单击"蒙版路径"前方的■（时间变化秒表）按钮，如图6-268所示。

图 6-268

（6）接着在"合成"面板中，在"工具栏"中选择■（选择工具）调整蒙版路径，如图6-269所示。

图 6-269

（7）在"时间轴"面板中单击打开纯色图层下方的"蒙版"，并勾选"反转"，设置"蒙版羽化"为（100.0，100.0）像素，如图6-270所示。

图 6-270

此时画面效果如图6-271所示。

图6-271

（8）在"效果和预设"面板中搜索"百叶窗"效果，将该效果拖到"时间轴"面板中的纯色图层上。接着在"时间轴"面板中单击打开纯色图层下方的"效果"/"百叶窗"，设置"过渡完成"为50%；"方向"为（0x+50.0°），"宽度"为15，如图6-272所示。

此时画面效果如图6-273所示。

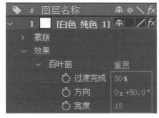

图6-272　　　　　　　　图6-273

（9）在不选中任何图层的状态下，在"工具栏"中选择▇（矩形工具），设置"填充"为红色，然后在画面合适位置绘制一个矩形，如图6-274所示。

（10）在"时间轴"面板中单击形状图层1下方的"变换"，设置"位置"为（440.0，106.0）；接着取消"约束比例"，设置"缩放"为（130.8，184.4%），"旋转"为（0x-40.0°），如图6-275所示。

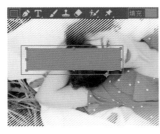

图6-274　　　　　　　　图6-275

（11）为矩形添加阴影效果。在时间轴面板中右键选择该形状图层1，在弹出的快捷菜单中执行"图层样式"/"投影"命令，在"时间轴"面板中展开"图层样式"/"投影"，设置"距离"为10.0，"大小"

为30.0，如图6-276所示。

此时画面矩形效果如图6-277所示。

图6-276　　　　　　　　图6-277

（12）再次在画面合适位置绘制一个矩形，如图6-278所示。

（13）在"时间轴"面板中单击形状图层2下方的"变换"，设置"位置"为（2157.1，1023.2）；接着取消"约束比例"，设置"缩放"为（97.1，189.8%），"旋转"为（0x-40.0°），如图6-279所示。

图6-278　　　　　　　　图6-279

（14）再次为矩形添加阴影效果。在"时间轴"面板中右键选择该形状图层2，在弹出的快捷菜单中执行"图层样式"/"投影"命令，在"时间轴"面板中展开"图层样式"/"投影"，设置"角度"为（0x+270.0°），"距离"为10.0，"大小"为30.0，如图6-280所示。

此时画面效果如图6-281所示。

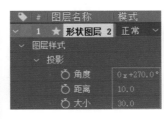

图6-280　　　　　　　　图6-281

（15）在"时间轴"面板中的空白位置处单击鼠标右键选择"新建"/"文本"，接着在"字符"面板中设置合适的"字体系列"，设置"填充颜色"为白色，设置"字体大小"为90像素，"垂直缩放"为100%，"水平缩放"为100%，在"段落"面板中选择▇"左对齐文本"，如图6-282所示。

（16）设置完成后输入合适的文本，如图6-283所示。

图6-282　　　　　　　图6-283

（17）在"时间轴"面板中单击打开文本图层下方的"变换"，设置"位置"为（80.0，234.0），"旋转"为（0x-40.0°），如图6-284所示。

此时文本效果如图6-285所示。

图6-284　　　　　　　图6-285

（18）再次在"时间轴"面板中的空白位置处单击鼠标右键选择"新建"/"文本"，接着在"字符"面板中设置合适的"字体系列"，设置"填充颜色"为白色，设置"字体大小"为90像素，"垂直缩放"为100%，"水平缩放"为100%，在"段落"面板中选择■"左对齐文本"，如图6-286所示。

（19）设置完成后输入合适的文本，如图6-287所示。

（20）在"时间轴"面板中单击打开文本图层下方的"变换"，设置"位置"为（1679.8，1038.5），"旋转"为（0x-40.0°），如图6-288所示。

图6-286　　　　　　　图6-287

图6-288

此时本案例制作完成，画面效果如图6-289所示。

图6-289

本章小结

本章介绍了一些常用的效果命令，能够制作常见的、简单的效果，例如制作3D效果、模糊效果、风格化效果等。

第7章
文字的高级应用

文字是设计作品中非常常见的元素，可以帮助丰富画面效果，也可以点明主题，突出画面效果。在之前的章节中学习了如何创建基本的文字。但文字不仅仅只是装饰作用，还可以制作许多有趣的动态效果。本章将介绍文字的高级应用，包括文字属性、不规则的文字效果、文字不同样式和质感、文字动画。

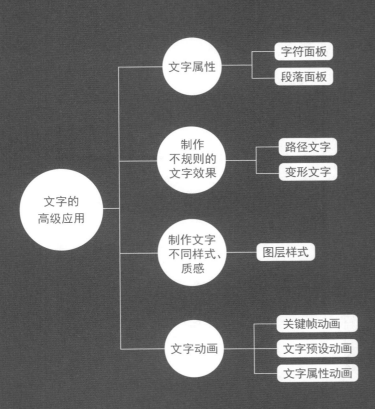

7.1　设置更多的文字属性

在"字符"面板中，可以对字体系列、字体样式、字体大小、填充颜色等属性进行设置，如图7-1所示。在"段落"面板中，还可以设置对齐方式、缩进方式等参数，如图7-2所示。

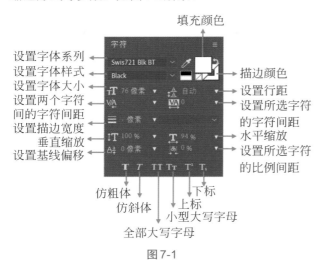

图7-1

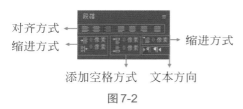

图7-2

7.1.1　认识"字符"面板

 功能速查

"字符"面板可以对文字的字体、大小、填充颜色、描边颜色、间距等参数进行设置。

（1）单击"工具栏"中的"横排文字工具" **T**，在"合成"面板中单击并输入文字，如图7-3所示。

图7-3

（2）在"时间轴"面板中选中文字，进入"字符面板"。设置合适的"字体系列"和"字体样式"，设置"填充颜色"为白色，如图7-4所示。

图7-4

（3）将文字移动至画面中间，如图7-5所示。

图7-5

（4）设置描边。单击"填充颜色"后方的"描边颜色"色块，并设置颜色为蓝色，设置合适的"描边宽度"，如图7-6所示。

图7-6

此时文字产生了蓝色描边，如图7-7所示。

图 7-7

（5）设置"水平间距"。设置合适的"水平间距"数值，如图 7-8 所示。

图 7-8

此时的文字间距变得更大、更松散，如图 7-9 所示。

图 7-9

（6）单击激活"仿斜体"按钮 和"全部大写字母"按钮 ，如图 7-10 所示。

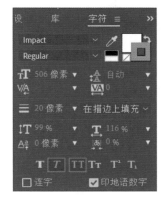

图 7-10

此时的文字变为大写并倾斜，如图 7-11 所示。

图 7-11

7.1.2　实战：制作彩色描边文字

文件路径

实战素材/第7章

操作要点

使用"四色渐变""自然饱和度""CC Lens"效果制作背景，创建文字并调整字母颜色，使用"投影"命令制作文字的立体效果，并添加"调整图层""曲线"效果调整画面颜色

案例效果

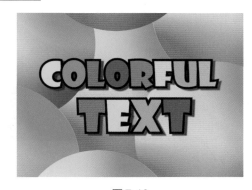

图 7-12

操作步骤

（1）在"项目"面板中右击并选择"新建合成"选项，在弹出的"合成设置"面板中设置"合成名称"为 01，"预设"为自定义，"宽度"为 1024px，"高度"为 768px，"帧速率"为 25，"持续时间"为 5 秒。在"时间轴"面板中的空白位置处单击鼠标右键，执行"新建"/"纯色"命令，设置"颜色"为黑色，并命名为"黑色 纯色 1"，如图 7-13 所示。

（2）在"效果和预设"面板中搜索"四色渐变"效果，将该效果拖到"时间轴"面板中的纯色图层上，如图 7-14 所示。

高级拓展篇

图 7-13

图 7-14

此时画面效果如图 7-15 所示。

（3）在"效果和预设"面板中搜索"自然饱和度"效果，将该效果拖到"时间轴"面板中的纯色图层上。在"时间轴"面板中单击打开纯色素材图层下方的"效果"/"自然饱和度"，设置"饱和度"为 20.0，如图 7-16 所示。

图 7-15　　　　　　　图 7-16

（4）在"效果和预设"面板中搜索"CC Lens"效果，将该效果拖到"时间轴"面板中的纯色图层上。在"时间轴"面板中单击打开纯色素材图层下方的"效果"/"CC Lens"，设置"Size"为 56.0，"Convergence"为 0.0，如图 7-17 所示。

此时画面效果如图 7-18 所示。

图 7-17　　　　　　　图 7-18

（5）选择纯色图层，使用快捷键 Ctrl+C 进行复制，使用快捷键 Ctrl+V 进行多次粘贴，如图 7-19 所示。

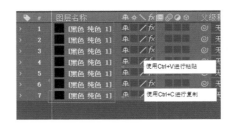

图 7-19

（6）在"时间轴"面板中单击打开图层6的纯色图层下方的"变换"，设置"位置"为（-2.6，147.8），如图 7-20 所示。

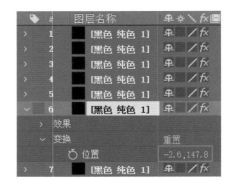

图 7-20

此时画面效果如图 7-21 所示。

（7）使用同样的方法调整图层1至图层5的位置，效果如图 7-22 所示。

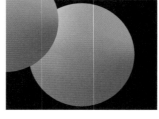

图 7-21　　　　　　　图 7-22

（8）在"时间轴"面板中空白位置单击鼠标右键，执行"新建"/"文本"命令。在"字符"面板中设置合适的"字体系列"和"字体样式"，设置"填充颜色"为绿色，"描边颜色"为黑色，"字体大小"为 160 像素，"描边大小"为 20 像素，设置为"在描边上填充"，"垂直缩放"为 100%，"水平缩放"为 100%。然后在"段落"面板中选择█"居中对齐文本"，如图 7-23 所示。

图7-23

（9）设置完成后输入合适的文本，如图7-24所示。

图7-24

（10）选择"工具栏"中的"横排文字工具"，接着在"合成"面板中，选中字母C，在"字符面板"中更改"填充颜色"为黄色，如图7-25所示。

图7-25

（11）使用同样的方法调整文本中其他字母的颜色，如图7-26所示。

图7-26

（12）在"时间轴"面板中单击打开文字图层，展开文字素材图层下方的"变换"，设置位置为（107.6，347.8），如图7-27所示。

图7-27

（13）在"时间轴"面板中选择文字图层右击，在弹出的快捷菜单中执行"图层样式"/"投影"命令。在"时间轴"面板中单击打开文字图层下方的"图层样式"/"投影"，

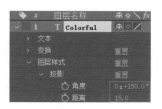

图7-28

设置"角度"为（0x+150.0°），"距离"为15.0，如图7-28所示。

此时画面效果如图7-29所示。

（14）使用同样的方法再次创建文字并调整字母颜色，摆放到合适的位置，添加投影效果，如图7-30所示。

图7-29　　　　　　图7-30

（15）在"时间轴"面板中的空白位置处单击鼠标右键，执行"新建"/"调整图层"命令，如图7-31所示。

图7-31

（16）在"效果和预设"面板中搜索"曲线"效果。然后将该效果拖到"时间轴"面板中的调整图层上。在"时间轴"面板中单击选择调整图层，在"效果控件"面板展开"曲线"效果，在曲线上单击添加一个控制点，适当向左上角进行拖动，如图7-32所示。

此时本实例制作完

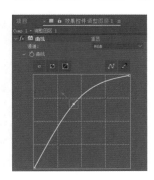

图7-32

高级拓展篇

成，滑动时间线查看实例制作效果，如图7-33所示。

图7-33

7.1.3　认识"段落"面板

 功能速查

通过"段落"面板能够编辑段落文本。

（1）在"工具栏"中选择"横排文字工具" ，然后在"合成面板"中合适位置按住鼠标左键并拖至合适大小，绘制文本框，接着即可在文本框中输入文本，如图7-34所示。

图7-34

（2）设置合适的参数，如图7-35所示。

图7-35

此时文字效果如图7-36所示。

图7-36

（3）选择文字图层，进入"段落"面板。设置"居中对齐文本"，如图7-37所示。

图7-37

此时文字居中分布效果如图7-38所示。

图7-38

（4）设置"右对齐文本"时如图7-39所示。

图7-39

此时文字靠右对齐效果如图7-40所示。

图7-40

7.2　制作不规则的文字效果

本节将介绍创建路径文字和变形文字的方法，它们的功能见表7-1。

表 7-1　路径文字和变形文字功能介绍

功能名称	功能简介	图示
路径文字	路径文字是一种依附于路径并且可以按路径走向排列的文字行	
变形文字	变形文字可以为文字添加"效果"，使其外形产生变形	

7.2.1　路径文字

功能速查

路径文字是一种依附于路径并且可以按路径走向排列的文字行。

（1）在"工具栏"中选择"横排文字工具"，在"合成面板"中单击鼠标左键并输入文字，如图 7-41 所示。

图7-41

（2）选择刚创建的文字，单击"钢笔工具"按钮，并在"合成面板"中跟随铅笔尖的位置绘制一条曲线，如图7-42所示。

图7-42

（3）进入"时间轴"面板，单击打开"文本"/"路径选项"，并设置"路径"为【蒙版1】，如图7-43所示。

图7-43

此时文字沿着铅笔尖分布，如图7-44所示。

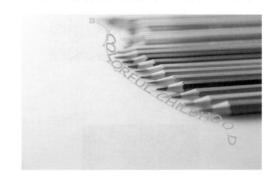

图7-44

7.2.2　实战：制作路径文字

文件路径

实战素材/第7章

操作要点

创建文字，使用"下雨字符入""残影"效果制作路径文字

案例效果

图 7-45

操作步骤

（1）执行"文件"/"导入"/"文件…"命令，导入01.mp4素材。在"项目"面板中将01.mp4素材拖到"时间轴"面板中，此时在"项目"面板中自动生成与素材尺寸等大的合成，如图7-46所示。

图 7-46

此时画面效果如图7-47所示。

图 7-47

（2）在"时间轴"面板中空白位置单击鼠标右键，执行"新建"/"文本"命令。在"字符"面板中设置合适的"字体系列"和"字体样式"，设置"填充颜色"为白色，"字体大小"为258像素，"垂直缩放"为100%，"水平缩放"为100%、设置"全部大写、上标"，然后在"段落"面板中选择 ≡ "居中对齐文本"，如图7-48所示。

图 7-48

（3）设置完成后输入合适的文本，如图7-49所示。

图 7-49

（4）在"时间轴"面板中单击打开文本图层下方的"变换"，设置"位置"为（486.8，590.3），如图7-50所示。

图 7-50

（5）将时间线滑动到起始帧位置，在"效果和预设"面板搜索框中搜索"下雨字符入"，将该效果拖拽到"时间轴"面板中文本图层上，如图7-51所示。

图 7-51

（6）在"时间轴"面板中选中文本图层，在"工具栏"中选择 ✍（钢笔工具），单击鼠标左键建立锚点，绘制一个弧形形状，在绘制时可调整锚点两端控制点改变路径形状，如图7-52所示。

图 7-52

此处要选中文本图层，再选择"钢笔工具"绘制路径。若不选择文本图层，直接选择"钢笔工具"绘制路径，那么钢笔工具绘制的路径将和文字没任何关联，后面的步骤也就无法进行。

（7）在"时间轴"面板中单击打开文本图层下方的"文本"/"路径选项"，设置"路径"为蒙版1，如图7-53所示。

图 7-53

此时画面效果如图7-54所示。

图 7-54

（8）在"效果和预设"面板搜索框中搜索"残影"，将该效果拖拽到"时间轴"面板中的文本图层上，如图7-55所示。

（9）在"时间轴"面板中单击打开纯色图层下方的"效果"/"残影"，设置"残影时间（秒）"为0.250，"残影数量"为4，"衰减"为0.50，如图7-56所示。

图 7-55   图 7-56

此时本案例制作完成，画面效果如图7-57所示。

图 7-57

7.2.3 变形文字

 功能速查

变形文字可以通过为文字添加"效果"，使其产生变形。

常用的文字变形"效果"，主要存在于"效果和预设"面板中的"扭曲"效果组，如"变形""液化""波形变形""旋转扭曲""网格变形"等。

高级拓展篇

（1）创建一组文字，如图7-58所示。

图 7-58

（2）为文字添加"变化"效果，并设置合适参数，则会出现文字的变形凸起效果，如图7-59所示。

图 7-59

（3）为文字添加"液化"效果，并在文字上涂抹，使得文字产生变形效果，如图7-60所示。

图 7-60

（4）为文字添加"波形变形"效果，使文字产生波纹效果，如图7-61所示。

图 7-61

（5）为文字添加"旋转扭曲"效果，使文字产生旋转效果，如图7-62所示。

图 7-62

（6）为文字添加"网格变形"效果，并拖拽网格上的顶点，使其产生变形，如图7-63所示。

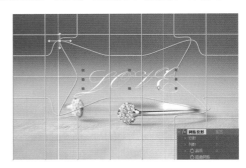

图 7-63

7.2.4 实战：制作变形文字

文件路径

实战素材/第7章

操作要点

使用"多边星形路径"制作放射式背景，接着使用"投影""斜面和浮雕"以及"描边"图层样式制作文字效果

案例效果

图 7-64

操作步骤

（1）在"项目"面板中右击并选择"新建合成"选项，在弹出的"合成设置"面板中设置"合成名称"为合成1，"预设"为自定义，"宽度"为"1000px"，"高度"为1000px，"帧速率"为24，"像素长宽比"为方形像素，"持续时间"为5秒，设置"背景颜色"为白色。在"时间轴"面板中的空白位置处单击鼠标右键，执行"新建"/"纯色"命令，并设置"颜色"为橙色，并命名为"橙色 纯色 1"，如图7-65所示。

图7-65

（2）在"时间轴"面板中单击打开"橙色 纯色 1"图层下方的"变换"，设置"缩放"为（95.0，95.0%），如图7-66所示。

图7-66

此时画面效果如图7-67所示。

（3）下面制作放射形状。在工具栏中选择 ◯ （椭圆工具），设置"填充"为黄色，接着在画面中按住Shift键的同时按住鼠标左键绘制一个正圆，如图7-68所示。

图7-67

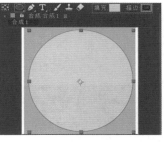

图7-68

（4）在"时间轴"面板中单击打开形状图层1下

的"内容"，选中"椭圆 1"，接着单击"添加"后方的 ▶ 按钮，选择"多边星形"，如图7-69所示。

图7-69

（5）在"内容"下方单击"椭圆1"前方 ◉ （隐藏/显现）按钮，将其进行隐藏，接着展开"多边星形路径1"，设置"点"为30.0，"内径"为0.0，"外径"为483.0，"内圆度"为55.0%，"外圆度"为203.0%，如图7-70所示。

（6）展开"变换"，设置"位置"为（500.0，504.0），"缩放"为（97.0，97.0%），如图7-71所示。

图7-70

图7-71

此时画面效果如图7-72所示。

图7-72

（7）在"时间轴"面板中右键选择形状图层1，在弹出的快捷菜单中执行"图层样式"/"渐变叠加"命令，如图7-73所示。

图7-73

（8）在"时间轴"面板中单击打开形状图层1下方的"图层样式"/"渐变叠加"，点击"编辑渐变"，如图7-74所示。

图7-74

（9）在弹出的"渐变编辑器"窗口中编辑一个黄色系渐变并调整色标位置，如图7-75所示。

图7-75

（10）设置"样式"为径向，如图7-76所示。

图7-76

此时画面效果如图7-77所示。

（11）在"时间轴"面板中空白位置单击鼠标右键，执行"新建"/"文本"命令。在"字符"面板中设置合适的"字体系列"和"字体样式"，设置"填充颜色"为玫红色，"字体大小"为150像素，"垂直缩放"为100%，"水平缩放"为80%。然后在"段落"面板中选择 "左对齐文本"，如图7-78所示。

图7-77

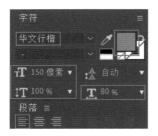

图7-78

（12）设置完成后输入合适的文本，如图7-79所示。

图7-79

（13）选中字母C，更改"字体大小"为230像素，如图7-80所示。

（14）以同样的方式选中字母s和字母D，更改"字体大小"分别为230像素和248像素，文字效果如图7-81所示。

图7-80

图7-81

（15）在"效果和预设"面板搜索框中搜索"变形"，将该效果拖拽到"时间轴"面板中的文本图层上，如图7-82所示。

图7-82

（16）在"时间轴"面板中单击打开文本图层下方的"变换"，设置"位置"为（236，646），设置"缩放"为（80.0，80.0%），如图7-83所示。

画面效果如图7-84所示。

图7-83

图7-84

（17）在不选中任何图层的状态下，在工具栏中选择 ✐（钢笔工具），"描边"为粉红色，"描边宽度"为27像素，接着在文字下方绘制一条弯曲的线段，如图7-85所示。

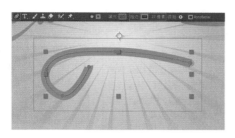

图7-85

（18）在"时间轴"面板中单击打开文本图层下方的"内容/形状1"/"描边1"，设置"线段端点"为"圆头端点"，接着打开"变换"，设置"位置"为（500.0，504.0），如图7-86所示。

此时画面效果如图7-87所示。

图7-86   图7-87

（19）在"时间轴"面板中选择形状图层2和文本图层，使用快捷键Ctrl+Shift+C进行预合成，命名为"预合成1"，如图7-88所示。

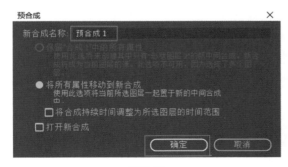

图7-88

（20）在"时间轴"面板中选择预合成1图层，单击鼠标右键执行"图层样式"/"描边"命令，在

"时间轴"面板中展开"图层样式"/"描边"，设置"颜色"为白色，"大小"为20.0，如图7-89所示。

图7-89

此时画面效果如图7-90所示。

（21）在"时间轴"面板中选择预合成1图层，单击鼠标右键执行"图层样式"/"斜面和浮雕"命令，在"时间轴"面板中展开"图层样式"/"斜面和浮雕"，设置"深度"为147.0%，"大小"为8.0，如图7-91所示。

图7-90   图7-91

（22）在"时间轴"面板中选择预合成1图层，单击鼠标右键执行"图层样式"/"投影"命令，在"时间轴"面板中展开"图层样式"/"投影"，设置"距离"为27.0，"大小"为25.0，如图7-92所示。

此时本案例制作完成，画面效果如图7-93所示。

图7-92   图7-93

高级拓展篇

215

高级拓展篇

7.3 制作文字不同样式、质感

本节将介绍不同"图层样式"对文字产生的不同质感效果。不同"图层样式"的功能介绍见表7-2。

表 7-2　不同"图层样式"的功能介绍

功能名称	功能简介	图示
原图		
投影	使用"投影"样式可以为图层模拟出向后的投影效果，可增强某部分层次感以及立体感	
内阴影	"内阴影"样式可以在紧靠图层内容的边缘内添加阴影，使图层内容产生凹陷效果	
外发光	"外发光"样式可以沿图层内容的边缘向外创建发光效果	
内发光	"内发光"样式可以沿图层内容的边缘向内创建发光效果，也会使对象出现些许的"突起感"	
斜面和浮雕	"斜面和浮雕"样式可以为图层添加高光与阴影，使图像产生立体的浮雕效果	
光泽	"光泽"样式可以为图像添加光滑的具有光泽的内部阴影	

续表

功能名称	功能简介	图示
颜色叠加	"颜色叠加"样式可以在图像上叠加设置的颜色，并且可以通过模式的修改调整图像与颜色的混合效果	
渐变叠加	"渐变叠加"样式可以在图层上叠加指定的渐变色	
描边	"描边"样式可以使用颜色、渐变以及图案来描绘图像的轮廓边缘	

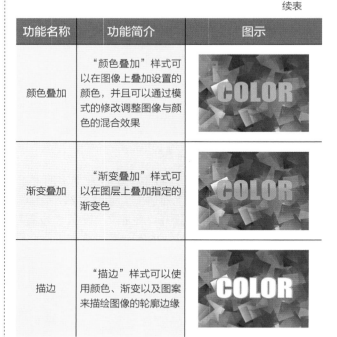

7.3.1　认识"图层样式"

🕐 **功能速查**

在 After Effects 中包含9种图层样式，包括投影、内阴影、外发光、内发光、斜面和浮雕、光泽、颜色叠加、渐变叠加、描边。

选择文字图层，在菜单栏中执行"图层"/"图层样式"即可，如图7-94所示。也可单击鼠标右键执行"图层样式"。

图 7-94

添加完成后，还可以在"时间轴"面板中为其修改参数，如图7-95所示。

图7-95

7.3.2 实战："投影"和"斜面Alpha"制作三维文字

文件路径

实战素材/第7章

操作要点

为文字添加"投影""斜面Alpha""CC Light Sweep"效果制作三维文字

案例效果

图7-96

操作步骤

（1）在"项目"面板中右击并选择"新建合成"选项，在弹出的"合成设置"面板中设置"合成名称"为合成1，"预设"为自定义，"宽度"为1920px，"高度"为1080px，"帧速率"为30，"持续时间"为6秒。执行"文件"/"导入"/"文件…"命令，导入01.jpg素材。在"项目"面板中将01.jpg素材拖到"时间轴"面板中，如图7-97所示。

（2）在"时间轴"面板中单击打开01.jpg图层下方的"变换"，设置"缩放"为（39.0，39.0%），如图7-98所示。

图7-97

图7-98

此时画面效果如图7-99所示。

图7-99

（3）在"时间轴"面板中空白位置单击鼠标右键，执行"新建"/"文本"命令。在"字符"面板中设置合适的"字体系列"和"字体样式"，设置"填充颜色"为灰色，"字体大小"为650像素，"垂直缩放"为100%，"水平缩放"为100%。设置"仿斜体、全部大写、上标"，然后在"段落"面板中选择 "居中对齐文本"，如图7-100所示。

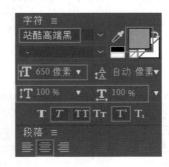

图7-100

此时画面效果如图7-101所示。

图7-101

高级拓展篇

（4）在"时间轴"面板中单击打开文本图层下方的"变换"，设置"位置"为（937.1，861.1），如图7-102所示。

图7-102

（5）在"效果和预设"面板搜索框中搜索"投影"，将该效果拖拽到"时间轴"面板中的文本图层上，如图7-103所示。

图7-103

（6）在"时间轴"面板中单击打开文本图层下方的"效果"/"投影"，设置"不透明度"为75%，"方向"为（0x+120.0°），"距离"为19.0，"柔和度"为20.0，如图7-104所示。

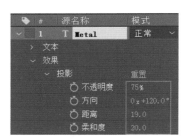

图7-104

此时画面文本效果如图7-105所示。

图7-105

（7）在"效果和预设"面板搜索框中搜索"CC Light Sweep"，将该效果拖拽到"时间轴"面板中的文本图层上，在"时间轴"面板中单击打开文本图层下方的"效果"/"CC Light Sweep"，设置"Center"为（300.0，460.0），"Direction"为（0x+90.0°），"Shape"为Smooth，如图7-106所示。

图7-106

此时画面效果如图7-107所示。

图7-107

（8）再次将该效果拖拽到"时间轴"面板中的文本图层上，在"时间轴"面板中单击打开文本图层下方的"效果"/"CC Light Sweep"，设置"Center"为（300.0，488.0），"Direction"为（0x+90.0°），"Shape"为Smooth，"Width"为15.0，"Sweep Intensity"为15.0，"Eede Thickness"为6.00，如图7-108所示。

图7-108

此时画面效果如图7-109所示。

图7-109

（9）在"效果和预设"面板搜索框中搜索"斜面Alpha"，将该效果拖拽到"时间轴"面板中的文本图层上，在"时间轴"面板中单击打开文本图层下方的"效果"/"斜面 Alpha",设置"边缘厚度"为 12.30,如图 7-110 所示。

图 7-110

此时本案例制作完成,画面效果如图 7-111 所示。

图 7-111

7.3.3 实战:制作火焰文字

文件路径

实战素材/第 7 章

操作要点

使用"曲线"效果调整背景颜色,创建文字与纯色图层,并使用轨道遮罩"分形类型""三色调""发光"效果制作火焰文字

案例效果

图 7-112

操作步骤

(1)在"项目"面板中右击并选择"新建合

成"选项,在弹出的"合成设置"面板中设置"合成名称"为合成 1,"预设"为自定义,"宽度"为 1920px,"高度"为 1080px,"帧速率"为 30,"持续时间"为 6 秒。执行"文件"/"导入"/"文件…"命令,导入 01.mp4 素材。在"项目"面板中将 01.mp4 素材拖到"时间轴"面板中,如图 7-113 所示。

(2)在"时间轴"面板中单击打开 01.mp4 图层下方的"变换",设置"缩放"为(493.2,493.2%),如图 7-114 所示。

图 7-113   图 7-114

此时画面效果如图 7-115 所示。

(3)在"效果和预设"面板搜索框中搜索"曲线",将该效果拖拽到"时间轴"面板中 01.mp4 素材图层上,如图 7-116 所示。

图 7-115   图 7-116

(4)在"效果控件"面板中打开"曲线"效果,首先将"通道"设置为红色,在曲线上单击添加一个控制点,适当向左上角调整曲线形状,接着再次单击添加一个控制点,适当向右下角调整曲线形状,如图 7-117 所示。

此时画面效果如图 7-118 所示。

图 7-117   图 7-118

(5)在"时间轴"面板中的空白位置处单击鼠标右键,执行"新建"/"纯色"命令。接着在弹出

的"纯色设置"窗口中设置"颜色"为白色，并命名为"白色 纯色 1"，如图7-119所示。

图 7-119

（6）在"效果和预设"面板搜索框中搜索"分形杂色"，将该效果拖拽到"时间轴"面板中的纯色图层上。在"时间轴"面板中单击打开纯色图层下方的"效果"/"分形杂色"，设置"分形类型"为线程，"反转"为开，"对比度"为190.0，"溢出"为剪切；展开"变换"，设置"旋转"为（0x-25.0°），"缩放"为1000.0，"偏移（湍流）"为（392.4，243.0），"复杂度"为10.0；展开"子设置"，设置"子影响（%）"为100.0，"子缩放"为50.0，"子旋转"为（1x+0.0°），"子位移"为（323.1，297.0）；将时间线滑动到起始位置，单击"演化"前方的 （时间变化秒表）按钮，设置"演化"为（0x+0.0°）；再次将时间线滑动到4秒29帧位置处，设置"演化"为（1x+359.5°），如图7-120所示。

图 7-120

此时画面效果如图7-121所示。

图 7-121

（7）再次将该效果拖拽到"时间轴"面板中的纯色图层上，在"时间轴"面板中单击打开纯色图层下方的"效果"/"分形杂色"，设置"分形类型"为线程，"反转"为开，"对比度"为180.0，"溢出"为剪切；展开"变换"，设置"旋转"为（0x+25.0°），"缩放"为500.0，"偏移（湍流）"为（272.7，243.0），"复杂度"为10.0；展开"子设置"，设置"子影响（%）"为100.0，"子缩放"为50.0，"子旋转"为（1x+0.0°），"子位移"为（324.0，190.0）；将时间线滑动到起始位置，单击"演化"前方的 （时间变化秒表）按钮，设置"演化"为（2x+0.0°）；再次将时间线滑动到4秒29帧位置处，设置"演化"为（0x+0.7°），"混合模式"为相加，如图7-122所示。

图 7-122

此时画面效果如图7-123所示。

（8）在"效果和预设"面板搜索框中搜索"三色调"，将该效果拖拽到"时间轴"面板中的纯色图层上，在"时间轴"面板中单击打开纯色图层下方的"效果"/"三色调"，设置"高光"为白色，"中间调"为棕色，"阴影"为黑色，如图7-124所示。

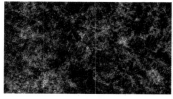

图 7-123

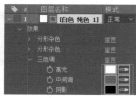

图 7-124

（9）在"效果和预设"面板搜索框中搜索"发光"，将该效果拖拽到"时间轴"面板中的纯色图层上，在"时间轴"面板中单击打开纯色图层下方的"效果"/"发光"，设置"发光阈值"为25.0%，"发光半径"为15.0，"发光强度"为2.0，如图7-125所示。

图 7-125

此时画面效果如图7-126所示。

图 7-126

（10）在"时间轴"面板中空白位置单击鼠标右键，执行"新建"/"文本"命令。在"字符"面板中设置合适的"字体系列"和"字体样式"，设置"填充颜色"为白色，"字体大小"为900像素，"垂直缩放"为100%，"水平缩放"为100%。"设置基线偏移"为-1像素，设置"仿斜体、全部大写、上标"，然后在"段落"面板中选择 "居中对齐文本"，如图7-127所示。

此时画面效果如图7-128所示。

图 7-127

图 7-128

（11）在"时间轴"面板中单击打开文本图层下方的"变换"，设置"位置"为（948.0，987.6），如图 7-129 所示。

（12）在"时间轴"面板中设置纯色图层的轨道遮罩为Alpha遮罩"fire"，如图7-130所示。

图 7-129

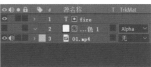

图 7-130

此时本案例制作完成，画面效果如图7-131所示。

图 7-131

7.4　制作文字动画

本节将介绍关键帧动画和文字动画。各种文字动画功能见表7-3。

表 7-3　各种文字动画功能介绍

功能名称	功能简介	图示
关键帧动画	使用关键帧动画，可以为文字设置常见的动画效果，如位置动画、旋转动画、缩放动画、不透明度动画等	

续表

功能名称	功能简介	图示
文字动画预设	"文字动画预设"为文字设置软件自带的预设动画，可以达到快速制作复杂的、趣味的动画效果	 
文字属性动画	"文字属性动画"是针对文字属性设置的动画效果，常用于模拟更高级、更复杂的文字动画，如文字依次旋转、依次不透明度变化、依次移动、依次模糊动画	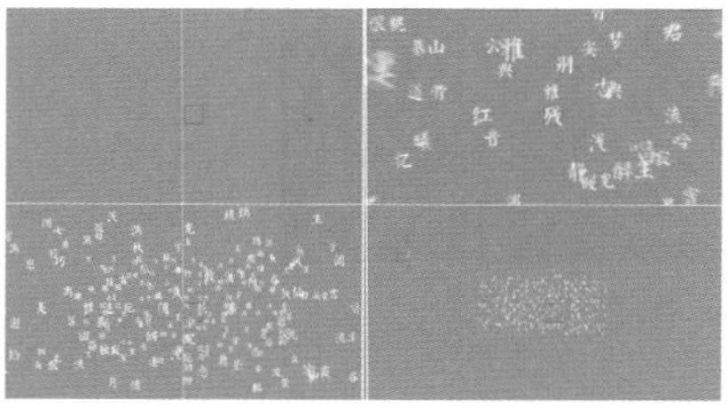 

7.4.1 认识"文字动画"

 功能速查

在 After Effects 中文字动画有多种方法可以制作，常用的方法有关键帧动画、文字动画预设、文字属性动画等。

1.关键帧动画

（1）创建一组文字，如图7-132所示。

图7-132

（2）将时间轴滑动至第10帧，单击"位置"前方的 ⏱ （时间变化秒表）按钮，创建第一个关键帧，如图7-133所示。

图7-133

（3）将时间轴滑动至第0帧，设置"位置"为更小的数值，使其移动至画面左侧以外，如图7-134所示。

图7-134

此时动画制作完成，如图7-135所示。

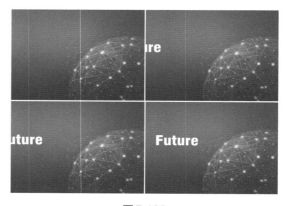

图7-135

2.文字动画预设

（1）将时间轴拖动至第0帧，进入"效果和预设"面板，展开"动画预设"/"Text"，选择任意一个文件夹中的某个预设效果，将其拖到文字图层上，如图7-136所示。

图 7-136

此时的动画效果如图7-137所示。

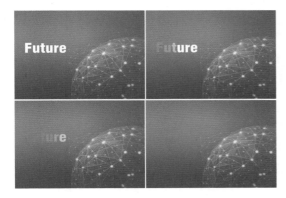

图 7-137

（2）若使用另外一个文件夹中的某个动画预设，如图7-138所示。

图 7-138

对应产生了另外的文字动画效果，如图7-139所示。

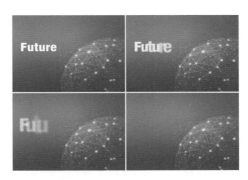

图 7-139

3. 文字属性动画

（1）创建完成文字后，单击"动画"右侧的按钮 ，此时弹出很多种属性，如图7-140所示。

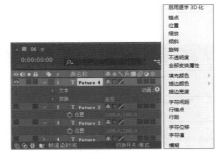

图 7-140

（2）以"旋转"属性为例。在弹出的属性中选择"旋转"，并将时间轴移动至第0帧，单击"旋转"前方的 （时间变化秒表）按钮，创建第一个关键帧，如图7-141所示。

图 7-141

（3）将时间轴移动至第10帧，设置"旋转"为（1x+0.0），如图7-142所示。

图 7-142

高级拓展篇

此时每个文字都产生了同时旋转的动画效果，如图7-143所示。

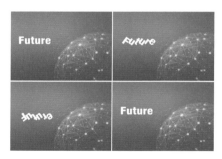

图 7-143

（4）若想让文字依次旋转。可以将时间轴移动至第0帧，单击"结束"前方的 ⏱ （时间变化秒表）按钮，创建第一个关键帧，并设置数值为0，如图7-144所示。

图 7-144

（5）将时间轴移动至第10帧，设置"结束"为100，如图7-145所示。

图 7-145

此时每个文字出现逐一旋转的动画效果，如图7-146所示。

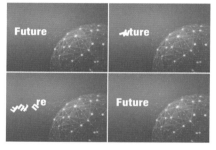

图 7-146

重点笔记

除了以上所讲的"旋转"属性外，文字属性动画还包括启用逐字3D化、锚点、位置、缩放、倾斜、不透明度、全部变换属性、填充颜色、描边颜色、描边宽度、字符间距、行锚点、行距、字符位移、字符值、模糊属性。值得一提的是，文字属性动画功能极其强大，希望读者朋友要多花点时间挨个尝试一下每种属性能制作出什么样的趣味动画效果。掌握这些内容，就可以轻松制作出更多好玩的文字动画效果了。

7.4.2 实战：使用预设文字制作趣味文字动画

文件路径

实战素材/第7章

操作要点

创建文字并使用"蒸发""渐变叠加"效果制作趣味文字效果

案例效果

图 7-147

操作步骤

（1）执行"文件"/"导入"/"文件⋯"命令，

导入01.mp4素材。在"项目"面板中将01.mp4素材拖到"时间轴"面板中，此时在"项目"面板中自动生成与素材尺寸等大的合成，如图7-148所示。

图7-148

此时画面效果如图7-149所示。

（2）在"时间轴"面板中空白位置单击鼠标右键，执行"新建"/"文本"命令。在"字符"面板中设置合适的"字体系列"和"字体样式"，设置"填充颜色"为蓝色，"字体大小"为280像素，"垂直缩放"为100%，"水平缩放"为100%，然后在"段落"面板中选择▤"左对齐文本"，如图7-150所示。

 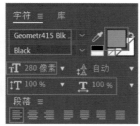

图7-149　　　　图7-150

设置完成后输入合适的文本，如图7-151所示。

（3）在"时间轴"面板中单击打开文本图层下方的"变换"，设置"位置"为（1096.0，1560.0），如图7-152所示。

图7-151　　　　图7-152

（4）将时间线滑动到起始位置。在"效果和预设"面板搜索框中搜索"蒸发"，将该效果拖拽到"时间轴"面板中的文本图层上，如图7-153所示。

图7-153

（5）在"时间轴"面板中单击打开文本图层下方的"文本"/"Evaporate Animator"/"Range Selector 1"，设置"偏移"的结束点为150.0，并将结束点移动至第5秒位置处，如图7-154所示。

图7-154

此时画面效果如图7-155所示。

（6）在"时间轴"面板中右键选择文本图层，在弹出的快捷菜单中执行"图层样式"/"渐变叠加"命令，如图7-156所示。

（7）在"时间轴"面板中单击打开文本图层下方的"图层样式"/"渐变叠加"，点击"编辑渐变"，如图7-157所示。

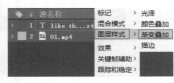

图7-156

图7-155　　　　图7-157

（8）在弹出的"渐变编辑器"窗口设置渐变颜色为紫色到蓝色，如图7-158所示。

高级拓展篇

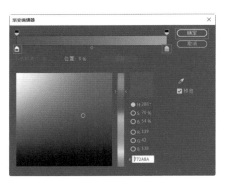

图 7-158

（9）在"时间轴"面板中单击打开文本图层下方的"图层样式"/"渐变叠加"，设置"样式"为反射，如图 7-159 所示。

图 7-159

此时本案例制作完成，画面效果如图 7-160 所示。

图 7-160

7.4.3　实战：应用文字"属性动画"制作片头文字

文件路径

实战素材/第 7 章

操作要点

使用"高斯模糊"效果制作背景效果，制作文字并使用"按单词模糊"效果制作画面效果

案例效果

图 7-161

操作步骤

（1）执行"文件"/"导入"/"文件…"命令，导入全部素材。在"项目"面板中将01.mp4素材拖到"时间轴"面板中，此时在"项目"面板中自动生成与素材尺寸等大的合成。在"项目"面板中将配乐.mp3素材拖到"时间轴"面板中的01.mp4素材图层下方，如图 7-162 所示。

图 7-162

此时画面效果如图 7-163 所示。

图 7-163

（2）在"时间轴"面板中展开01.mp4素材图层下方的"变换"，接着将时间线滑动至起始位置，单击"缩放"前方的🕐（时间变化秒表）按钮，设置"缩放"为（100.0，100.0%），将时间线滑动到第50秒9帧位置处，设置"缩放"为（222.0，222.0%），如图7-164所示。

（3）在"效果和预设"面板中搜索"高斯模糊"效果，将该效果拖到"时间轴"面板中的01.mp4图层上，如图7-165所示。

图7-164　　　　　　　图7-165

（4）在"时间轴"面板中单击打开01.mp4素材图层下方的"效果"/"高斯模糊"，接着将时间线滑动至25秒位置，单击"模糊度"前方的🕐（时间变化秒表）按钮，设置"模糊度"为0.0，将时间线滑动到第50秒9帧位置处，设置"模糊度"为50.0，设置"重复边缘像素"为开，如图7-166所示。

图7-166

（5）滑动时间线，此时画面效果如图7-167所示。

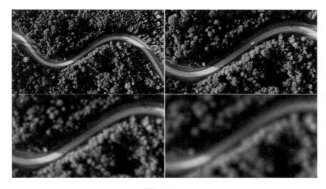

图7-167

（6）在"时间轴"面板中空白位置单击鼠标右键，执行"新建"/"文本"命令。在"字符"面板中设置合适的"字体系列"和"字体样式"，设置

"填充颜色"为白色，"字体大小"为523像素，"垂直缩放"为100%，"水平缩放"为100%，设置"上标"，然后在"段落"面板中选择▣"居中对齐文本"，如图7-168所示。

图7-168

（7）设置完成后输入合适的文本，如图7-169所示。

图7-169

（8）在"时间轴"面板中单击打开文本图层下方的"变换"，设置"位置"为（1267.9，841.8），如图7-170所示。

图7-170

（9）将时间线滑动到17秒06帧位置。在"效果和预设"面板中搜索"按单词模糊"效果，将该效果拖到"时间轴"面板中的文本图层上，如图7-171所示。

图7-171

（10）在"时间轴"面板中展开文本图层下方的"文本"/"Blur By Word Animator"/"Range Selector 1"，接着将时间线滑动到第21秒3帧位置处，并将"偏移"的结束点移动至21秒3帧位置处。将文本图层的起始时间设置为17秒6帧位置，如图7-172所示。

图7-172

此时本实例制作完成，滑动时间线案例效果如图7-173所示。

图7-173

7.4.4 实战：制作Vlog片头手写文字

文件路径

实战素材/第7章

操作要点

使用"高斯模糊"制作背景模糊淡化的效果，创建文字并使用"写入"效果制作出手写文字的感觉

案例效果

图7-174

操作步骤

（1）执行"文件"/"导入"/"文件…"命令，导入全部素材。在"项目"面板中将01.mp4素材拖

到"时间轴"面板中，此时在"项目"面板中自动生成与素材尺寸等大的合成。将"项目"面板中配乐.mp3素材拖到"时间轴"面板中01.mp4素材图层下方，如图7-175所示。

图7-175

此时画面效果如图7-176所示。

图7-176

（2）在"效果和预设"面板中搜索"高斯模糊"效果，将该效果拖到"时间轴"面板中的01.mp4图层上，如图7-177所示。

图7-177

（3）在"时间轴"面板中单击打开01.mp4素材图层下方的"效果"/"高斯模糊"，将时间线滑动至第16秒的位置，单击"模糊度"前方的（时间变化秒表）按钮，设置"模糊度"为0.0；将时间线滑动到22秒位置处，设置"模糊度"为100.0，设置"重复边缘像素"为开，如图7-178所示。

图7-178

（4）滑动时间线查看制作效果，如图 7-179 所示。

图 7-179

（5）在"时间轴"面板中空白位置单击鼠标右键，执行"新建"/"文本"命令。在"字符"面板中设置合适的"字体系列"和"字体样式"，设置"填充颜色"为白色，"字体大小"为 592 像素，"垂直缩放"为 100%，"水平缩放"

图 7-180

为 100%。单击"仿斜体"，然后在"段落"面板中选择▤"右对齐文本"，如图 7-180 所示。

（6）设置完成后输入合适的文本，如图 7-181 所示。

图 7-181

（7）在"时间轴"面板中单击打开文字图层，展开文字素材图层下方的"变换"，设置位置为（3317.5，1067.1），如图 7-182 所示。

（8）在"效果和预设"面板中搜索"写入"效果，将该效果拖到"时间轴"面板中的文字图层上，如图 7-183 所示。

图 7-182　　　　　　图 7-183

（9）在"时间轴"面板中将文字图层的起始时间设置为第 16 秒，接着单击打开文字图层下方的"效果"/"写入"，设置"颜色"为红色，"画笔大小"为 50.0。将时间线滑动至第 16 秒的位置，单击"画笔位置"前方的◎（时间变化秒表）按钮，设置"画笔位置"为（922.0，668.0），如图 7-184 所示。

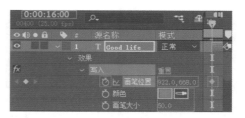

图 7-184

此时画面文本效果如图 7-185 所示。

图 7-185

（10）继续将时间线滑动到 16 秒 08 帧，设置"画笔位置"为（852.0，652.0），如图 7-186 所示。

图 7-186

此时画面文本效果如图 7-187 所示。

图 7-187

（11）将时间线滑动到 16 秒 19 帧，设置"画笔位置"为（496.0，938.0），如图 7-188 所示。

图 7-188

此时画面文本效果如图 7-189 所示。

图7-189

图7-190

图7-191

（12）使用同样方法滑动时间线并根据画面文字不断调整画笔位置，直到21秒24帧，将文字全部显现，接着设置"绘画样式"为显示原始图像，如图7-190所示。

此时本实例制作完成，滑动时间线查看实例制作效果，如图7-191所示。

7.5 课后练习：文字动画

文件路径

实战素材/第7章

操作要点

使用纯色背景制作文字并执行"启用逐字3D化""位置"命令制作变化，接着使用"摄影机""空对象"制作画面效果

案例效果

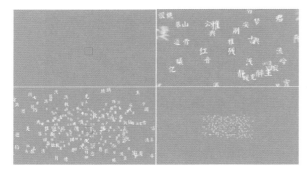

图7-192

操作步骤

（1）在"项目"面板中右击并选择"新建合成"选项，在弹出的"合成设置"面板中设置"合成名称"为合成1，"预设"为HDTV 1080 25，"宽度"为1920px，"高度"为1080px，"帧速率"为25，"持续时间"为5秒。在"时间轴"面板中的空白位置处

单击鼠标右键，执行"新建"/"纯色"命令，设置"颜色"为品蓝色，并命名为"品蓝色 纯色1"，如图7-193所示。

图7-193

（2）在"时间轴"面板中空白位置单击鼠标右键，执行"新建"/"文本"命令。在"字符"面板中设置合适的"字体系列"和"字体样式"，设置"填充颜色"为白色，"字体大小"为60像素，"垂直缩放"为100%，"水平缩放"

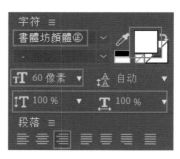

图7-194

为100%。然后在"段落"面板中选择■"右对齐文本",如图7-194所示。

（3）设置完成后输入合适的文本,如图7-195所示。

图 7-195

（4）在"时间轴"面板中单击打开文本图层下方的"变换",设置"位置"为（977.4,701.0）,如图7-196所示。

图 7-196

（5）在"时间轴"面板中单击打开文本图层,点击"文本"后方的动画按钮■,接着在弹出的快捷菜单中执行"启用逐字3D化"命令,如图7-197所示。

图 7-197

（6）再次点击"文本"后方的动画按钮■,接着在弹出的快捷菜单中执行"位置"命令,如图7-198所示。

图 7-198

（7）在"时间轴"面板中单击打开文本图层下方的"文本"/"动画制作工具1"/"范围选择器"/"高级",设置"形状"为平滑,"随机排序"为开。设

置"位置"为（0.0,0.0,1700.0）,如图7-199所示。

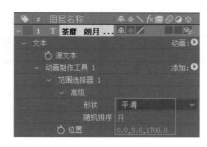

图 7-199

此时画面效果如图7-200所示。

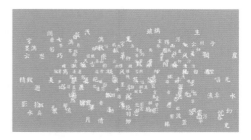

图 7-200

（8）在"时间轴"面板中空白区域右击,在弹出的快捷菜单中执行"新建"/"摄影机"命令,如图7-201所示。

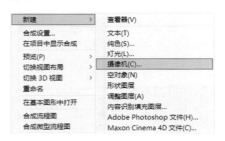

图 7-201

（9）再次在"时间轴"面板中空白区域右击,在弹出的快捷菜单中执行"新建"/"空对象"命令,如图7-202所示。

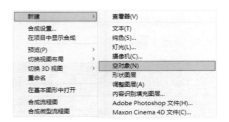

图 7-202

（10）在"时间轴"面板中设置摄影机1的"父级和链接"为空1,如图7-203所示。

图 7-203

（11）在"时间轴"面板中单击打开空对象图层下方的"变换"，将时间线滑动到起始位置，单击"位置"前方的 ⏱（时间变化秒表）按钮，设置"位置"为（960.0，600.0，3609.0）。再次将时间线滑动到 1 秒 24 位置处，设置"位置"为（960.0，600.0，1601.2）。将时间线滑动到 2 秒 14 帧位置处，设置"位置"为（960.0，600.0，462.0）。将时间线滑动到 3 秒 23 帧位置处，设置"位置"为（960.0，600.0，85.6）。将时间线滑动到 4 秒 15 帧位置处，设置"位置"为（960.0，600.0，–2936.6），如图 7-204 所示。

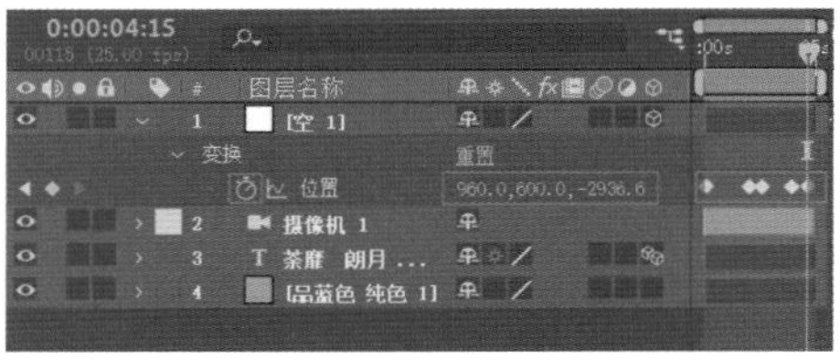

图 7-204

（12）在"时间轴"面板中框选空对象图层的全部关键帧右击，在弹出的快捷菜单中执行"关键帧辅助"/"缓动"命令，如图 7-205 所示。

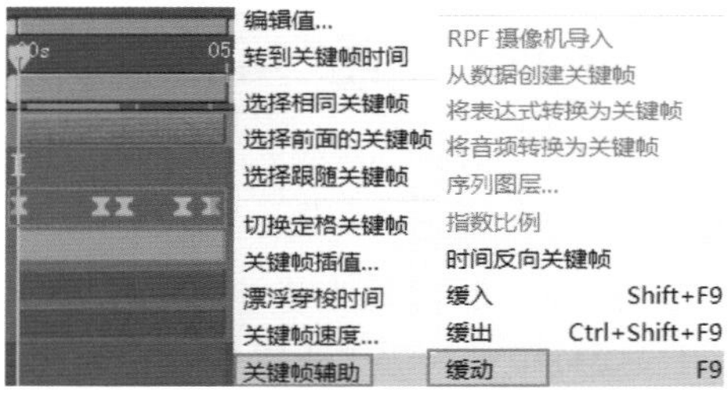

图 7-205

（13）在"时间轴"面板中选择空 1 对象图层，单击（图表编辑器）🔲，如图 7-206 所示。

图 7-206

（14）在"时间轴"面板中右击图表的空白位置，在弹出的快捷菜单执行"自动缩放高度以适合视图"命令，如图 7-207 所示。

图 7-207

（15）在"时间轴"面板中的图表中调整速度曲线，如图 7-208 所示。

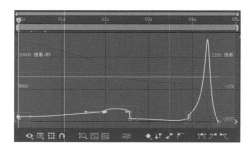

图 7-208

此时画面效果如图 7-209 所示。

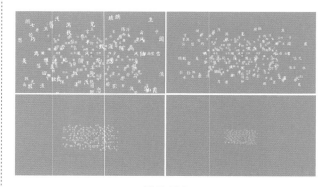

图 7-209

（16）在"时间轴"面板中取消单击（图表编辑器）🔲，展开并单击打开摄影机 1 图层下方的"摄影机选项"，设置"缩放"为 1777.8 像素，"景深"为开："焦距"为2333.8像素，"光圈"为66.0像素，"光圈形状"为十边形，如图7-210所示。

图7-210

（17）开启文字图层的运动模糊，如图7-211所示。

—— 运动模糊

图7-211

此时本实例制作完成，滑动时间线，案例效果如图7-212所示。

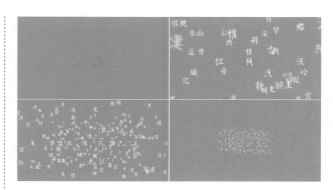

图7-212

本章小结

本章介绍了文字的高级应用，包括文字属性、制作不规则的文字效果，制作文字不同的样式、质感，制作文字动画。通过本章的学习，我们不仅可以为视频添加文字，还可以设置有趣的动画和质感。

高级拓展篇

第8章
动画

在之前的章节中已经学习了 After Effects 的特效与文字效果，接下来我们将学习 After Effects 的重要功能——制作动画。从静态到动态，会使得作品大放光彩，引人注目。After Effects 中的动画功能主要包括关键帧动画、关键帧插值、时间重映射、动画预设、表达式等。

学习目标

掌握关键帧的使用方法
掌握"时间重映射"的使用方法
了解并运用动画预设效果制作动画
熟知表达式制作动画的方法

思维导图

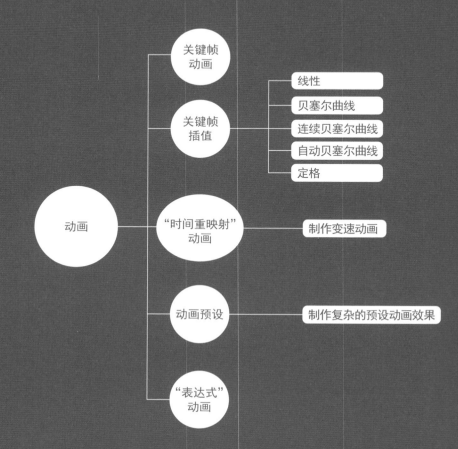

8.1 "关键帧"动画

8.1.1 认识"关键帧"动画

 功能速查

"关键帧"动画通过对图层的某些属性记录关键时刻，使其在不同的时刻产生不同的参数变化。

（1）新建合成，导入背景素材02.jpg，导入风景照片01.jpg，如图8-1所示。

图8-1

（2）将时间轴移动至第0帧，单击01.jpg中"缩放"前方的🕐（时间变化秒表）按钮，创建第1个关键帧，如图8-2所示。

图8-2

（3）将时间轴移动至第15帧，设置"缩放"为50%，创建第2个关键帧，如图8-3所示。

图8-3

 重点笔记

在创建两个或多个关键帧后，如果想让时间轴快速跳转至下一个关键帧位置，按快捷键K。反之，若想让时间轴跳转至上一个关键帧位置，则需要按快捷键J。

此时动画效果如图8-4所示。

图8-4

（4）最后可以为素材01.jpg执行右键"图层样式"/"投影"，并设置合适参数，制作出投影效果，如图8-5所示。

图8-5

 重点笔记

● 移动时间轴。进入"时间轴"面板，按键盘右侧的page up或page down即可向前跳转1帧或向后跳转1帧，如图8-6所示。

图8-6

按下Shift，并按键盘右侧的page up或page down即可向前跳转10帧或向后跳转10帧，如图8-7和图8-8所示。

图8-7

图 8-8

● 选择关键帧。单击关键帧，可选中该关键帧。按 Shift 单击，可选择多个关键帧。框选也可选择多个关键帧。

● 复制关键帧。使用快捷键 Ctrl + C、Ctrl + V 进行关键帧的复制和粘贴。选择关键帧，按快捷键 Ctrl + C 复制，移动时间轴位置，按 Ctrl + V 粘贴，即可完成复制关键帧，如图 8-9 所示。

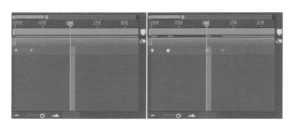

图 8-9

● 删除关键帧。快捷键 Delete。

● 移动关键帧。选择需要移动的关键帧，然后按 Alt + →或← 键，可以向后/向前移动 1 帧，如图 8-10 和图 8-11 所示。

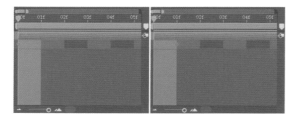

图 8-10

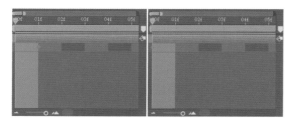

图 8-11

若同时加按 Shift 键，并按 Alt + →或← 键，可以向后/向前移动 10 帧，如图 8-12 和图 8-13 所示。

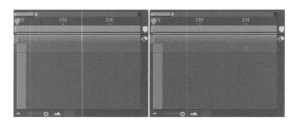

图 8-12

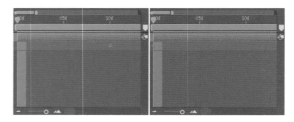

图 8-13

8.1.2 实战：关键帧动画制作可爱猫咪电子相册

文件路径

实战素材/第 8 章

操作要点

使用"3D 图层""描边""投影"与关键帧制作照片散落感的猫咪电子相册

案例效果

图 8-14

操作步骤

（1）在"项目"面板中，单击鼠标右键选择"新建合成"，在弹出来的"合成设置"面板中设置"合成名称"为 01，"预设"为自定义，"宽度"为 919 px，"高度"为 550 px，"帧速率"为 30，"持续时间"为4秒20帧。执行"文件"/"导入"/"文件…"命令，导入全部素材。在"项目"面板中将01. mp4素材拖到"时间轴"面板中，如图8-15所示。

图 8-15

此时画面效果如图8-16所示。

图 8-16

（2）激活01.mp4素材图层的"3D图层"。展开01.mp4素材图层下方的"变换"，将时间线滑动到起始时间处，单击"位置""X轴旋转""Y轴旋转"和"Z轴旋转"前方的 ⏱ （时间变化秒表）按钮，设置"位置"为（459.5，275.0，−1500.0），设置"X轴旋转"为（0x+148.0°），设置"Y轴旋转"为（0x+57.0°），设置"Z轴旋转"为（0x+27.0°）；将时间线滑动到2秒位置处，设置"位置"为（98.5，67.0，1500.0），设置"X轴旋转"为（0x+0.0°），设置"Y轴旋转"为（0x+0.0°），设置"Z轴旋转"为（0x-33.0°），接着设置"缩放"为（40.0，40.0，40.0%），如图8-17所示。

图 8-17

重点笔记

为一个或多个图层设置关键帧动画后，如果想在"时间轴"面板中仅显示修改过的关键帧动画的参数，

可以在不选中任何图层的情况下，在"时间轴"面板中按快捷键U，如图8-18所示。

图 8-18

（3）在"合成"面板中切换透明网格，此时滑动时间线画面效果如图8-19所示。

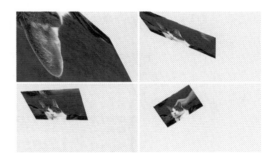

图 8-19

（4）在"时间轴"面板中右键单击01.mp4图层，在弹出的快捷菜单中执行"图层样式"/"描边"命令，如图8-20所示。

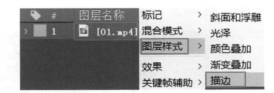

图 8-20

（5）在"时间轴"面板中单击打开01.mp4图层下方的"图层样式"/"描边"，设置"颜色"为白色，"大小"为5.0，"位置"为内部，如图8-21所示。

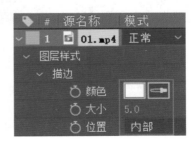

图 8-21

此时素材01.mp4画面效果如图8-22所示。

图8-22

（6）在"效果和预设"面板中搜索"投影"效果，将该效果拖到"时间轴"面板中的01.mp4素材图层上，如图8-23所示。

（7）在"时间轴"面板中单击打开01.mp4图层下方的"效果"/"投影"，设置"距离"为8.0，设置"柔和度"为20.0，如图8-24所示。

 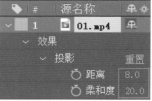

图8-23　　　　　　　图8-24

此时滑动时间线，效果如图8-25所示。

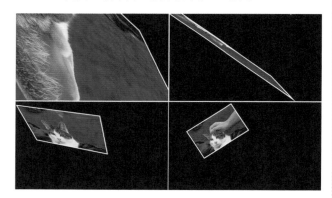

图8-25

 **重点笔记**

如果在"时间轴"面板中快速单击两次快捷键U，则会展开所有被修改过参数或添加的关键帧的属性，如图8-26所示。

图8-26

（8）在"项目"面板中将02.mp4素材拖到"时间轴"面板中，接着在"时间轴"面板中右键单击02.mp4图层，在弹出的快捷菜单中执行"图层样式"/"描边"命令，如图8-27所示。

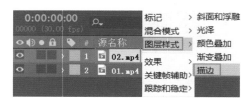

图8-27

（9）在"时间轴"面板中单击打开02.mp4图层下方的"图层样式"/"描边"，设置"颜色"为白色，"大小"为5.0，"位置"为内部，如图8-28所示。

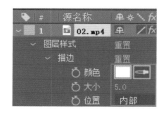

图8-28

（10）激活02.mp4素材图层的"3D图层"。展开02.mp4素材图层下方的"变换"，将时间线滑动到第1秒位置处，单击"位置""X轴旋转""Y轴旋转"和"Z轴旋转"前方的 （时间变化秒表）按钮，设置"位置"为（1000.0，300.0，−600.0），设置"X轴旋转"为（0x+39.0°），设置"Y轴旋转"为（0x-31.0°），设置"Z轴旋转"为（0x+9.0°）。将时间线滑动到第2秒10帧位置处，设置"位置"为（800.0，400.0，1500.0），设置"X轴旋转"为（0x+0.0°），设置"Y轴旋转"为（0x+0.0°），设置"Z轴旋转"为（0x-17.0°），接着设置"缩放"为（40.0，40.0，40.0%），如图8-29所示。

（11）在"时间轴"面板中选中01.mp4图层下方的"投影"效果，使用快捷键Ctrl+C进行复制；接着选择02.mp4图层，使用快捷键Ctrl+V进行粘贴，如图8-30所示。

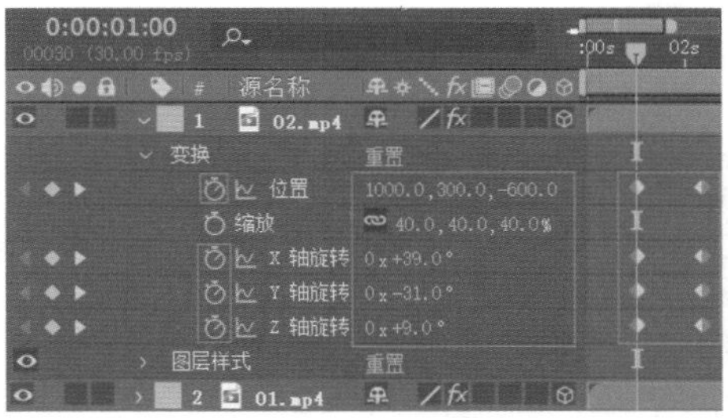

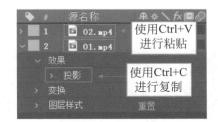

图 8-29

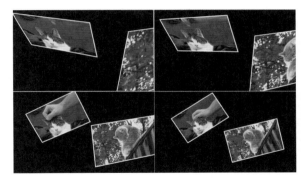

图 8-30

此时滑动时间线，效果如图8-31所示。

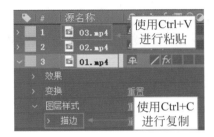

图 8-31

（12）在"项目"面板中将03.mp4素材拖到"时间轴"面板中，在"时间轴"面板中选中01.mp4图层下方的"描边"效果，使用快捷键Ctrl+C进行复制；接着选择03.mp4图层，使用快捷键Ctrl+V进行粘贴，如图8-32所示。

图 8-32

（13）激活03.mp4素材图层的"3D图层"。展开03.mp4素材图层下方的"变换"，将时间线滑动

到第1秒22帧位置处，单击"位置""X轴旋转""Y轴旋转"和"Z轴旋转"前方的 ⏱（时间变化秒表）按钮，设置"位置"为（50.0，500.0，−800.0），设置"X轴旋转"为（0x+16.0°），设置"Y轴旋转"为（0x+28.0°），设置"Z轴旋转"为（0x−71.0°）。将时间线滑动到第2秒24帧位置处，设置"位置"为（80.0，440.0，1500.0），设置"X轴旋转"为（0x+0.0°），设置"Y轴旋转"为（0x+0.0°），设置"Z轴旋转"为（0x+8.0°），设置"缩放"为（37.0，37.0，37.0%），如图8-33所示。

图 8-33

（14）在"时间轴"面板中选中01.mp4图层下方的"投影"效果，使用快捷键Ctrl+C进行复制；接着选择03.mp4图层，使用快捷键Ctrl+V进行粘贴，如图8-34所示。

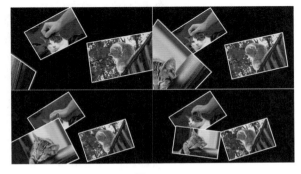

图 8-34

此时滑动时间线，效果如图8-35所示。

图 8-35

（15）在"项目"面板中将04.mp4素材拖到"时间轴"面板中，在"时间轴"面板中选中01.mp4图层下方的"描边"效果，使用快捷键Ctrl+C进行

复制；接着选择04.mp4图层，使用快捷键Ctrl+V进行粘贴，如图8-36所示。

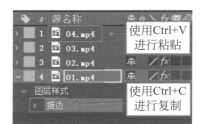

图8-36

（16）激活04.mp4素材图层的"3D图层"。展开04.mp4素材图层下方的"变换"，将时间线滑动到第2秒3帧位置处，单击"位置""X轴旋转"和"Y轴旋转"前方的 （时间变化秒表）按钮，设置"位置"为（600.0，–50.0，–1000.0），设置"X轴旋转"为（0x+37.0°），设置"Y轴旋转"为（0x+40.0°）。将时间线滑动到第3秒1帧位置处，设置"位置"为（600.0，0.0，1800.0），设置"X轴旋转"为（0x+0.0°），设置"Y轴旋转"为（0x+0.0°），接着设置"Z轴旋转"为（0x+15.0°），"缩放"为（44.0，44.0，44.0%），如图8-37所示。

图8-37

（17）在"项目"面板中将炫光.mp4素材拖到"时间轴"面板中，更改"混合模式"为屏幕。展开炫光.mp4素材图层下方的"变换"，设置"缩放"为（48.0，48.0%），如图8-38所示。

图8-38

此时滑动时间线，效果如图8-39所示。

（18）在"时间轴"面板中的空白位置处单击鼠标右键，选择"新建"/"文本"，接着在"字符"面板中设置合适的"字体系列"，设置"填充颜色"为白色，设置"字体大小"为60像素，"垂直缩放"为100%，"水平缩放"为100%。然后单击"仿粗体"，

在"段落"面板中选择 "居中对齐文本"，如图8-40所示。

图8-39　　　　　　　　图8-40

（19）设置完成后输入合适的文本，如图8-41所示。

图8-41

（20）在"时间轴"面板中设置文本图层的起始时间为3秒，接着单击打开文本图层下方的"变换"，设置"位置"为（479.2，523.1），如图8-42所示。

图8-42

此时本案例制作完成，画面效果如图8-43所示。

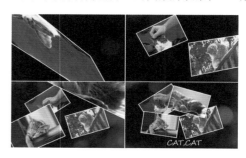

图8-43

📑 **重点笔记**

反向运动。在制作动画时，如果需要反向运动（例：某个图层从上到下反向变为：从下到上）。此时选择需要反向的关键帧，单击右键执行"关键帧辅助"/"时间反向关键帧"，如图8-44所示。

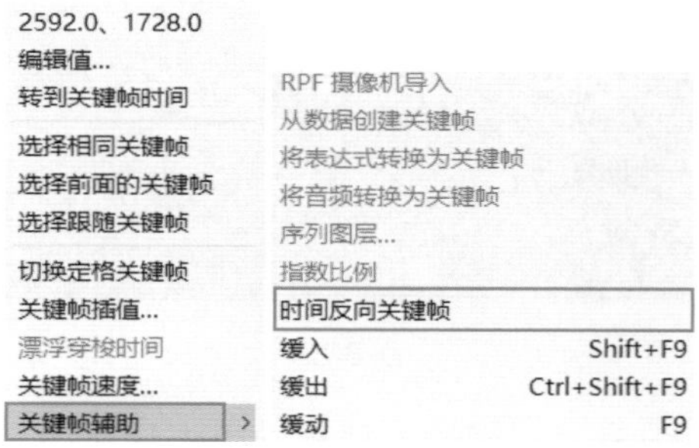

2592.0、1728.0
编辑值...
转到关键帧时间
选择相同关键帧
选择前面的关键帧
选择跟随关键帧
切换定格关键帧
关键帧插值...
漂浮穿梭时间
关键帧速度...
关键帧辅助
RPF 摄像机导入
从数据创建关键帧
将表达式转换为关键帧
将音频转换为关键帧
序列图层...
指数比例
时间反向关键帧
缓入 Shift+F9
缓出 Ctrl+Shift+F9
缓动 F9

图8-44

8.1.3 实战：Vlog短视频片头动画

文件路径

实战素材/第8章

操作要点

使用“圆形”“色调”“投影”制作动画并创建文字

案例效果

happy

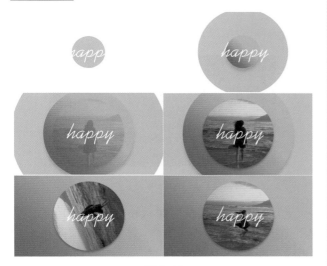

图8-45

操作步骤

（1）在“项目”面板中，单击鼠标右键选择“新建合成”，在弹出来的“合成设置”面板中设置“合成名称”为合成1，“预设”为HDTV 1080 24，“宽度”为1920，“高度”为1080，“帧速率”为24，“持续时间”为10秒。执行“文件”/“导入”/“文件…”命令，导入全部素材。在“时间轴”面板中的空白位置处单击鼠标右键，执行“新建”/“纯色”命令，设置“颜色”为白色，如图8-46所示。

（2）在工具栏中选择（矩形工具），设置“填充”为青色，接着在“合成面板”绘制一个与合成面板等大的矩形，如图8-47所示。

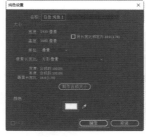

图8-46

图8-47

（3）在“效果和预设”面板中搜索“圆形”效果，将该效果拖到“时间轴”面板中的形状图层1上，如图8-48所示。

合成 1
0:00:02:10
效果和预设
圆形
源名称
动画预设
生成
1 形状图层 1
2 白色 纯色 1
圆形

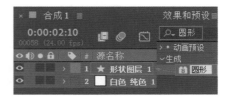

图8-48

（4）在“时间轴”面板中单击打开形状图层1下方的“效果”/“圆形”，将时间线滑动至起始时间，单击“半径”前方的（时间变化秒表）按钮，设置“半径”为0.0，将时间线滑动到4秒位置处，设置“半径”为1300.0，设置“颜色”为青色，如图8-49所示。

0:00:00:00
源名称
模式
1 形状图层 1
正常
内容
效果
圆形
重置
半径
0.0
颜色
2 白色 纯色 1
正常

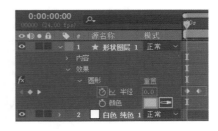

图8-49

（5）单击“时间轴”面板空白区域后，在“工具栏”中选择（椭圆工具），单击“填充”，此时在弹出的“填充选项”窗口设置“填充类型”为“线性渐变”，如图8-50所示。

填充选项
线性渐变
正常
预览
确定
取消

图8-50

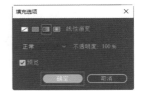

（6）此时在工具栏中单击"填充"颜色，在弹出的"渐变编辑器"中，设置起始颜色为灰色，如图8-51所示。

（7）在"时间轴"面板的空白位置处单击，然后在"合成"面板中合适位置按住Shift键的同时按住鼠标左键绘制一个正圆，如图8-52所示。

 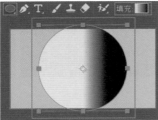

图8-51　　　　　　　图8-52

（8）在"时间轴"面板中单击打开形状图层1下方的"内容"/"椭圆1"/"渐变填充1"，设置"起始点"为（-197.7，164.2），"结束点"为（178.8，-159.0）。单击打开图层下方的"变换"，将时间线滑动至第1秒位置处，单击"缩放"前方的 ○（时间变化秒表）按钮，设置"缩放"为（0.0，0.0%），将时间线滑动到5秒位置处，设置"缩放"为（200.0，200.0%），如图8-53所示。

图8-53

此时滑动时间线，画面效果如图8-54所示。

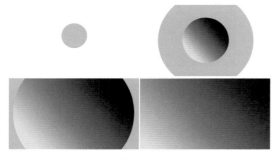

图8-54

（9）在"效果和预设"面板中搜索"色调"效果，将该效果拖到"时间轴"面板中的形状图层2上，如图8-55所示。

图8-55

（10）在"时间轴"面板中单击形状图层2下方的"效果"/"色调"，设置"将黑色映射到"为青色，设置"将白色映射到"为紫色，如图8-56所示。

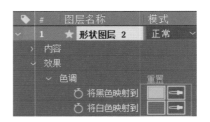

图8-56

（11）在"效果和预设"面板中搜索"投影"效果，将该效果拖到"时间轴"面板中的形状图层2上，如图8-57所示。

图8-57

（12）在"时间轴"面板中单击打开形状图层2下方的"效果"/"投影"，设置"不透明度"为20%，"方向"为（0x+180.0°），"距离"为50.0，设置"柔和度"为80.0，如图8-58所示。

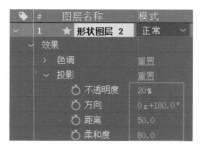

图8-58

滑动时间线，此时画面效果如图8-59所示。

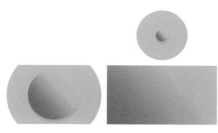

图8-59

（13）在"项目"面板中将01.mp4素材拖到"时间轴"面板中，并设置起始时间为2秒20帧，如图8-60所示。

图8-60

此时画面效果如图8-61所示。

图8-61

（14）在"时间轴"面板中选中01.mp4素材，在"工具栏"中选择 ◯ （椭圆形工具），将光标移动到"合成"面板中，在合适位置按住Shift键的同时按住鼠标左键绘制一个正圆形蒙版，如图8-62所示。

图8-62

（15）在"时间轴"面板中单击打开01.mp4图层下方的"变换"，设置"锚点"为（511.6，566.4），

"位置"为（961.5，536.7），"缩放"为（91.0，91.0%）。将时间线滑动至2秒20帧位置，单击"不透明度"前方的 ⏱ （时间变化秒表）按钮，设置"不透明度"为0%，将时间线滑动到3秒13帧位置处，设置"不透明度"为100%，接着单击"旋转"前方的 ⏱ （时间变化秒表）按钮，设置"旋转"为（0x+0.0°）；将时间线滑动到8秒位置处，设置"旋转"为（1x+0.0°），如图8-63所示。

图8-63

📖✏ 疑难笔记

如果想要将创建好的多个关键帧，等比例变快或变慢，那么一个个调整关键帧的位置就非常麻烦。可以选择需要调整的关键帧，如图8-64所示。

图8-64

在按住Alt键的情况下，按下鼠标左键，向左拖拽最后一个关键帧时均匀缩进位置；向右拖拽最后一个关键帧时均匀拉远位置，如图8-65所示。

图8-65

（16）在"时间轴"面板中右键单击01.mp4图层，在弹出的快捷菜单中执行"图层样式"/"阴影"

命令，如图8-66所示。

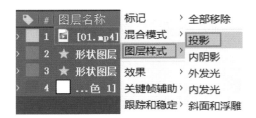

图8-66

（17）在"时间轴"面板中单击打开01.mp4图层下方的"图层样式"/"投影"，设置"颜色"为灰色，"不透明度"为50%，"角度"为（0x+90.0°），"距离"为20.0，"大小"为30.0，如图8-67所示。

图8-67

（18）滑动时间线，此时画面效果如图8-68所示。

图8-68

（19）在"时间轴"面板中的空白位置处单击鼠标右键，选择"新建"/"文本"，接着在"字符"面板中设置合适的"字体系列"，设置"填充颜色"为

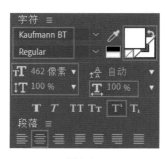

图8-69

白色，设置"字体大小"为462像素，"垂直缩放"为100%，"水平缩放"为100%。然后单击"上标"，在"段落"面板中选择 "居中对齐文本"，如图8-69所示。

（20）设置完成后输

入合适的文本，如图8-70所示。

图8-70

（21）在"时间轴"面板中单击打开文字图层下方的"变换"，设置"位置"为（1000.0，756.0），如图8-71所示。

图8-71

此时本案例制作完成，画面效果如图8-72所示。

图8-72

8.1.4 实战：照片翻转动画

文件路径

实战素材/第8章

操作要点

使用"3D图层"制作出图片翻转效果，创建文字并制作"打字机"翻转效果

案例效果

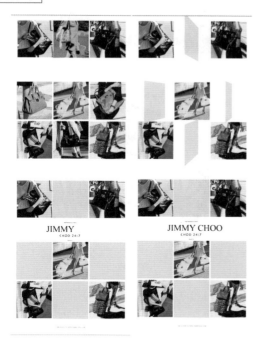

图 8-73

操作步骤

（1）在"项目"面板中右击并选择"新建合成"选项，在弹出的"合成设置"面板中设置"合成名称"为01，"预设"为自定义，"宽度"为1200px，"高度"为1630px，"像素长宽比"为方形像素，"帧速率"为24，"持续时间"为3秒。在"时间轴"面板中的空白位置处单击鼠标右键，执行"新建"/"纯色"命令，如图8-74所示。

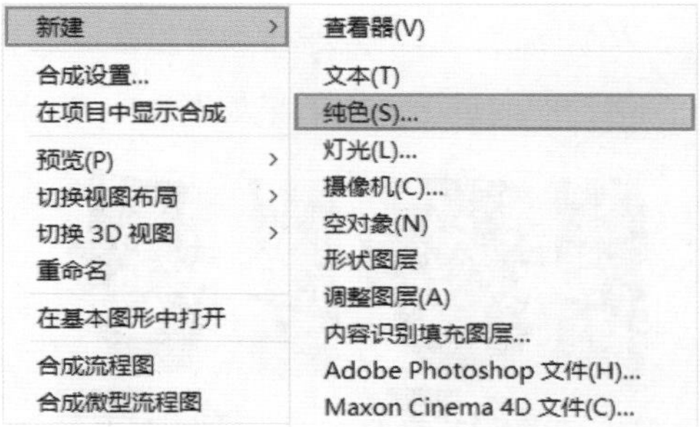

图 8-74

（2）在弹出的"纯色设置"窗口中设置"颜色"为白色，名称为"白色 纯色 1"，如图8-75所示。

（3）执行"文件"/"导入"/"文件…"命令，导入全部素材。在"项目"面板中将4.png素材拖到"时间轴"面板中，如图8-76所示。

图 8-75

图 8-76

（4）在"时间轴"面板中单击打开4.png素材图层下方的"变换"，设置"位置"为（966.0，1273.0），如图8-77所示。

图 8-77

此时画面效果如图8-78所示。

图 8-78

中文版 After Effects 2022 完全自学教程（实战案例视频版）

图 8-79

设置"位置"为（966.0，243.0），如图8-79所示。

此时画面效果如图8-80所示。

图 8-80

（6）在"项目"面板中将1.png、6.png、8.png素材文件拖到"时间轴"面板中。在"时间轴"面板中单击打开1.png素材图层下方的"变换"，设置"位置"为（245.0，242.0）。接着单击打开6.png素材图层下方的"变换"，设置"位置"为（241.0，1270.5）。单击打开8.png素材图层下方的"变换"，设置"位置"为（603.5，870.5），如图8-81所示。

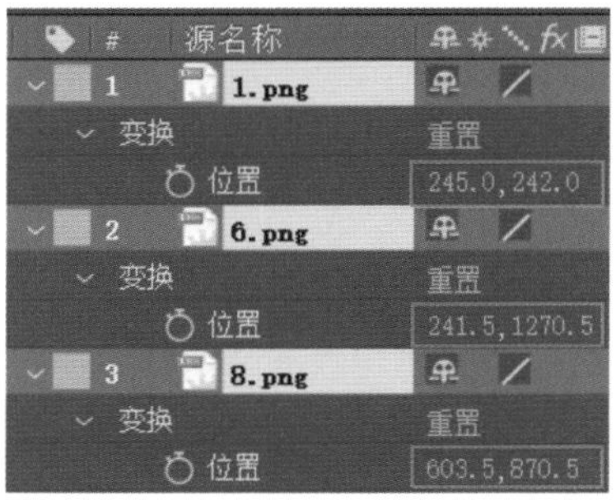

图 8-81

此时画面效果如图8-82所示。

（7）在"项目"面板中将7.png素材拖到"时间轴"面板中。在"时间轴"面板中激活3D图层，接着单击打开7.png素材图层下方的"变换"，设置

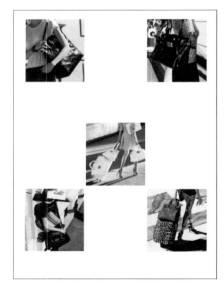

图 8-82

"位置"为（970.0，871.0，0.0）。将时间线滑动至起始时间位置处，单击"Y轴旋转"前方的 ○ （时间变化秒表）按钮，设置"Y轴旋转"为（0x+0.0°）。将时间线滑动至1秒位置处，设置"Y轴旋转"为（0x+180.0°）。将时间线滑动至10帧位置处，单击"不透明度"前方的 ○ （时间变化秒表）按钮，设置"不透明度"为100%。将时间线滑动至11帧位置处，设置"不透明度"为0%，如图8-83所示。

图 8-83

此时滑动时间线，画面效果如图8-84所示。

图 8-84

246

（8）在"项目"面板中将9.png素材拖到"时间轴"面板中。在"时间轴"面板中激活3D图层，接着单击打开9.png素材图层下方的"变换"，设置"位置"为（240.0，871.0，0.0）。将时间线滑动至起始时间位置处，单击"Y轴旋转"前方的 ⏱（时间变化秒表）按钮，设置"Y轴旋转"为（0x+0.0°）。将时间线滑动至1秒位置处，设置"Y轴旋转"为（0x+180.0°）。将时间线滑动至10帧位置处，单击"不透明度"前方的 ⏱（时间变化秒表）按钮，设置"不透明度"为100%。将时间线滑动11帧位置处，设置"不透明度"为0%，如图8-85所示。

图8-85

滑动时间线，此时画面效果如图8-86所示。

图8-86

（9）在"项目"面板中将2.png素材拖到"时间轴"面板中。在"时间轴"面板中激活3D图层，接着单击打开2.png素材图层下方的"变换"，设置"位置"为（602.0，243.0，0.0）。将时间线滑动至起始时间位置处，单击"Y轴旋转"前方的 ⏱（时间变化秒表）按钮，设置"Y轴旋转"为（0x+0.0°）。将时间线滑动至1秒位置处，设置"Y轴旋转"为（0x+180.0°）。将时间线滑动至10帧位置处，单击"不透明度"前方的 ⏱（时间变化秒表）按钮，设置"不透明度"为100%。将时间线滑动至11帧位置处，设置"不透明度"为0%，如图8-87所示。

图8-87

（10）在"项目"面板中将5.png素材拖到"时间轴"面板中。在"时间轴"面板中激活3D图层，接着单击打开5.png素材图层下方的"变换"，设置"位置"为（602.0，1270.0，0.0）。将时间线滑动至起始时间位置处，单击"Y轴旋转"前方的 ⏱（时间变化秒表）按钮，设置"Y轴旋转"为（0x+0.0°）。将时间线滑动至1秒位置处，设置"Y轴旋转"为（0x+180.0°）。将时间线滑动至10帧位置处，单击"不透明度"前方的 ⏱（时间变化秒表）按钮，设置"不透明度"为100%。将时间线滑动至11帧位置处，设置"不透明度"为0%，如图8-88所示。

图8-88

（11）此时滑动时间线，画面效果如图8-89所示。

图8-89

（12）在"工具栏"中选择▢（矩形工具），设置"填充"为灰色，接着在"时间轴"面板的空白位置处单击，然后在"合成"面板中9.png素材位置绘制一个等大小的矩形，如图8-90所示。

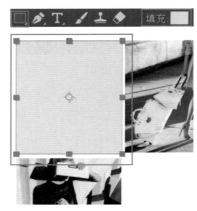

图 8-90

（13）在"时间轴"面板中选择形状图层1，接着在快捷菜单中选择"图层"/"变换"/"在图层内容中居中放置锚点"，如图8-91所示。

图 8-91

（14）在"时间轴"面板中激活形状图层1的3D图层，接着单击打开形状图层1下方的"变换"，设置"锚点"为（–363.0，62.5，0.0），"位置"为（241.0，872.3，0.0）。将时间线滑动至起始时间位置处，单击"Y轴旋转"前方的 （时间变化秒表）按钮，设置"Y轴旋转"为（0x+0.0°）。将时间线滑动至1秒位置处，设置"Y轴旋转"为（0x+180.0°）。将时间线滑动至10帧位置处，单击"不透明度"前方的 （时间变化秒表）按钮，设置"不透明度"为0%。将时间线滑动11帧位置处，设置"不透明度"为100%，如图8-92所示。

图 8-92

（15）在"工具栏"中选择 （矩形工具），设置"填充"为灰色，接着在"时间轴"面板的空白位置处单击，然后在"合成"面板中2.png素材位置绘制一个等大小的矩形，如图8-93所示。

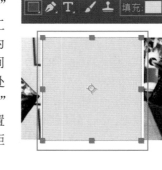

图 8-93

（16）在"时间轴"面板中选择形状图层2，接着在快捷菜单中选择"图层"/"变换"/"在图层内容中居中放置锚点"，如图8-94所示。

图 8-94

（17）在"时间轴"面板中激活3D图层，接着单击打开形状图层2下方的"变换"，设置"锚点"为（–2.5，–564.5，0.0），"位置"为（601.5，242.7，0.0）。将时间线滑动至起始时间位置处，单击"Y轴旋转"前方的 （时间变化秒表）按钮，设置"Y轴旋转"为（0x+0.0°）。将时间线滑动至1秒位置处，设置"Y轴旋转"为（0x+180.0°）。将时间线滑动至10帧位置处，单击"不透明度"前方的 （时间变化秒表）按钮，设置"不透明度"为0%。将时间线滑动至11帧位置处，设置"不透明度"为100%，如图8-95所示。

图 8-95

滑动时间线，此时画面效果如图8-96所示。

图8-96

（18）以同样的方式在5.png和7.png上方使用矩形工具绘制矩形，并制作激活3D图层制作动画。此时画面效果如图8-97所示。

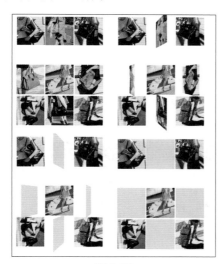

图8-97

（19）在"字符"面板中设置合适的"字体系列"，设置"填充颜色"为黑色，"字体大小"为15像素，"字符间距"为211，设置"全部大小"，展开"段落"面板，单击 "左对齐文本"，如图8-98所示。

（20）在"时间轴"面板中空白位置单击鼠标右键，执行"新建"/"文本"命令，在"合成"面

图8-98

板输入"INTRODUCING"，如图8-99所示。

图8-99

（21）在"时间轴"面板中设置文本图层的起始时间为23帧。接着单击打开文本图层下方的"变换"，设置"位置"为（534.0，486.5），如图8-100所示。

图8-100

（22）在不选中任何图层的状态下，在"字符"面板中设置合适的"字体系列"，设置"填充颜色"为黑色，"字体大小"为88像素，"字符间距"为–9，设置"全部大小"，展开"段落"面板，单击 "左对齐文本"，如图8-101所示。

图8-101

（23）在"时间轴"面板中空白位置单击鼠标右键，执行"新建"/"文本"命令，在"合成"面板输入"JIMMY CHOO"，如图8-102所示。

JIMMY CHOO

图8-102

（24）在"时间轴"面板中单击打开文本图层下方的"变换"，设置"位置"为（362.0，605.0），如图8-103所示。

图 8-103

（25）将时间线滑动到23帧位置处，在"效果和预设"面板中搜索"打字机"效果，将该效果拖到"时间轴"面板中的文本图层上，如图8-104所示。

图 8-104

（26）在"时间轴"面板中单击打开文本图层下方的"文本"/"动画1"/"范围选择器1"，修改"起始"的结束时间为1秒15帧位置处，如图8-105所示。

图 8-105

滑动时间线查看此时画面，效果如图8-106所示。

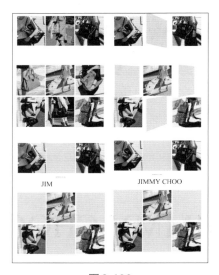

图 8-106

（27）接着继续使用同样方法制作其他文字，设置合适的"字体系列""字体大小"，摆放到合适的位置，并设置起始时间为23帧位置，此时本案例制作完成，画面效果如图8-107所示。

图 8-107

拓展笔记

应用"序列图层"可以快速制作素材播放动画。

将大量素材拖动至"时间轴"面板中，如图8-108所示。

图 8-108

自下而上选择这些素材的图层，菜单栏中执行"动画"/"关键帧辅助"/"序列图层"，如图8-109所示。

图 8-109

在弹出的对话框中勾选"重叠",如图8-110所示。

图8-110

此时"时间轴"面板中的每个图层呈现出依次出现的排列效果,如图8-111所示。

图8-111

若在选择时是自上而下的选择,那么最后的效果是这样的,如图8-112所示。

图8-112

8.1.5 实战:趣味产品展示动画

文件路径
实战素材/第8章

操作要点
使用"蒙版路径"制作趣味产品展示动画

案例效果

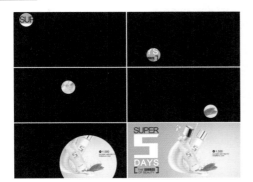

图8-113

操作步骤

(1)在"项目"面板中,单击鼠标右键选择"新建合成",在弹出来的"合成设置"面板中设置"合成名称"为01,"预设"为自定义,"宽度"为2000 px,"高度"为1000 px,"帧速率"为250,"持续时间"为5秒。执行"文件"/"导入"/"文件…"命令,导入全部素材。在"项目"面板中将01.jpg素材拖到"时间轴"面板中,如图8-114所示。

图8-114

此时画面效果如图8-115所示。

图8-115

(2)在01.jpg素材图层选中状态下,在工具栏中选择◯(椭圆工具)按钮,接着在"合成"面板左上角,按住Shift键的同时按住鼠标左键拖拽绘制一个正圆,如图8-116所示。

图8-116

(3)将时间码设置为0帧,在"时间轴"面板中单击打开01.jpg素材图层下方的"蒙版"/"蒙版1",单击"蒙版路径"前方的◯(时间变化秒表)按钮,添加关键帧,如图8-117所示。

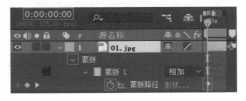

图8-117

251

（4）将时间码设置为1秒位置，在"时间轴"面板中选中蒙版路径，接着在工具栏中选择▶（选取工具），将"合成"面板中的椭圆蒙版移动到"合成"面板左下角合适位置，如图8-118所示。

图 8-118

（5）将时间码设置为2秒位置，在"时间轴"面板中选中蒙版路径，接着在工具栏中选择▶（选取工具），将"合成"面板中的椭圆蒙版移动到"合成"面板左下角合适位置，如图8-119所示。

图 8-119

（6）将时间线滑动到3秒位置处，在"时间轴"面板中选中蒙版路径，接着在工具栏中选择▶（选取工具），将"合成"面板中的椭圆蒙版移动到"合成"面板右下角合适位置，如图8-120所示。

图 8-120

（7）将时间线滑动到4秒位置处，在"时间轴"面板中选中蒙版路径，接着在工具栏中选择▶（选取工具），在"合成"面板中的蒙版路径上双击鼠标左键，如图8-121所示。

（8）在"合成"面板中按住Shift键的同时，按住鼠标左键拖动控制点调整蒙版路径大小，如图8-122所示。

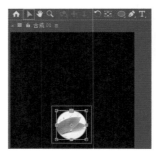 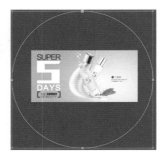

图 8-121　　　　　　　图 8-122

此时本案例制作完成，滑动时间线，画面效果如图8-123所示。

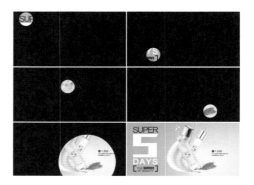

图 8-123

8.1.6　关键帧插值

在 After Effects 中，关键帧插值分为"临时插值""空间插值"两种插值类型。选择需要改变的关键帧，单击右键执行"关键帧插值"，如图8-124所示。

图 8-124

"临时插值"：主要针对关键帧运动速度的变化，如加速运动或者减速运动，分为线性、贝塞尔曲线、连续贝塞尔曲线、自动贝塞尔曲线、定格5种，如图8-125所示。

"空间插值"：主要针对关键帧运动路径的变化，如曲线运动、直线运动，分为线性、贝塞尔曲线、连续贝塞尔曲线、自动贝塞尔曲线4种，如图8-126所示。

图8-125　　　　　　　图8-126

1.线性

功能概述："线性"插值产生的关键帧是匀速的，如图8-127所示。

图8-127

2.贝塞尔曲线

功能概述："贝塞尔曲线"插值可以进行更为精确的操控，如图8-128所示。

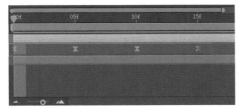

图8-128

3.连续贝塞尔曲线

功能概述："连续贝塞尔曲线"插值通过关键帧创建平滑的变化速率，如图8-129所示。

图8-129

4.自动贝塞尔曲线

功能概述："自动贝塞尔曲线"插值通过关键帧创建平滑的变化，使得关键帧之间产生平滑的过渡效果，如图8-130所示。

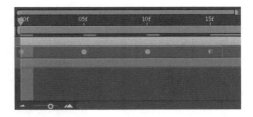

图8-130

5.定格

功能概述："定格"插值从当前关键帧到下个关键帧中间不会产生任何过渡效果，而是突然切换，如图8-131所示。

图8-131

拓展笔记

使用"图表编辑器"可以调整运动节奏，如先慢后快或先快后慢等。

创建2个形状，并分别设置从左至右的关键帧动画，如图8-132和图8-133所示。

图8-132

图8-133

此时运动节奏是同步的，如图8-134所示。

图 8-134

选择红色图形的两个关键帧，单击右键执行"关键帧辅助"/"缓动"，如图8-135所示。

图 8-135

此时播放动画，可以看到红色图形先慢一点点，中间快一点点，最后又慢一点，两个图形同时到达位置，如图8-136所示。

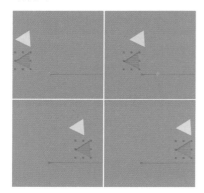

图 8-136

选择刚才的2个关键帧，单击"图表编辑器"按钮，如图8-137所示。

图 8-137

此时可以看到运动的速度规律和时间以曲线的形态表现，如图8-138所示。

此时可调整曲线上的点的位置，从而改变当前动画的运动节奏。例如单击曲线左下角的点，向右侧拖动滑杆即可改变曲线形态，如图8-139所示。

图 8-138

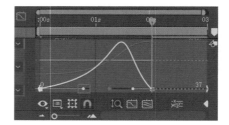

图 8-139

再次播放动画，可以看到出现了非常有趣的弹性动画规律。红色图形开始非常慢，后面速度非常快，如图8-140所示。

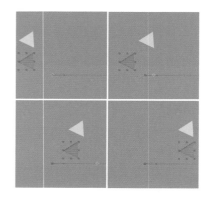

图 8-140

当将红色图形的关键帧设置为"缓入"时，可以看到红色图形的运动规律是非常快、快、非常慢，如图8-141所示。

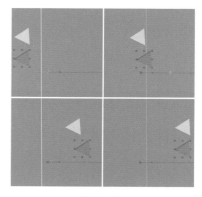

图 8-141

当将红色图形的关键帧设置为"缓出"时，可以看到红色图形的运动规律是慢、非常快、快，如图8-142所示。

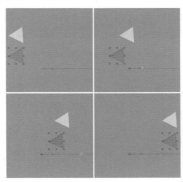

图8-142

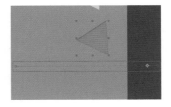
8.2 "时间重映射"动画

8.2.1 认识"时间重映射"动画

 功能速查

"时间重映射"常用于制作动画的变速效果，如突然加速、突然减速等。需要对素材执行右键"时间"/"启用时间重映射"。

8.2.2 实战："时间重映射"制作视频变速

文件路径

实战素材/第8章

操作要点

使用"时间重映射"制作时间速度变化

案例效果

图8-144

操作步骤

（1）执行"文件"/"导入"/"文件…"命令，导入全部素材。在"项目"面板中将01.mp4素材拖到"时间轴"面板中，此时在"项目"面板中自动生成与素材尺寸等大的合成。接着再次将02.mp3素材拖到"时间轴"面板中01.mp4素材图层下方，如图8-145所示。

图8-145

此时画面效果如图8-146所示。

图8-146

（2）在"时间轴"面板中右键单击01.mp4图层，在弹出的快捷菜单中执行"时间"/"启用时间重映射"

命令，如图8-147所示。

图 8-147

图 8-148

（3）将时间线滑动至3秒位置处，在"时间轴"面板中单击"01.mp4"图层，设置"时间重映射"为3秒1帧，接着将时间线滑动至6秒位置处，设置"时间重映射"为11秒12帧，将时间线滑动到8秒23帧位置处，设置"时间重映射"为9秒，将时间线滑动到10秒05帧位置处，设置"时间重映射"为12秒23帧，如图8-148所示。

此时本案例制作完成，在播放时可以看到画面产生了快慢的变化，如图8-149所示。

图 8-149

8.3 动画预设

 功能速查

"动画预设"是After Effects中自带参数设置的效果或效果组合的预置效果。

（1）新建一个纯色图层。进入"效果和预设"面板，展开"动画预设"，下方有多个预设文件夹，如图8-150所示。

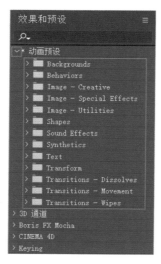

图 8-150

（2）任意展开一个文件夹，如展开"Backgrounds"，将下方的"丝绸"拖动至纯色图层上，如图8-151所示。

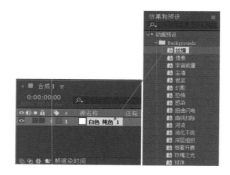

图 8-151

此时的画面效果如图8-152所示。

图 8-152

（3）若展开"Backgrounds"，将下方的"像素"拖动至纯色图层上，如图8-153所示。

图8-153

此时的画面效果如图8-154所示。

图8-154

（4）若展开"Backgrounds"，将下方的"消化不良"拖动至纯色图层上，如图8-155所示。

图8-155

此时的画面效果如图8-156所示。

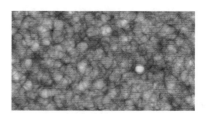

图8-156

8.4　"表达式"动画

8.4.1　认识"表达式"参数

 功能速查

"表达式"是After Effects中最为复杂、强大的功能之一，需要有一定的编程语言基础。

表达式类似于计算机编程语言，通过为After Effects中的属性添加表达式，从而模拟出震撼的动画效果。

- ：开启关闭工具，打开或者关闭表达式效果。
- ：图表工具，查看表达式数据变化曲线。
- ：拉索工具，链接属性用于表达式。
- ：语言菜单，调用After Effects内置表达式函命令。

8.4.2　常用的几种"表达式"

按住键盘Alt键，同时单击需要设置表达式的某个属性前方的 按钮，即可输入表达式，如图8-157所示。需要注意输入的英文和符号，要在英文输入法状态下输入表达式内容。

图8-157

1. 随机表达式

 功能速查

random（数值x，数值y）是在数值x到数值y之间进行随机值的抽取，随机抽取的最小值是x，最大值是y。

表达式样式：
Random（x，y）
例如：random（20，100）。

选择图层，按快捷键T打开"不透明度"属性，按住键盘Alt键，同时单击"不透明度"属性前方的按钮，输入表达式random（20，100），如图8-158所示。

图8-158

此时播放会看到图层的不透明度在20%～100%之间随机变化，如图8-159所示。

图8-159

重点笔记

快速按快捷键E两次可以展开和关闭所有的表达式。

2.抖动表达式

功能速查

抖动表达式可制作随机的位移、旋转缩放、透明度闪烁等效果。

表达式样式：
wiggle（x，y）
例如：wiggle（2，100）。
参数解读
● x：单位时间内抖动的次数。
● y：抖动的幅度。

选择图层，按快捷键P打开"位置"属性，按住键盘Alt键，同时单击"位置"属性前方的 按钮，输入表达式wiggle（2，100），如图8-160所示。

图8-160

此时图层产生了随机的抖动效果，如图8-161所示。

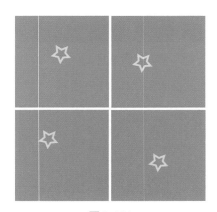

图8-161

3.时间表达式

功能速查

时间表达式是做循环动画的利器。例如，可以让图层循环旋转，还可以设置旋转速度。

表达式样式：
time*n
例如：time*20。
参数解读：
● n：控制速度的快慢。

（1）选择图层，按快捷键R打开"旋转"属性，按住键盘Alt键，同时单击"旋转"属性前方的 按钮，输入表达式time*20，如图8-162所示。

图8-162

播放时可以看到循环的旋转动画，但是速度比较慢，如图8-163所示。

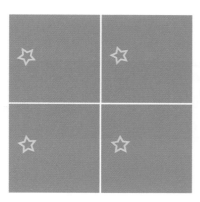

图8-163

（2）重新输入表达式time*200，那么旋转速度提高了10倍，如图8-164所示。

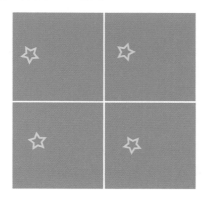

图8-164

 重点笔记

time表达式只能赋予一维属性的数据。位置属性可进行单独尺寸的分离，从而可单独设置X轴或Y轴上的time表达式。

4.循环表达式

 功能速查

循环表达式可以模拟循环动画效果。

表达式样式：
loopOut（type = "cycle"，numKeyframes = 0）
参数解读：
● type=：表示循环类型，包括pingpong（类似乒乓球一样来回运动）、cycle（周而复始地来回运动）、offset（叠加之前关键帧数值循环）、continue（延续属性变化的最后速度）。

● numkeyframes=0：表示从最后一个关键帧向前开始循环，0代表无限。

（1）cycle类型
为图层设置"位置"动画。如在第0帧时，单击前方的（时间变化秒表）按钮，并设置合适参数，如图8-165所示。

图8-165

时间轴移动至第1秒时，设置合适参数，如图8-166所示。

图8-166

此时图层产生从左至右的运动，如图8-167所示。

图8-167

按快捷键P打开"位置"属性，按住键盘Alt键，同时单击"位置"属性前方的按钮，输入表达式loopOut（type = "cycle"，numKeyframes = 0），如图8-168所示。

图8-168

此时播放时可以看到，1秒后尽管没有设置关键帧，但是也产生了不断循环的动画效果，如图8-169所示。

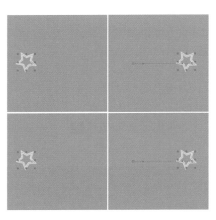

图 8-169

（2）pingpong 类型

如果输入表达式为 loopOut（type = "pingpong"，numKeyframes = 0），如图 8-170 所示。那么会产生类似乒乓球来回往返的运动，如图 8-171 所示。

图 8-170

图 8-171

（3）offset 类型

为素材设置旋转动画，如图 8-172 所示。

图 8-172

如果输入表达式为 loopOut（type = "offset"，numKeyframes = 0），如图 8-173 所示。

图 8-173

此时图层产生了循环，如图 8-174 所示。

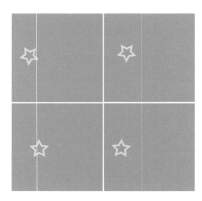

图 8-174

（4）continue 类型

如果输入表达式为 loopOut（type = "continue"），如图 8-175 所示。

图 8-175

该表达式的作用是动画的最后一个关键帧的速度，继续将这个属性沿着这个速度进行下去，如图 8-176 所示。

图 8-176

5. timeRemap

功能速查

该表达式可以制作抽帧效果。

表达式样式：

timeRemap*n

例如：timeRemap*10

参数解读：

● n：以帧为单位。

（1）导入一段比较流畅的视频素材，如图8-177所示。

图8-177

（2）对视频素材单击右键执行"时间"/"启用时间重映射"，如图8-178所示。

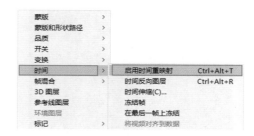

图8-178

（3）按住键盘Alt键，同时单击"时间重映射"属性前方的 ⏱ 按钮，输入表达式timeRemap*20，如图8-179所示。再次播放会发现视频出现了卡顿的抽帧效果。

图8-179

8.5 课后练习：关键帧动画制作变形球动画

文件路径

实战素材/第8章

操作要点

使用"梯度渐变""高斯模糊""简单阻塞工具""投影""打字机""淡化上升字符"制作变形球动画

案例效果

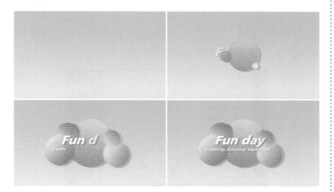

图8-180

操作步骤

步骤01 制作背景

（1）在"项目"面板中，单击鼠标右键选择"新建合成"，在弹出来的"合成设置"面板中设置"合成名称"为01，"预设"为自定义，"宽度"为3840 px，"高度"为2160 px，"帧速率"为30，"持续时间"为5秒。在"时间轴"面板中单击鼠标右键，执行"新建"/"纯色"命令，如图8-181所示。

图8-181

（2）在弹出的"纯色设置"窗口中，设置"颜色"为白色，如图8-182所示。

图 8-182

（3）在"效果和预设"面板中搜索"梯度渐变"效果，将该效果拖到"时间轴"面板中的"白色 纯色 1"图层上，如图8-183所示。

图 8-183

（4）在"时间轴"面板中选中"白色 纯色 1"图层，在"效果控件"面板中展开"梯度渐变"效果，设置"起始颜色"为青色，"结束颜色"为浅青色，如图8-184所示。

图 8-184

此时画面效果如图8-185所示。

图 8-185

步骤02　制作变形球图形

（1）在工具栏中选择 （椭圆工具），设置"填充"类型为线性渐变，接着在"合成面板"按住Shift键的同时按住鼠标左键拖动绘制一个正圆，如图8-186所示。

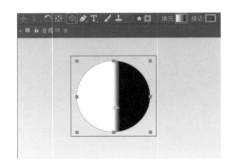

图 8-186

（2）在"时间轴"面板中单击打开形状图层 1下方的"内容"/"椭圆 1"/"椭圆路径 1"，将时间线滑动到起始位置处，单击"大小"前方的 （时间变化秒表）按钮，设置"大小"为（0.0，0.0），接着将时间线滑动到1秒13帧位置，设置"大小"为（1234.8，1234.8）；接着打开"渐变填充 1"，设置"起始点"为（−174.5，1189.8），"结束点"为（84.8，−932.7）；接着打开"变换：椭圆1"，设置"位置"为（8.0，−184.0），如图8-187所示。

图 8-187

（3）在"时间轴"面板中，选中所有关键帧，单击鼠标右键，在弹出的快捷菜单中执行"关键帧辅助"/"缓动"，如图8-188所示。

图 8-188

此时滑动时间线，画面效果如图8-189所示。

图 8-189

（4）继续选择工具栏中的 ◯（椭圆工具），在"合成面板"渐变正圆左侧再次绘制一个小正圆，如图8-190所示。

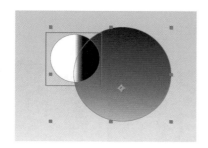

图 8-190

（5）在"时间轴"面板中单击打开形状图层 1 下方的"内容"/"椭圆 2"/"椭圆路径 1"，将时间线滑动到12帧位置处，单击"大小"和"位置"前方的 ◯（时间变化秒表）按钮，设置"大小"为（0.0，0.0），"位置"为（500.0，420.0），接着将时间线滑动到1秒25帧位置，设置"大小"为（620.2，620.2），"位置"为（0.0，0.0）；接着打开"渐变填充 1"，设置"起始点"为（255.8，–248.4），"结束点"为（–210.6，268.7）；接着打开"变换：椭圆 2"，设置"位置"为（–562.7，–412.3），如图8-191所示。

图 8-191

（6）在"时间轴"面板中，选中椭圆 2 的所有关键帧，单击鼠标右键，在弹出的快捷菜单中执行"关键帧辅助"/"缓动"，如图8-192所示。

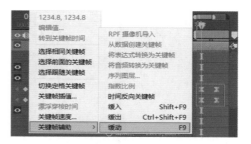

图 8-192

（7）此时滑动时间线，画面效果如图8-193所示。

图 8-193

（8）再次在形状图层 1 选中状态下，使用工具栏中的 ◯（椭圆工具），在小正圆下方绘制一个稍大些的正圆，如图8-194所示。

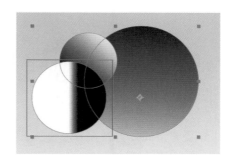

图 8-194

（9）在"时间轴"面板中单击打开形状图层 1 下方的"内容"/"椭圆 3"/"椭圆路径 1"，将时间线滑动到第03帧位置处，单击"大小"和"位置"前方的 ◯（时间变化秒表）按钮，设置"大小"为（0.0，0.0），"位置"为（530.0，–250.0），接着将时间线滑动到1秒23帧位置，设置"大小"为（787.9，787.9），"位置"为（0.0，0.0）；接着打开"渐变填充"，设置"起始点"为（312.4，341.4），"结束点"为（–255.6，–269.5）；接着打开"变换：椭圆 1"，设置"位置"为（–772.1，0.5），如图8-195所示。

（10）在"时间轴"面板中，选中椭圆 3 的所有关键帧，单击鼠标右键，在弹出的快捷菜单中执行"关键帧辅助"/"缓动"，如图8-196所示。

图 8-195

图 8-196

此时滑动时间线，画面效果如图8-197所示。

图 8-197

（11）继续使用同样方法制作其他2个图形，此时滑动时间线，画面效果如图8-198所示。

图 8-198

步骤03　为变形球图形添加效果

（1）在"效果和预设"面板中搜索"高斯模糊"效果，将该效果拖到"时间轴"面板中的形状图层1上。接着在"效果控件"面板展开"高斯模糊"效果，设置"模糊度"为50.0，如图8-199所示。

此时画面效果如图8-200所示。

图 8-199

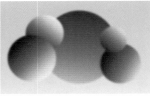

图 8-200

（2）在"效果和预设"面板中搜索"简单阻塞工具"效果，将该效果拖到"时间轴"面板中的形状图层1上。接着在"效果控件"面板展开"简单阻塞工具"效果，设置"阻塞遮罩"为20.00，如图8-201所示。

此时画面效果如图8-202所示。

图 8-201

图 8-202

（3）在"效果和预设"面板中搜索"色调"效果，将该效果拖到"时间轴"面板中的形状图层1上。接着在"效果控件"面板展开"色调"效果，设置"将黑色映射到"为浅粉色，"将白色映射到"为红色，如图8-203所示。

此时画面效果如图8-204所示。

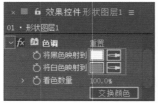

图 8-203

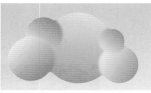

图 8-204

（4）在"效果和预设"面板中搜索"投影"效果，将该效果拖到"时间轴"面板中的形状图层1上。接着在"效果控件"面板展开"投影"效果，设置"阴影颜色"为蓝色，"方向"为（0x+120.0°），"距离"为60.0，设置"柔和度"为20.0，如图8-205所示。

此时形状图层1效果如

图 8-205

图8-206所示。

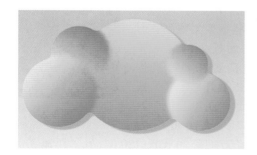

图8-206

形状图形制作完成，滑动时间线，画面效果如图8-207所示。

图8-207

步骤04 制作文本及动画效果

（1）在"字符"面板中设置合适的"字体系列"，设置"填充颜色"为白色，"字体大小"为300像素，单击下方的"仿斜体"，展开"段落"面板，单击■ "右对齐文本"，如图8-208所示。

（2）设置完成后，在"时间轴"面板中空白位置单击鼠标右键，执行"新建"/"文本"命令，在"合成"面板输入文本，如图8-209所示。

图8-208　　　　　　　图8-209

（3）在"时间轴"面板中单击打开文本图层下方的"变换"，设置"位置"为（2448.0，1100.0），如图8-210所示。

图8-210

此时文本效果如图8-211所示。

图8-211

（4）在"效果和预设"面板中搜索"投影"效果，将该效果拖到"时间轴"面板中的文本图层上。接着在"效果控件"面板展开"投影"效果，设置"阴影颜色"为蓝色，"不透明度"为100%，"方向"为（0x+120.0°），"距离"为40.0，如图8-212所示。

此时文本投影效果如图8-213所示。

图8-212　　　　　　图8-213

（5）将时间码设置为10帧，在"效果和预设"面板中搜索"打字机"效果，将该效果拖到"时间轴"面板中的文本图层上，如图8-214所示。

图8-214

此时滑动时间线，文本效果如图8-215所示。

图8-215

图8-216

（6）在"字符"面板中设置合适的"字体系列"，设置"填充颜色"为白色，"字体大小"为95像素，单击下方的"仿斜体"，展开"段落"面板，单击 "右对齐文本"，如图8-216所示。

（7）设置完成后，在"时间轴"面板中空白位置单击鼠标右键，执行"新建"/"文本"命令，在"合成"面板输入文本，如图8-217所示。

图8-217

（8）在"时间轴"面板中，单击打开文本图层下方的"变换"，设置"位置"为（2604.0，1256.0），如图8-218所示。

图8-218

此时文本效果如图8-219所示。

图8-219

（9）在"效果和预设"面板中搜索"投影"效果，将该效果拖到"时间轴"面板中的文本图层上。接着在"效果控件"面板展开"投影"效果，设置"阴影颜色"为蓝色，"不透明度"为

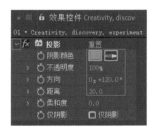

图8-220

100%，"方向"为（0x+120.0°），"距离"为20.0，如图8-220所示。

此时文本投影效果如图8-221所示。

图8-221

（10）将时间码设置为1秒，在"效果和预设"面板中搜索"淡化上升字符"效果，将该效果拖到"时间轴"面板中的文本图层上，如图8-222所示。

图8-222

此时本案例制作完成，滑动时间线，画面效果如图8-223所示。

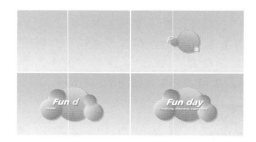

图8-223

本章小结

本章介绍了关键帧动画的应用、关键帧插值、关键帧辅助、图表编辑器、时间重映射、动画预设、表达式动画等内容。通过本章的学习，我们可以完成简单或复杂的动画效果。

第9章
抠像与跟踪

将某个对象从原来的画面中单独提取出来，这个过程就叫做"抠像"。将提取出来的对象放置在新的画面中，就叫作"合成"。需要抠像的对象千差万别，可能边缘清晰、环境干净，也可能边缘复杂，或者呈现半透明效果。针对不同特征的抠图对象，可以选择不同的工具和方法。本章就来系统学习如何抠图。而跟踪是指可以将一个对象跟随另外一个运动的对象，还可以使得拍摄晃动的画面变得稳定。

了解并掌握抠像效果的使用方法
掌握"蒙版"效果的使用方法
熟知"跟踪器"面板与跟踪和稳定效果

学习
目标

思维
导图

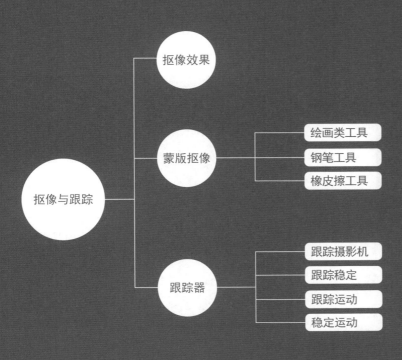

9.1 抠像

　　"抠像"是After Effects中一个非常强大的功能。特效电影、电视剧、广告中大部分都有抠像技术的应用，通过演员在幕布前方表演，并使用After Effects软件将幕布的颜色显示为透明，从而可以显示背景中合成的场景，达到以假乱真的震撼效果，并且在很大程度上能节省拍摄预算。图9-1所示为电影《少年派的奇幻漂流》抠像之前拍摄的视频素材及抠像后合成新背景场景的效果。

图9-1

　　图9-2所示为电影《爱丽丝梦游仙境》抠像之前拍摄的视频素材及抠像后合成新背景场景的效果。

图9-2

 疑难笔记

　　为什么拍摄用于抠像素材的背景是绿色或蓝色，而不是其他颜色？

　　首先要了解抠像原理，抠像简单来说是将视频中的某种颜色对应的画面区域透明化，因此要想保留人物就尽量不要使用与人一致的颜色（如黄色、肉色等），而应该选择色相差别更大的色彩。抠像多用于抠人而非物，而人身上很少有的颜色是绿色或蓝色。例如扣除黄种人时，主要使用蓝色或绿色幕布；而扣除白种人主要使用绿色幕布，因为白种人中有部分人眼睛带有蓝色。除此之外，在拍摄室外抠像素材时，常使用绿幕，因为天空或水面反射可能是蓝色的。

　　那么有人会说，为什么不用纯白色幕布呢，因为人的服装、脸部高光、身体高光、眼睛、镜片等都有可能是白色，在进行扣除时极有可能显示为透明。所以呢，演员在蓝色幕布拍摄时尽量不要穿蓝色衣服，绿色幕布时也不要穿绿色衣服。

9.1.1 认识"抠像"效果

　　为视频更换背景，是特效电影中最常见的特效手法，其主要的应用技术就是"抠像"。常见的抠像素材背景为绿色，拍摄的场地称之为"绿棚"，也就是说演员在绿色的影棚中拍摄，最后使用After Effects等后期处理软件"抠像"去除绿色背景，并合成新的背景。如图9-3～图9-5所示为After Effects中的"抠像"效果组、"Keying"效果组、"过时"效果组中的效果。

图9-4

图9-3　　　　　　　　图9-5

● 亮度键：该效果可抠出图层中具有指定明亮度或亮度的所有区域。

● 颜色键：可抠出与指定的主色相似的所有图像像素。

● Advanced Spill Suppressor（高级溢出抑制器）：可去除用于颜色抠像的彩色背景中的前景主题颜色溢出。

● CC Simple Wire Removal（CC 简单线移除）：主要用于画面中线的扣除，如扣除威亚。

● Key Cleaner（抠像清除器）：用于恢复从抠像效果抠出的场景中的 Alpha 通道细节，包括恢复因压缩伪像而丢失的细节。

● 内部/外部键：需要创建蒙版来定义要隔离的对象的边缘内部和外部。

● 差值遮罩：该效果通过创建透明度，抠出源图层中与差值图层中的位置和颜色匹配的像素。适用于固定摄像机和静止背景拍摄的场景。

● 提取：该效果可创建透明度，通过指定通道的直方图，抠出指定亮度范围。

● 线性颜色键：该效果可将图像的每个像素与指定的主色进行比较。如果像素的颜色与主色近似匹配，则此像素将变得完全透明。

● 颜色范围：该效果可创建透明度，具体方法是在 Lab、YUV 或 RGB 颜色空间中抠出指定的颜色范围。

● 颜色差值键：该效果适合包含透明或半透明区域的图像，如烟雾、婚纱等。

● Keylight（1.2）：该效果在制作专业品质的抠色效果方面表现出色。

拓展笔记

使用 Keylight + Key Cleaner + Advanced Spill Suppressor 进行组合抠像。

在抠像时，除了使用单一抠像效果之外，还可以使用 Keylight+Key Cleaner+Advanced Spill Suppressor 三种效果进行组合抠像效果更好，扣除更干净。使用 Keylight 效果进行抠像；使用 Key Cleaner 效果设置抠像边缘；使用 Advanced Spill Suppressor 效果去除颜色溢出。除此之外，还可以直接在"效果和预设"面板中为素材添加"动画预设"/"Inage-Utilities"/"Keyligit + 抠像清除器 + 高级溢出抑制器"，如图 9-6 所示。

图 9-6

9.1.2 实战：抠像合成科幻镜头

文件路径

实战素材/第9章

操作要点

通过"修剪路径""发光""3D图层""运动模糊"制作光圈，运用"Keylight（1.2）"效果进行抠像，并运用调整图层与"Lumetri 颜色"效果调整画面颜色，制作电子科技感

案例效果

图 9-7

操作步骤

（1）在"项目"面板中右击并选择"新建合成"选项，在弹出的"合成设置"面板中设置"合成名称"为01，"预设"为自定义，"宽度"为1920px，"高度"为"1080px"，"帧速率"为23.976，"持续时间"为6秒1帧。在"时间轴"面板中的空白位置处单击鼠标右键，执行"新建"/"纯色"命令，如图9-8

高级拓展篇

所示。

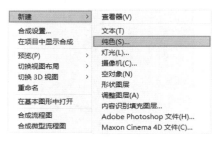

图 9-8

（2）在弹出的"纯色设置"窗口中设置"颜色"为白色，并命名为"白色 纯色 1"，如图 9-9 所示。

图 9-9

（3）执行"文件"/"导入"/"文件…"命令，导入全部素材。在"项目"面板中将 02.mp4 素材拖到"时间轴"面板中，如图 9-10 所示。

图 9-10

此时画面效果如图 9-11 所示。

图 9-11

（4）在"时间轴"面板中激活"运动模糊"按钮 ，如图 9-12 所示。

图 9-12

（5）制作光环动画效果。在不选中任何图层的状态下，在"工具栏"中选择 （椭圆工具），设置"描边"为蓝色，"描边宽度"为 30 像素，然后在"合成"面板中合适位置按住 Shift 键的同时按住鼠标左键拖动绘制一个正圆，如图 9-13 所示。

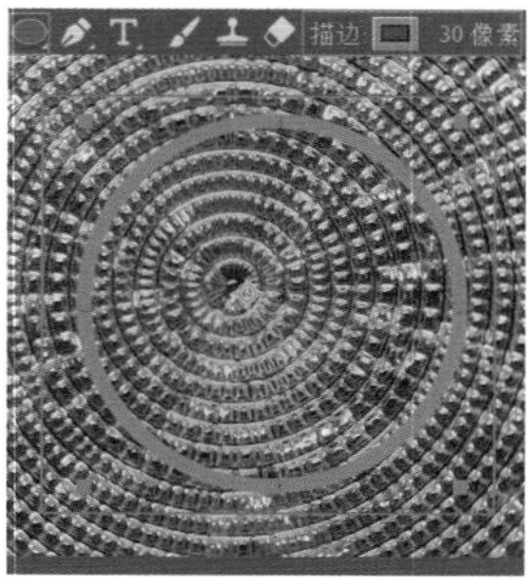

图 9-13

（6）在"时间轴"面板选择形状图层 1，激活"3D图层"按钮 和"运动模糊"按钮 ，接着展开形状图层 1，单击"添加： "按钮，在弹出的快捷菜单中执行"修剪路径"命令，如图 9-14 所示。

图 9-14

（7）展开形状图层 1 下方的"内容"/"椭圆 1"/"修剪路径 1"，将时间线滑动到起始位置，单击"结束"和"偏移"前方的 （时间变化秒表）按钮，设置"结束"为 71.0%，设置"偏移"为（0x+0.0°）；将时间线滑动到结束时间位置处，设置"结束"为 8.0%，设置"偏移"为（2x+0.0°），如图 9-15 所示。

图 9-15

此时滑动时间线，蓝色描边正圆画面效果如图9-16所示。

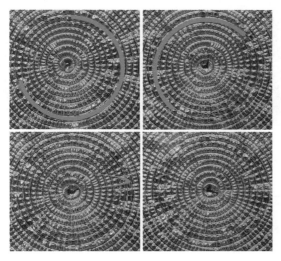

图9-16

（8）展开形状图层1下方的"变换"，将时间线滑动到2秒18帧，单击"位置"和"方向"前方的⏱（时间变化秒表）按钮，设置"位置"为（906.0,526.0,0.0），设置"方向"为（0.0°，0.0°，0.0°），再次将时间线滑动到3秒位置处，设置"位置"为（906.0,435.0,0.0），设置"方向"为（280.0°,0.0°，0.0°），如图9-17所示。

图9-17

（9）在"效果和预设"面板中搜索"发光"效果。然后将该效果拖到"时间轴"面板中的形状图层1上，如图9-18所示。

图9-18

（10）在"时间轴"面板中单击打开形状图层1下方的"效果"/"发光"，设置"发光半径"为60.0，设置"发光强度"为100.0，如图9-19所示。

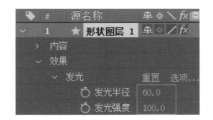

图9-19

滑动时间线查看制作效果，如图9-20所示。

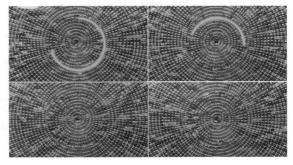

图9-20

（11）在不选中任何图层的状态下，在"工具栏"中选择◯（椭圆工具），设置"描边"为蓝色，"大小"为20像素，然后在"合成"面板中合适位置按住Shift键的同时按住鼠标左键拖动绘制一个正圆，如图9-21所示。

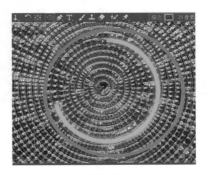

图9-21

（12）在"时间轴"面板选择形状图层2，激活"3D图层"按钮◧和"运动模糊"按钮◯，接着展开形状图层2，单击"添加：▶"按钮，在弹出的快捷菜单中执行"修剪路径"命令，如图9-22所示。

图9-22

（13）展开形状图层2下方的"内容"/"椭圆1"/"修剪路径1"，将时间线滑动到起始位置，单击"结束"和"偏移"前方的 ⏱ （时间变化秒表）按钮，设置"结束"为10.0%，设置"偏移"为（0x-90.0°）；将时间线滑动到结束时间位置处，设置"结束"为30.0%，设置"偏移"为（1x+60.0°），如图9-23所示。

图9-23

（14）展开形状图层2下方的"变换"，将时间线滑动到2秒18帧，单击"位置"和"方向"前方的 ⏱ （时间变化秒表）按钮，设置"位置"为（906.0，526.0，0.0），设置"方向"为（0.0°，0.0°，0.0°），再次将时间线滑动到3秒位置处，设置"位置"为（906.0，435.0，0.0），设置"方向"为（280.0°，0.0°，0.0°），如图9-24所示。

图9-24

（15）在"时间轴"面板展开形状图层1下方的"效果"，选择发光效果，使用快捷键Ctrl+C进行复制，选择形状图层2使用快捷键Ctrl+V进行粘贴，如图9-25所示。

图9-25

滑动时间线查看制作效果，如图9-26所示。

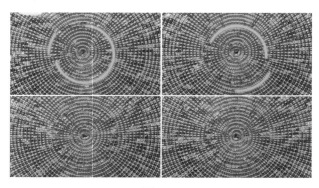

图9-26

（16）在不选中人格图层状态下，在"工具栏"中选择 ⬭ （椭圆工具），设置"描边"为蓝色，"大小"为10像素，然后在"合成"面板中合适位置按住Shift键的同时按住鼠标左键拖动绘制一个正圆，如图9-27所示。

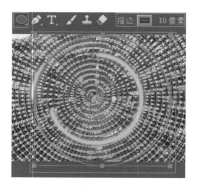

图9-27

（17）在"时间轴"面板选择形状图层3，激活"3D图层"按钮 ⬢ 和"运动模糊"按钮 ⬭ ，接着展开形状图层3，单击"添加：⊙"按钮，在弹出的快捷菜单中执行"修剪路径"命令，如图9-28所示。

图9-28

（18）展开形状图层3下方的"内容"/"椭圆1"/"修剪路径1"，将时间线滑动到起始位置，单击"结束"和"偏移"前方的 ⏱ （时间变化秒表）按钮，设置"结束"为4.0%，设置"偏移"为（0x-233.0°）；将时间线滑动到结束时间位置处，设置"结束"为52.0%，设置"偏移"为（0x+198.0°），如图9-29所示。

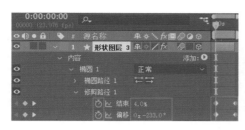

图9-29

（19）展开形状图层3下方的"变换"，将时间线滑动到2秒18帧，单击"位置"和"方向"前方的 ⏱（时间变化秒表）按钮，设置"位置"为（906.0，526.0，0.0），设置"方向"为（0.0°，0.0°，0.0°），再次将时间线滑动到3秒位置处，设置"位置"为（906.0，662.0，0.0），设置"方向"为（280.0°，0.0°，0.0°），如图9-30所示。

图9-30

（20）在"时间轴"面板展开形状图层1下方的"效果"，选择发光效果，使用快捷键Ctrl+C进行复制，选择形状图层2使用快捷键Ctrl+V进行粘贴，如图9-31所示。

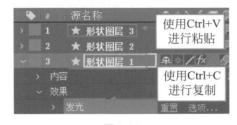

图9-31

滑动时间线查看制作效果，如图9-32所示。

图9-32

（21）导入人像视频素材，并进行抠像合成。在"项目"面板中将01.mp4素材拖到"时间轴"面板中，并激活"3D图层"按钮 ⬚，展开01.mp4素材图层下方的"变换"，设置"位置"为（746.0，526.0，0.0），如图9-33所示。

图9-33

此时画面效果如图9-34所示。

图9-34

（22）在"效果和预设"面板中搜索"Keylight（1.2）"效果。然后将该效果拖到"时间轴"面板中的01.mp4图层上，如图9-35所示。

图9-35

（23）在"时间轴"面板中单击选择01.mp4图层，接着在"效果控件"面板中展开"Keylight（1.2）"，单击Screen Colour后方 ▣（吸管工具），接着将光标移动到合成面板中绿色背景处，单击鼠标左键进行吸取，此时将Screen Colour后方的色块变为绿色，设置"Screen Cain"为105.0，设置"Screen Balance"为60.0，如图9-36所示。

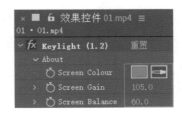

图9-36

高级拓展篇

此时画面效果如图 9-37 所示。

图 9-37

（24）整体进行调色。在"时间轴"面板中的空白位置处单击鼠标右键，执行"新建"/"调整图层"命令，目的是整体进行调色，如图 9-38 所示。

图 9-38

（25）在"效果和预设"面板中搜索"Lumetri 颜色"效果，将该效果拖到"时间轴"面板中的调整图层上，如图 9-39 所示。

图 9-39

（26）在"效果控件"面板中展开"Lumetri 颜色"/"基本校正"/"白平衡"，设置"色温"为 –130.0，接着展开"音调"，设置"曝光度"为 0.1，"对比度"为 50.0，"高光"为 –50.0，"阴影"为 130.0，"白色"为 10.0，"黑色"为 –30.0，如图 9-40 所示。

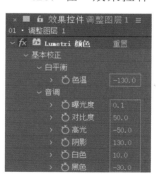

图 9-40

此时画面效果如图 9-41 所示。

图 9-41

（27）展开"曲线"/"RGB 曲线"/"RGB 曲线"。首先将"通道"设置为 RGB 通道，在曲线上单击添加一个控制点，适当向右下角调整曲线形状；接着设置"通道"为红色，在红色曲线上单击添加一个控制点向左上角拖动；将"通道"设置为绿色，在曲线上单击添加一个控制点，适当向右下角调整曲线形状，如图 9-42 所示。

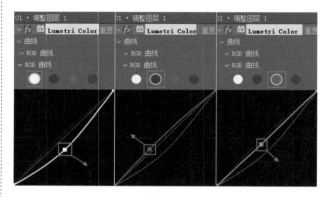

图 9-42

（28）展开"色相饱和度曲线"/"色相与饱和度"，在曲线上单击添加控制点，调整曲线形状，如图 9-43 所示。

图 9-43

此时本案例制作完成，滑动时间线查看案例制作效果，如图9-44所示。

图9-44

疑难笔记

拍摄用于抠像的视频素材有何要求？

1.拍摄尽量清晰。尽量选择更好的拍摄设备，并设置更高清的拍摄质量参数。

2.拍摄的背景绿幕或蓝幕尽量要平整、少褶皱。

3.拍摄的光源尽量与要合成背景的光照方向、光照强度等一致。

9.2 蒙版

"蒙版"是指将画面中部分位置透明化，使其透过当前位置并可以看到背景。在After Effects中有多种工具可以绘制蒙版效果。形状图层的不同绘制工具见表9-1。

表 9-1 形状图层的不同绘制工具

工具名称	矩形工具	圆角矩形工具	椭圆工具	多边形工具
图示				
工具名称	星形工具	钢笔工具	橡皮擦工具	
图示				

9.2.1 认识"蒙版"工具

在After Effects中蒙版工具有很多类，主要包括绘图类工具、钢笔工具、橡皮擦工具。

1.绘图类工具

绘图类工具是After Effects中最常用的蒙版工具类型，包括矩形工具、圆角矩形工具、椭圆工具、多边形工具、星形工具，如图9-45所示。

（1）新建一个白色的纯色图层，并将图片素材拖动至纯色图层上方，如图

图9-45

9-46所示。

（2）选中图片素材，使用工具栏中的"矩形工具"，在合成面板中拖动鼠标左键，绘制出矩形蒙版。由于图片素材下方为白色，因此最终效果显现出了白色的边缘，如图9-47所示。

图9-46　　　　　　　　图9-47

（3）展开"蒙版"/"蒙版1"，适当增大"蒙版羽化"，如图9-48所示。

图9-48

此时蒙版边缘变得模糊，如图9-49所示。

（4）若勾选"反转"，蒙版则产生了反转选择的效果，如图9-50所示。

图9-49　　　　　　　　图9-50

（5）了解了"矩形工具"绘制蒙版的方法后，可以试着使用其他几种工具绘制不同的蒙版效果。选择图片素材，使用"椭圆工具"在合成面板绘制圆形，并设置"蒙版2"的模式为"相减"，如图9-51所示。

图9-51

效果如图9-52所示。

（6）继续使用其他几种绘图工具在画面中进行绘制蒙版，并分别依次设置模式为"相减"，效果如图9-53所示。

图9-52　　　　　　　　图9-53

最终画面效果如图9-54所示。

图9-54

拓展笔记

在绘制"圆角矩形"时，可以在绘制的过程中按住键盘的方向键↑或↓，即可扩大或缩小圆角大小，如图9-55和图9-56所示。

图9-55　　　　　　　　图9-56

2.钢笔工具

"钢笔工具"可以绘制任意的蒙版形状，并可以在绘制完成后通过使用添加"顶点"工具、删除"顶点"工具、转换"顶点"工具调整蒙版形态。钢笔工具组如图9-57所示。

（1）新建黄色纯色图层，将图片素材导入至纯色上方，如图9-58所示。

图9-57

图9-58

（2）使用"钢笔工具"在画面左下角绘制闭合的三角形，如图9-59所示。

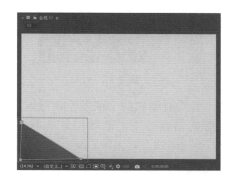

图9-59

（3）勾选"蒙版1"的"反转"，如图9-60所示。

图9-60

此时画面遮罩效果如图9-61所示。

图9-61

（4）在右上角绘制一个闭合的三角形，如图9-62所示。

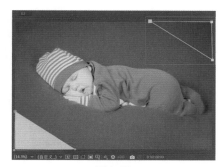

图9-62

（5）设置"蒙版2"的模式为"相减"，如图9-63所示。

图9-63

最终蒙版效果如图9-64所示。

图9-64

3.橡皮擦工具

橡皮擦工具可以将素材擦除部分区域，使其产生完全透明或半透明的效果。图9-65所示为工具栏中的该工具位置。

图9-65

（1）导入背景图片素材和照片素材，照片素材放置在上层，如图9-66所示。

图9-66

（2）双击照片素材，进入"图层"面板，如图9-67所示。

图 9-67

（3）单击"橡皮擦工具"，进入"画笔"面板，设置合适的"画笔笔刷类型""直径"等参数。进入"绘画"面板，设置合适的"不透明""流量"等参数，如图9-68所示。

图 9-68

（4）在"图层"面板中围绕画面四周拖动擦除，如图9-69所示。

图 9-69

（5）单击"合成"面板，此时效果如图9-70所示。

图 9-70

当为一个图层添加两个或多个蒙版时，可以设置各个蒙版的结合方式，选项位置如图9-71所示。两个蒙版的不同结合方式见表9-2。

图 9-71

表 9-2　两个蒙版的不同结合方式

文字类型	相加 + 相加	相减 + 相加	相加 + 相减	相加 + 交集
图示				
文字类型	相加 + 差值	相减 + 相减	相减 + 交集	
图示				

9.2.2 实战：使用蒙版制作撕裂特效

文件路径

实战素材/第9章

操作要点

使用钢笔工具绘制撕裂纸张遮罩

案例效果

图9-72

操作步骤

（1）在"项目"面板中右击并选择"新建合成"选项，在弹出的"合成设置"面板中设置"合成名称"为合成1，"预设"为自定义，"宽度"为1150px，"高度"为768px，"帧速率"为29.97，"持续时间"为5秒，单击"确定"按钮。执行"文件"/"导入"/"文件…"命令，导入全部素材。在"项目"面板中将人像.jpg素材拖到"时间轴"面板中，如图9-73所示。

图9-73

（2）在"时间轴"面板中单击打开人像.jpg图层下方的"变换"，设置"缩放"为（64.0，64.0%），如图9-74所示。

图9-74

此时画面效果如图9-75所示。

图9-75

（3）在"项目"面板中将背景.jpg素材拖到"时间轴"面板中。接着单击打开背景.jpg图层下方的"变换"，设置"缩放"为（23.6，23.6%），如图9-76所示。

图9-76

此时画面效果如图9-77所示。

图9-77

（4）绘制形状遮罩。为了便于操作，选择背景.jpg图层，单击该图层前的 ◉（隐藏/显现）按钮，将其进行隐藏。接着在工具栏中选择 ✎（钢笔工具），在撕裂纸张的外围单击鼠标左键建立锚点，绘制出撕裂纸张的外围，在绘制时可调整锚点两端控制点改变路径形状，如图9-78所示。

（5）再次单击该图层前的 ◉（隐藏/显现）按钮，将背景.jpg图层进行显现，画面效果如图9-79所示。

高级拓展篇

图9-78

图9-79

（6）在"时间轴"面板中单击打开背景.jpg图层下方的"蒙版"，并勾选"反转"，如图9-80所示。

图9-80

此时本案例制作完成，滑动时间线，案例效果如图9-81所示。

图9-81

拓展笔记

从Illustrator复制路径到After Effects中使用。

同时打开两个软件，在Illustrator中选择路径并按快捷键Ctrl+C复制，进入After Effects中选择图层并按快捷键Ctrl+V粘贴即可。

9.2.3 实战：使用蒙版制作"魔镜"特效

文件路径

实战素材/第9章

操作要点

通过蒙版与"内阴影"命令制作魔镜效果，并使用

"Lumetri 颜色"调整画面颜色

案例效果

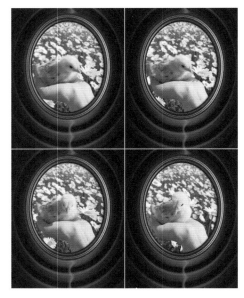
图9-82

操作步骤

（1）在"项目"面板中右击并选择"新建合成"选项，在弹出的"合成设置"面板中设置"合成名称"为01，"预设"为自定义，"宽度"为794；"高度"为1015，"帧速率"为25，"持续时间"为2秒。执行"文件"/"导入"/"文件…"命令，导入全部素材。在"项目"面板中将背景jpg素材拖到"时间轴"面板中，如图9-83所示。

图9-83

（2）在"时间轴"面板中单击打开背景.jpg图层下方的"变换"，设置"位置"为（373.0，679.5），"缩放"为（35.0，35.0%），如图9-84所示。

图9-84

此时画面效果如图9-85所示。

图9-85

（3）在"项目"面板中将01.mp4素材拖到"时间轴"面板中。在"时间轴"面板中单击打开01.mp4图层下方的"变换"，设置"位置"为（404.0，414.5），"缩放"为（36.0，36.0%），如图9-86所示。

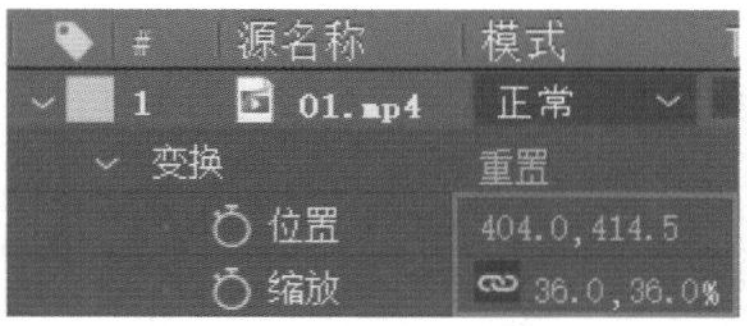

图9-86

此时画面效果如图9-87所示。

图9-87

（4）在"时间轴"面板中选中01.mp4素材，在"工具栏"中选择 ⬭（椭圆工具），将光标移动到"合成"面板中，在合适位置按住鼠标左键进行拖动绘制一个椭圆形蒙版，如图9-88所示。

图9-88

（5）在"时间轴"面板中右击01.mp4图层，在弹出的快捷菜单中执行"图层样式"/"内阴影"命令，如图9-89所示。

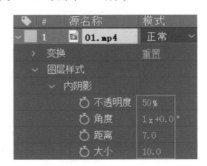

图9-89

（6）在"时间轴"面板中单击打开01.mp4图层下方的"图层样式"/"内阴影"，设置"不透明度"为50%，"角度"为（1x+0.0°），"距离"为7.0，"大小"为10.0，如图9-90所示。

图9-90

此时01.mp4画面效果如图9-91所示。

（7）在"效果和预设"面板中搜索"Lumetri颜色"效果，将该效果拖到"时间轴"面板中的01.mp4图层上，如图9-92所示。

图9-91

图9-92

（8）在"效果控件"面板中展开"Lumetri 颜色"/"基本校正"/"白平衡"，设置"色温"为–45.7，"色调"为30.9，接着展开"音调"，设置"曝光度"为0.3，"对比度"为50.6，"高光"为–55.0，"阴影"为–18.5，"白色"为–16.0，"黑色"为–8.6，如图9-93所示。

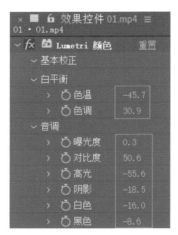

图9-93

此时画面效果如图9-94所示。

（9）展开"创意"/"分离色调"，将"阴影淡色"的控制点向右下适当拖动；将"高光色调"的控制点向左上适当拖动，如图9-95所示。

图9-94

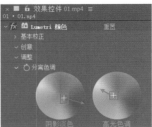

图9-95

（10）展开"曲线"/"RGB 曲线"/"RGB 曲线"，将"通道"设置为RGB通道，在曲线上单击添加一个控制点，适当向左上角调整曲线形状；接着设置"通道"为红色，在红色曲线上单击添加一个控制点向右下角拖动，减少画面中红色数量；将"通道"设置为绿色，在曲线上单击添加一个控制点，适当向左上角调整曲线形状，最后将"通道"设置为蓝色，在蓝色曲线上单击添加一个控制点向右下角拖动，如图9-96所示。

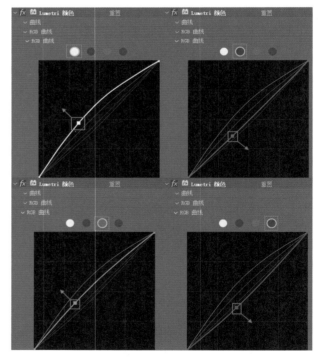

图9-96

（11）展开"色相饱和度曲线"/"色相与饱和度"，在曲线上单击添加控制点，调整曲线形状，如图9-97所示。

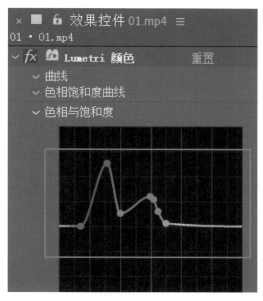

图 9-97

此时本案例制作完成，画面效果如图 9-98 所示。

图 9-98

9.2.4 实战：使用蒙版制作拼贴广告

文件路径

实战素材 / 第 9 章

操作要点

使用钢笔工具绘制喇叭吹出的气泡遮罩及左上角正圆遮罩

案例效果

图 9-99

操作步骤

（1）在"项目"面板中右击并选择"新建合成"选项，在弹出的"合成设置"面板中设置"合成名称"为 1，"预设"为自定义，"宽度"为 1000px，"高度"为 1500px，"帧速率"为 24，"持续时间"为 5 秒。执行"文件" / "导入" / "文件…"命令，导入全部素材。在"项目"面板中将 1.jpg 与 2.jpg 素材拖到"时间轴"面板中，如图 9-100 所示。

图 9-100

（2）在"项目"面板中将 2.jpg 素材拖到"时间轴"面板中。在"时间轴"面板中单击打开 2.jpg 图层下方的"变换"，设置"位置"为（592.0，610.0），"旋转"为（0x-45.0°），如图 9-101 所示。

图 9-101

高级拓展篇

此时画面效果如图9-102所示。

图9-102

（3）绘制形状遮罩。为了便于操作，选择2.jpg图层，单击该图层前的 ●（隐藏/显现）按钮，将其进行隐藏。接着在工具栏中选择 ✐（钢笔工具），在喇叭吹出的方向单击鼠标左键建立锚点，绘制一个气泡形状，在绘制时可调整锚点两端控制点改变路径形状，如图9-103所示。

（4）再次单击该图层前的 ●（隐藏/显现）按钮，将2.jpg图层进行显现，画面效果如图9-104所示。

图9-103　　　　　　　图9-104

（5）在"项目"面板中再次选择2.jpg素材文件，按住鼠标左键拖拽到"时间轴"面板最上层，如图9-105所示。

（6）在"时间轴"面板中单击打开2.jpg图层（图层1）下方的"变换"，设置"位置"为（294.0，118.0），"旋转"为（0×+17°），如图9-106所示。

图9-105

图9-106

此时画面效果如图9-107所示。

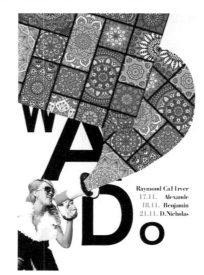

图9-107

（7）在工具栏中选择 ◯（椭圆工具），接着在2.jpg素材上方合适位置按住Shift键的同时按住鼠标左键绘制一个正圆，如图9-108所示。

（8）以同样的方式继续绘制不同大小的正圆遮罩，如图9-109所示。

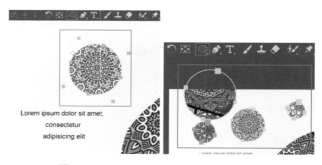

图9-108　　　　　　　图9-109

此时本案例制作完成，画面效果如图9-110所示。

图9-110

9.2.5 实战：使用蒙版制作长腿效果

实战素材/第9章

操作要点

使用"矩形工具"在素材中绘制蒙版并移动到合适位置，制作出长腿效果

案例效果

图9-111

操作步骤

（1）执行"文件"/"导入"/"文件…"命令，导入01.mp4素材。在"项目"面板中将01.mp4素材拖到"时间轴"面板中，此时在"项目"面板中自动生成与素材尺寸等大的合成。在"项目"面板中再次将01.mp4素材拖到"时间轴"面板中，如图9-112所示。

图9-112

此时画面效果如图9-113所示。

（2）在"时间轴"面板中选中图层1的01.mp4素材，在"工具栏"中选择▢（矩形工具），将光标移动到"合成"面板中，在腿部位置按住鼠标左键进行拖动绘制一个矩形蒙版，如图9-114所示。

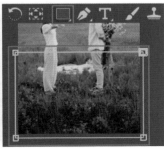

图9-113　　　　　图9-114

（3）在"时间轴"面板中单击打开图层1的01.mp4图层下方的"蒙版"，设置"蒙版羽化"为（40.0，40.0）像素，如图9-115所示。

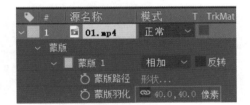

图9-115

高级拓展篇

285

（4）在"时间轴"面板中单击打开01.mp4图层下方的"变换"，取消"缩放"的约束比例，设置"缩放"为（100.0，108.0%），如图9-116所示。

图9-116

此时本案例制作完成，制作前后对比效果如图9-117所示。

图9-117

9.2.6 实战：画笔工具制作唯美柔和视频

文件路径

实战素材/第9章

操作要点

使用"画笔工具"并在画笔及绘画面板调整参数，然后在"图层"面板中进行涂抹，制作朦胧感。最后使用"曲线"调整画面亮度

案例效果

图9-118

操作步骤

（1）导入素材。执行"文件"/"导入"/"文件…"命令，导入01.mp4素材。在"项目"面板中将01.mp4素材拖到"时间轴"面板中，此时在"项目"面板中自动生成与素材尺寸等大的合成，如图9-119所示。

图9-119

此时画面效果如图9-120所示。

图9-120

（2）使用"画笔工具"绘制朦胧感。在"时间轴"面板中双击01.mp4素材图层，此时进入"图层"面板，然后在"工具栏"中单击选择"画笔工具"，在"画笔"面板中设置"直径"为228像素。在"绘画"面板中设置"颜色"为绿色，"不透明度"为59%，如图9-121所示。

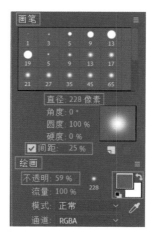

图9-121

（3）设置完成后，在"图层"面板左上角边缘按住鼠标左键拖动进行涂抹，如图9-122所示。

图9-122

（4）继续使用画笔工具在画面边缘合适位置按住鼠标左键拖动进行反复涂抹，此时画面效果如图9-123所示。

图9-123

（5）画面四周呈现一种朦胧感。绘制完成后，单击进入"合成"面板，效果如图9-124所示。

图9-124

（6）在"效果和预设"面板中搜索"曲线"效果，将该效果拖到"时间轴"面板中的01.mp4图层上，如图9-125所示。

图9-125

（7）在"效果控件"面板中打开"曲线"效果，首先将"通道"设置为RGB，在曲线上单击添加两个控制点，分别适当向左上角调整曲线形状，如图9-126所示。

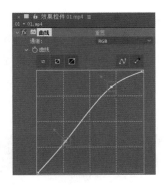

图9-126

此时本案例制作完成，滑动时间线观察画面效果，如9-127所示。

图9-127

9.2.7 实战："轨道遮罩键"制作图像填充文字效果

文件路径

实战素材/第9章

操作要点

使用轨道遮罩键制作出文字与图片一起的感觉

案例效果

图9-128

操作步骤

（1）在"项目"面板中右击并选择"新建合成"选项，在弹出的"合成设置"面板中设置"合成名称"为01，"预设"为自定义，"宽度"为3000px，"高度"为2000px，"帧速率"为25，"持续时间"为5秒。在"时间轴"面板中的空白位置处单击鼠标右键，执行"新建"/"纯色"命令。接着在弹出的"纯色设置"窗口中设置"颜色"为白色，并命名"白色 纯色 1"，如图9-129所示。

图9-129

（2）执行"文件"/"导入"/"文件…"命令，导入全部素材。在"项目"面板中将01.jpg素材拖到"时间轴"面板中，如图9-130所示。

图9-130

此时画面效果如图9-131所示。

图9-131

（3）在"时间轴"面板中单击打开01.jpg图层下方的"变换"，设置"位置"为（1551.8，599.6），如图9-132所示。

图9-132

（4）在"时间轴"面板中的空白位置处单击鼠标右键选择"新建"/"文本"，接着在"字符"面板中设置合适的"字体系列"，设置"填充颜色"为蓝色，设置"字体大小"为850像素，"垂直缩放"为100%，"水平缩放"为100%。然后单击"全部大写字母"，在"段落"面板中选择 ▤ "居中对齐文本"，如图9-133所示。

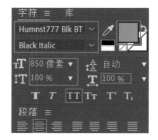

图9-133

（5）设置完成后输入"Enjoy"，如图9-134所示。

图9-134

（6）在"时间轴"面板中单击打开文字图层下方的"变换"，设置"位置"为（1517.1，1405.8），如图9-135所示。

图9-135

（7）在"时间轴"面板中选择01.jpg图层。设置"轨道遮罩"为Alpha遮罩"Enjoy"，如图9-136所示。

图9-136

此时画面效果如图9-137所示。

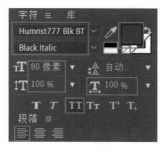

图9-137

（8）在"时间轴"面板中的空白位置处单击鼠标右键选择"新建"/"文本"，接着在"字符"面板中设置合适的"字体系列"，设置"填充颜色"为深绿色，设置"字体大小"为80像素，"垂直缩放"为100%；"水平缩放"为100%，然后单击"全部大写字母"，在"段落"面板中选择 "右对齐文本"，如图9-138所示。

图9-138

（9）设置完成后输入合适的文本，如图9-139所示。

图9-139

（10）在"时间轴"面板中单击打开图层1的文字图层下方的"变换"，设置"位置"为（1856.0，1549.8），如图9-140所示。

图9-140

此时本案例制作完成，效果如图9-141所示。

图9-141

拓展笔记

为蒙版设置关键帧动画，也可以制作出有趣的动画效果。

选择图层2中的文字图层，使用"钢笔工具"在"合成"面板中单击绘制图形，如图9-142所示。

图9-142

在下方合适位置绘制一个闭合的路径，如图9-143所示。

图9-143

将时间轴移动至第0帧，单击"蒙版路径"前方的（时间变化秒表）按钮 ，如图9-144所示。

图9-144

将时间轴移动至第1秒，如图9-145所示。

图9-145

重新修改蒙版的形状，如图9-146所示。

图 9-146

将时间轴移动至第 2 秒，如图 9-147 所示。

图 9-147

重新修改蒙版的形状，如图 9-148 所示。

图 9-148

将时间轴移动至第 3 秒，如图 9-149 所示。

图 9-149

重新修改蒙版的形状，如图 9-150 所示。

图 9-150

最终就出现更丰富的遮罩动画效果，如图 9-151
所示。

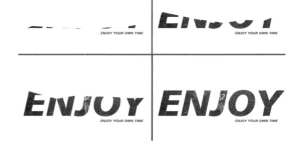

图 9-151

9.2.8　实战：使用蒙版制作文字穿梭城市动画

文件路径

实战素材/第 9 章

操作要点

为图片素材中的部分高楼绘制蒙版，并为文字设置位置动
画，使其产生文字穿梭的动画效果，最后设置摄影机动画，
制作出推进动画

案例效果

图 9-152

操作步骤

（1）执行"文件"/"导入"/"文件…"命令，导入全部素材。在"项目"面板中将01.jpg素材拖到"时间轴"面板中，此时在"项目"面板中自动生成与素材尺寸等大的合成，如图9-153所示。

图9-153

查看此时画面效果如图9-154所示。

图9-154

（2）在"时间轴"面板中01.jpg图层的后方开启  部分（3D图层），如图9-155所示。

图9-155

（3）在"时间轴"面板中的空白位置处单击鼠标右键选择"新建"/"文本"，接着在"字符"面板中设置合适的"字体系列"，设置"填充颜色"为白色，设置"字体大小"为260像素，"垂直缩放"为99%，"水平缩放"为116%。然后单击"全部大写字母"，在"段落"面板中选择 ▤ "右对齐文本"，设置"首行缩进"为200像素，如图9-156所示。

（4）设置完成后输入"City Light"，如图9-157所示。

（5）在"时间轴"面板中开启文字图层的 部分（3D

图9-156

图9-157

图层），单击展开文字图层下方的"变换"。将时间线滑动至起始时间位置处，单击"位置"前方的 ⏱ （时间变化秒表）按钮，设置"位置"为（1382.5，650.0，0.0），将时间线滑动到5秒位置处，设置"位置"为（1495.5，650.0，0.0）。取消缩放的"约束比例"，设置"缩放"为（100.0，−100.0，100.0），"不透明度"为30%，如图9-158所示。

图9-158

滑动时间线可以看到文字缓慢向右侧移动，如图9-159所示。

图9-159

（6）在"效果和预设"面板中搜索"波纹"效果，将该效果拖到"时间轴"面板中的文本图层上，如图9-160所示。

图9-160

高级拓展篇

（7）在"时间轴"面板中单击展开文字图层下方的"效果"/"波纹"，设置"半径"为33.0，"波形宽度"为80.0，如图9-161所示。

（8）在"时间轴"面板中的空白位置处单击鼠标右键选择"新建"/"文本"，接着在"字符"面板中设置合适的"字体系列"，设置"填充颜色"为白色，设置"字体大小"为260像素，"垂直缩放"为99%，"水平缩放"为116%。然后单击"全部大写字母"，在"段落"面板中选择▤"右对齐文本"，如图9-162所示。

图9-161　　　　　　图9-162

（9）设置完成后输入"City Light"，如图9-163所示。

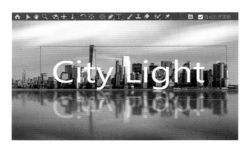

图9-163

（10）在"时间轴"面板中开启文字图层的⬛（3D图层），单击展开文字图层下方的"变换"。将时间线滑动至起始时间位置处，单击"位置"前方的⏱（时间变化秒表）按钮，设置"位置"为（1382.5，528.6，0.0），将时间线滑动到5秒位置处，设置"位置"为（1495.5，528.6，0.0），如图9-164所示。

图9-164

（11）在"项目"面板中将01.jpg素材拖到"时间轴"面板中，并开启"3D图层"按钮，如图9-165所示。

图9-165

（12）制作文字穿梭于城市大厦之间的效果，可以使用"钢笔工具"对新导入的01.jpg素材绘制几个大厦位置的闭合图形，即可单独将这几个大厦提取出来。在"时间轴"面板中选中01.jpg素材，在"工具栏"中选择🖋（钢笔工具），将光标移动到"合成"面板中，在合适位置绘制一个蒙版，如图9-166所示。

图9-166

（13）使用同样的方法在01.jpg素材图层上绘制合适的蒙版，如图9-167所示。

图9-167

（14）在"时间轴"面板中右键单击空白位置，在弹出的快捷菜单中，执行"新建/摄影机"，在弹出的"摄影机设置"窗口中单击确定按钮，如图9-168所示。

图 9-168

（15）在"时间轴"面板中点击摄影机图层，展开"摄像机选项"，设置"缩放"为2742.0像素，"焦距"为2742.0像素，"光圈"为76.9像素，如图9-169所示。

图 9-169

（16）在"时间轴"面板中单击展开摄影机图层下方的"变换"。将时间线滑动至起始时间位置处，单击"位置"前方的 ⏱ （时间变化秒表）按钮，设置"位置"为（1002.5，521.0，–2742.0），将时间线滑动到5秒位置处，设置"位置"为（1002.5，521.0，–2500.0），如图9-170所示。

图 9-170

此时本案例制作完成，滑动时间线查看案例制作效果，如图9-171所示。

图 9-171

9.3 跟踪器

"跟踪器"是After Effects中强大的功能之一，可以将视频的运动路径自动跟踪处理，从而合成进去的元素可以毫无违和地跟随晃动或运动。除了跟踪外，"跟踪器"面板中还可以进行稳定操作，如将拍摄的晃动画面稳定处理。

9.3.1 认识"跟踪器"工具

菜单栏中执行"窗口"/"跟踪器"，此时即可调出跟踪器面板，如图9-172所示。

- 跟踪摄像机：主要用于分析后根据跟踪点自动制作3D效果。
- 跟踪运动：主要用于制作多个图层的2D追踪效果。选择某一素材进行分析，根据设置的跟踪点制作单个或多个图层跟踪效果。
- 变形稳定器：可使用变形稳定器效果稳定运动。它可消除因摄像机移动造

图 9-172

293

成的抖动，从而可将摇晃的手持素材转变为稳定、流畅的拍摄内容。

● 稳定运动：该功能用于稳定由于手持摄像机拍摄的视频晃动导致的不稳定镜头。

重点笔记

可以在跟踪时选择跟踪方式

1.单点跟踪：跟踪影片中的单个参考样式（小面积像素）来记录位置数据。

2.两点跟踪：跟踪影片中的两个参考样式，并使用两个跟踪点之间的关系来记录位置、缩放和旋转数据。

3.四点跟踪或边角定位跟踪：跟踪影片中的四个参考样式来记录位置、缩放和旋转数据。这四个跟踪器会分析四个参考样式之间的关系。

4.多点跟踪：随意跟踪多个参考样式。可以在"分析运动"和"稳定"行为中手动添加跟踪器。

9.3.2 实战：跟踪替换手机视频

文件路径

实战素材/第9章

操作要点

使用"跟踪运动"与"线性颜色键"替换手机视频

案例效果

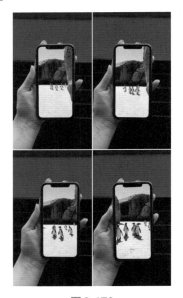

图 9-173

操作步骤

（1）执行"文件"/"导入"/"文件…"命令，导入全部素材。在"项目"面板中将01.mp4素材拖到"时间轴"面板中，此时在"项目"面板中自动生成与素材尺寸等大的合成。接着在"项目"面板中将02.mp4素材拖到"时间轴"面板中01.mp4素材图层下方，如图9-174所示。

此时画面效果如图9-175所示。

（2）在"时间轴"中将时间线滑动至起始时间位置处，如图9-176所示。

图 9-174

图 9-176　　　　　　　图 9-175

（3）在"时间轴"面板中选择01.mp4素材图层，接着在"跟踪器"面板中单击"跟踪运动"，如图9-177所示。

（4）在"跟踪器"面板中设置"跟踪类型"为"透视边角定位"，如图9-178所示。

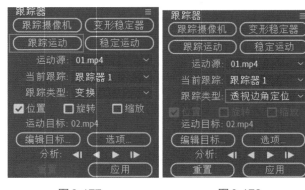

图 9-177　　　　　　　图 9-178

（5）在"合成"面板中调整4个跟踪点到手机四角的黑白缝隙上，如图179所示。

（6）在"跟踪器"面板中单击"编辑目标"，如图9-180所示。

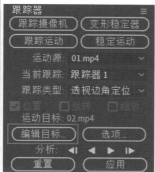

图9-179　　　　　　　　图9-180

（7）在弹出的"运动目标"窗口中设置"图层"为2.02.mp4，接着单击"确定"按钮，如图9-181所示。

图9-181

（8）在"跟踪器"面板中单击"向前分析"，分析结束后单击"应用"按钮，如图9-182所示。

（9）在"效果和预设"面板中搜索"线性颜色键"效果，将该效果拖到"时间轴"面板中的01.mp4素材图层上，如图9-183所示。

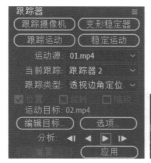

图9-182　　　　　　　　图9-183

（10）在"时间轴"面板中单击打开01.mp4图层下方的"效果"/"线性颜色键"，设置"主色"为白色，如图9-184所示。

此时画面效果如图9-185所示。

（11）在"时间轴"面板中展开02.mp4素材图层下方的"变换"，取消"缩放"的约束比例，设置"缩放"为（130.0，108.0%），如图9-186所示。

图9-184

图9-186　　　　　　　　图9-185

此时本案例制作完成，滑动时间线查看案例制作效果，如图9-187所示。

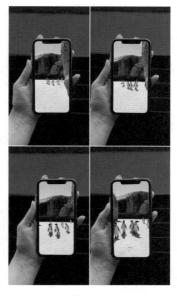

图9-187

9.3.3　实战：使用跟踪运动替换广告牌内容

文件路径

实战素材/第9章

操作要点

使用"跟踪运动"替换广告牌内容

高级拓展篇

高级拓展篇

案例效果

图 9-188

操作步骤

（1）执行"文件"/"导入"/"文件…"命令，导入全部素材。在"项目"面板中将01.avi素材拖到"时间轴"面板中，此时在"项目"面板中自动生成与素材尺寸等大的合成。接着在"项目"面板中将02.mp4素材拖到"时间轴"面板中，如图9-189所示。

图 9-189

此时画面效果如图9-190所示。

图 9-190

（2）在"时间轴"中将时间线滑动至起始时间位置处，单击02.mp4素材图层前方 ◉ （隐藏/显现）按钮，隐藏02.mp4素材图层，如图9-191所示。

（3）在"时间轴"面板中选择01.avi素材图层，接着在"跟踪器"面板中单击"跟踪运动"，然后在"跟踪器"面板中设置"跟踪类型"为"透视边角定位"，如图9-192所示。

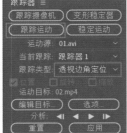

图 9-191　　　　　　图 9-192

（4）在"合成"面板中调整4个跟踪点到广告牌四角的黑白缝隙上，如图9-193所示。

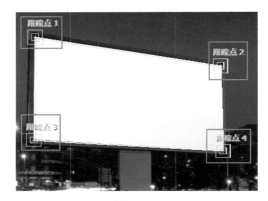

图 9-193

（5）在"跟踪器"面板中单击"编辑目标"，在弹出的"运动目标"窗口中设置"图层"为1.02.mp4，如图9-194所示。

图 9-194

（6）在"跟踪器"面板中单击"向前分析"，分析结束后单击"应用"按钮，如图9-195所示。

（7）在"时间轴"中选择02.mp4素材图层，单击前方 ◉ （隐藏/显现）按钮，取消隐藏02.mp4素材图层。然后展开02.mp4素材图层下方的"变换"，设置"缩放"为（101.0，101.0%），如图9-196所示。

图9-195　　　　　　　　图9-196

此时本案例制作完成，滑动时间线查看案例制作效果，如图9-197所示。

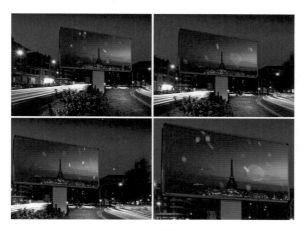

图9-197

9.3.4　实战：文字跟踪

文件路径

实战素材/第9章

操作要点

使用"跟踪运动"进行文字跟踪

案例效果

图9-198

操作步骤

（1）执行"文件"/"导入"/"文件…"命令，导入全部素材。在"项目"面板中将01.mp4素材拖到"时间轴"面板中，此时在"项目"面板中自动生成与素材尺寸等大的合成，如图9-199所示。

图9-199

此时画面效果如图9-200所示。

图9-200

（2）在"时间轴"面板中的空白位置处单击鼠标右键选择"新建"/"文本"，接着在"字符"面板中设置合适的"字体系列"，设置"填充颜色"为白色，设置"字体大小"为220像素，"行距"为120像素；单击下方的"上标"按钮，接着在"段落"面板中选择▇"居中对齐文本"，如图9-201所示。

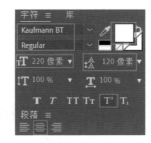

图9-201

（3）设置完成后输入合适的文本，如图9-202所示。

图9-202

高级拓展篇

（4）在"时间轴"面板中单击打开文本图层下方的"变换"，设置"位置"为（789.1，190.4），如图9-203所示。

图9-203

（5）将时间线滑动至起始时间位置处。在"效果和预设"面板中搜索"按单词模糊"效果，将该效果拖到"时间轴"面板中的文本图层上，如图9-204所示。

图9-204

（6）在"时间轴"面板中选择01.mp4素材图层，在"跟踪器"面板中单击"跟踪运动"，然后在"跟踪器"面板中设置"跟踪类型"为"变换"，如图9-205所示。

（7）在"合成"面板中调整跟踪点到广告牌上，并调整控制点大小，如图9-206所示。

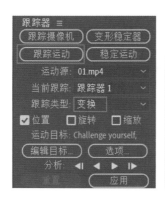

图9-205　　　　图9-206

（8）在"跟踪器"面板中单击"编辑目标"，在弹出的"运动目标"窗口中设置"图层"为文本图层，如图9-207所示。

（9）在"跟踪器"面板中单击"向前分析"，分析结束后单击"应用"按钮，如图9-208所示。

图9-207　　　　图9-208

（10）在弹出的"动态跟踪器应用选项"窗口中，单击"确定"按钮，如图9-209所示。

图9-209

此时本案例制作完成，画面效果如图9-210所示。

图9-210

9.3.5　实战：稳定视频

文件路径

实战素材/第9章

操作要点

使用"稳定运动"稳定晃动的画面

案例效果

图 9-211

操作步骤

（1）执行"文件"/"导入"/"文件…"命令，导入全部素材。在"项目"面板中将01.mp4素材拖到"时间轴"面板中，此时在"项目"面板中自动生成与素材尺寸等大的合成。接着在"项目"面板中将02.mp4素材拖到"时间轴"面板中01.mp4素材图层下方，如图9-212所示。

图 9-212

此时画面效果如图9-213所示。

（2）在"时间轴"面板中选择01.mp4素材图层，接着在"跟踪器"面板中单击"稳定运动"，然后在"跟踪器"面板中设置"跟踪类型"为"稳定"，勾选"位置""旋转""缩放"，如图9-214所示。

（3）在"合成"面板中调整2个跟踪点到电脑的左上角与右上角的缝隙上，如图9-215所示。

（4）在"跟踪器"面板中单击"向前分析"按钮，分析结束后单击"应用"按钮，如图9-216所示。

图 9-213

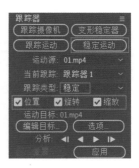

图 9-214

图 9-215　　　　　图 9-216

（5）在弹出的"动态跟踪器应用选项"窗口中，单击"确定"按钮，如图9-217所示。

图 9-217

（6）在"效果和预设"面板中搜索"Keylight（1.2）"效果。然后将该效果拖到"时间轴"面板中的01.mp4图层上，如图9-218所示。

图 9-218

（7）在"时间轴"面板中单击选择01.mp4图层，在"效果控件"面板中单击Screen Colour 后方

高级拓展篇

（吸管工具），接着将光标移动到合成面板中绿色背景处，单击鼠标右键进行吸取，此时Screen Colour后方的色块变为绿色，如图9-219所示。

图9-219

此时画面效果如图9-220所示。

图9-220

（8）在"时间轴"面板中单击打开02.mp4素材图层下方的"变换"，设置"位置"为（490.0，1332.0），"缩放"为（47.0，47.0%），如图9-221所示。

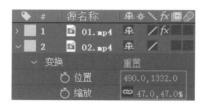

图9-221

此时画面效果如图9-222所示。

图9-222

（9）在"时间轴"面板选择所有图层，单击鼠标右键执行"预合成"命令，或者使用快捷键Shift+Ctrl+C进行预合成，命名为"预合成1"，如图9-223所示。

图9-223

（10）在"时间轴"面板中展开预合成1图层下方的"变换"，设置"缩放"为（108.5，108.5%），如图9-224所示。

图9-224

此时本案例制作完成，画面效果如图9-225所示。

图9-225

9.3.6 实战：人脸跟踪特效

文件路径

实战素材/第9章

操作要点

使用"脸部跟踪"跟踪脸部，并添加效果

案例效果

图9-226

操作步骤

（1）执行"文件"/"导入"/"文件…"命令，导入全部素材。在"项目"面板中将01.mp4素材拖

到"时间轴"面板中，此时在"项目"面板中自动生成与素材尺寸等大的合成，如图9-227所示。

图9-227

此时画面效果如图9-228所示。

图9-228

（2）在"时间轴"面板中将时间线滑动至6秒位置处，选择01.mp4素材图层，将光标移动至右侧图层条的起始位置，按住鼠标左键向时间线位置拖动。并将时间滑块移动至起始时间位置处，如图9-229所示。

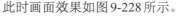

图9-229

（3）在"时间轴"面板上选择01.mp4素材文件，使用Ctrl+D键进行复制，如图9-230所示。

图9-230

（4）在"时间轴"面板中选择图层1的01.mp4素材，在"工具栏"中选择◯（椭圆工具），将光标移动到"合成"面板中，在人物面部合适位置按住

鼠标左键进行拖动绘制一个椭圆形蒙版，如图9-231所示。

（5）在"时间轴"面板中选择01.mp4素材图层下方的蒙版，接着在"跟踪器"面板中设置"方法"为"脸部跟踪（详细五官）"，接着单击"向前分析"按钮，如图9-232所示。

图9-231　　　　　　图9-232

（6）在"效果和预设"面板中搜索"CC Light Burst 2.5"效果。然后将该效果拖到"时间轴"面板中的图层1的01.mp4素材文件上，如图9-233所示。

图9-233

（7）展开图层1的01.mp4素材文件下方的"效果"/"CC Light Burst 2.5"，设置"Intensity"为200.0。将时间线滑动至起始时间位置处，单击

"Center"前方的 ⏱（时间变化秒表）按钮，设置"Cente"为（3604.0，704.0），将时间线滑动到4秒位置处，设置"Cente"为（1290.0，636.0），单击"Ray Length"前方的 ⏱（时间变化秒表）按钮，设置"Ray Length"为80.0；将时间线滑动到8秒位置处，设置"Cente"为（1970.0 762.0），设置"Ray Length"为0.0，如图9-234所示。

图9-234

此时本案例制作完成，画面效果如图9-235所示。

图9-235

9.4　课后练习：使用蒙版制作镜像天空之境

文件路径

实战素材/第9章

操作要点

使用"蒙版工具""波纹"融合两张照片，并制作文字，接着进行预合成制作整体的动画

案例效果

图9-236

操作步骤

（1）在"项目"面板中右击并选择"新建合成"选项，在弹出的"合成设置"面板中设置"合成名称"为01，"预设"为自定义，"宽度"为2000，"高度"为2913，"帧速率"为29.97，"持续时间"为5秒。执行"新建"/"纯色"命令，接着在弹出的"纯色设置"窗口中设置"颜色"为品蓝色，并命名为"中间色品蓝色 纯色 1"，如图9-237所示。

图9-237

（2）执行"文件"/"导入"/"文件…"命令，导入全部素材。在"项目"面板中将1.jpg素材拖到"时间轴"面板中，如图9-238所示。

图9-238

（3）在"时间轴"面板中展开1.jpg素材图层下方的"变换"，设置"位置"为（1000.0，2247.5），如图9-239所示。

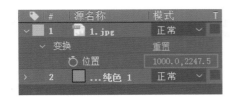

图9-239

此时画面效果如图9-240所示。

（4）在"时间轴"面板中选中1.jpg素材，在"工具栏"中选择（矩形工具），将光标移动到"合成"面板中，在合适位置按住鼠标左键进行拖动绘制一个矩形蒙版，如图9-241所示。

图9-240　　　　　　图9-241

（5）在"时间轴"面板中单击打开1.jpg图层下方的"蒙版"，并勾选"反转"，设置"蒙版羽化"为（500.0，500.0）像素，如图9-242所示。

此时画面效果如图9-243所示。

图9-242　　　　　　图9-243

（6）在"项目"面板中将2.jpg素材拖到"时间轴"面板中，接着展开2.jpg素材图层下方的"变换"，设置"位置"为（1000.0，885.5），如图9-244所示。

图9-244

此时画面效果如图9-245所示。

高级拓展篇

（7）在"时间轴"面板中选中2.jpg素材，在"工具栏"中选择▣（矩形工具），将光标移动到"合成"面板中，在合适位置按住鼠标左键进行拖动绘制一个矩形蒙版，如图9-246所示。

图9-245　　　　　　　图9-246

（8）在"时间轴"面板中单击打开2.jpg图层下方的"蒙版"，并勾选"反转"，设置"蒙版羽化"为（500.0，500.0）像素，如图9-247所示。

（9）再次选中2.jpg素材，在"工具栏"中选择▣（矩形工具），将光标移动到"合成"面板中，在合适位置按住鼠标左键进行拖动绘制一个矩形蒙版，如图9-248所示。

此时画面效果如图9-249所示。

图9-247

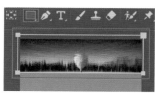

图9-248　　　　　　　图9-249

（10）再次将"项目"面板中的2.jpg素材拖到"时间轴"面板中，接着展开2.jpg素材图层下方的"变换"，设置"位置"为（1000.0，885.5），如图9-250所示。

（11）在"时间轴"面板中选中图层1的2.jpg素材，在"工具栏"中选择▣（矩形工具），将光标移

动到"合成"面板中，在合适位置按住鼠标左键进行拖动，绘制一个矩形蒙版，如图9-251所示。

 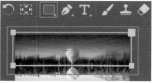

图9-250　　　　　　　图9-251

（12）在"效果和预设"面板中搜索"波纹"效果，将该效果拖到"时间轴"面板中的图层1的2.jpg图层上，如图9-252所示。

（13）在"时间轴"面板中展开图层1的2.jpg下方的"效果"/"波纹"，设置"半径"为60.0，"波形速度"为2.0，"波形宽度"为30.0，"波形高度"为30.0，如图9-253所示。

图9-252　　　　　　　图9-253

此时画面效果如图9-254所示。

（14）在"时间轴"面板中的空白位置处单击鼠标右键选择"新建"/"文本"。在"字符"面板中设置合适的"字体系列"，设置"填充颜色"为白色，"字体大小"为120像素，然后单击"全部大写字母"，接着在"段落"面板中选择▤"居中对齐文本"，如图9-255所示。

 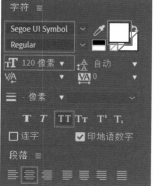

图9-254　　　　　　　图9-255

（15）设置完成后输入合适的文本，如图9-256所示。

图9-256

（16）在"时间轴"面板中展开文本图层下方的"变换"，设置"位置"为（1000.5，1388.5），如图9-257所示。

此时画面效果如图9-258所示。

（17）在"时间轴"面板框选所有图层，单击鼠标右键执行"预合成"命令，或者使用快捷键Shift+Ctrl+C进行预合成，如图9-259所示。

图9-257

图9-258

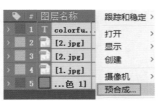

图9-259

（18）在弹出的"预合成"窗口中设置"新合成名称"为"预合成1"，如图9-260所示。

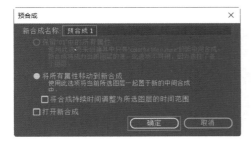

图9-260

（19）在"时间轴"面板中单击打开预合成1图层下方的"变换"，将时间线滑动到起始时间位置处，单击"位置"和"缩放"前方的 ⏱（时间变化秒表）按钮，设置"位置"为（1000.0，1456.5），设置"缩放"为（100.0，100.0），将时间线滑动到4秒位置处，设置"位置"为（1000.0，2900.0），设置"缩放"为（200.0，200.0），如图9-261所示。

图9-261

此时本案例制作完成，滑动时间线观察案例效果，如图9-262所示。

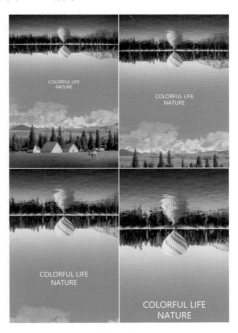

图9-262

本章小结

　　本章介绍了抠像与跟踪。通过对本章的学习，我们可以学习到如何将素材进行抠像并合成，还可以学习到跟踪器的应用。

Ae

实战应用篇

第10章
电商广告设计

视频时代已然来临，传统的以静态图片为主要宣传途径的电商广告逐渐被动态广告所替代。电商广告设计也从传统的创意、色彩、构图，逐渐改变为创意、色彩、构图、动效。因此在进行电商广告设计时，要充分考虑作品的动画运动规律、动画视觉效果。本章将以化妆品、运动产品广告设计为例讲解近年来较为流行的电商广告设计动画的制作流程。

学习
目标

掌握化妆品广告动画的设计流程
掌握运动产品广告的设计流程

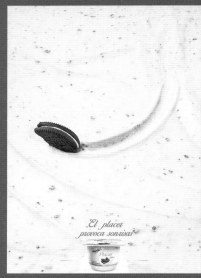

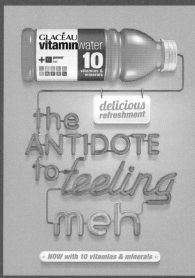

10.1　实战：化妆品广告动画

操作要点

使用矩形工具制作背景并添加关键帧动画，接着为素材添加投影及关键帧动画效果，最后制作文本

案例效果

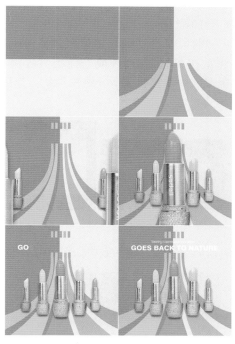

图10-1

操作步骤

步骤01　创建背景并制作动画

（1）在"项目"面板中右击并选择"新建合成"选项，在弹出的"合成设置"面板中设置"合成名称"为01，"预设"为自定义，"宽度"为800px，"高度"为800px，"帧速率"为29.97，"持续时间"为8秒。然后单击工具栏中的■（矩形工具），

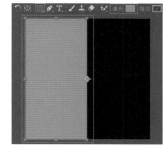

图10-2

设置"填充"为玫红色，接着在"合成"面板左侧，按住鼠标左键拖动绘制一个矩形，如图10-2所示。

（2）在"时间轴"面板单击打开"形状图层1"/"变换"，取消"缩放"后方的约束比例，设置"缩放"为（177.2，203.9%），接着将时间线滑动到起始帧位置，单击"旋转"前方的◎（时间变化秒表）按钮，开启关键帧，设置"旋转"为（0x+90.0°），将时间线滑动到15帧位置，设置"旋转"为（0x+0.0°），如图10-3所示。

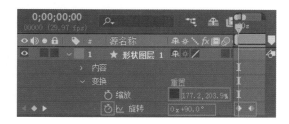

图10-3

此时滑动时间线，画面效果如图10-4所示。

（3）在不选中任何图层状态下，单击工具栏中的■（矩形工具），设置"填充"为浅蓝色，接着在"合成"面板右侧，按住鼠标左键拖动绘制一个矩形，如图10-5所示。

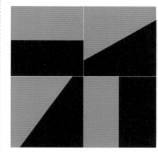

图10-4　　　　　　　　图10-5

（4）在"时间轴"面板单击打开"形状图层2"/"变换"，取消"缩放"后方的约束比例，设置"缩放"为（173.3，202.1%）。将时间线滑动到起始帧位置，单击"旋转"前方的◎（时间变化秒表）按钮，开启关键帧，设置"旋转"为（0x+90.0°）；将时间线滑动到15帧位置，设置"旋转"为（0x+0.0°），如图10-6所示。

图10-6

此时滑动时间线，画面效果如图10-7所示。

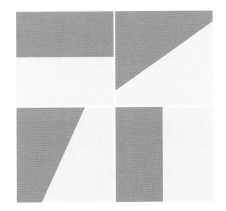

图10-7

（5）执行"文件"/"导入"/"文件…"命令，导入全部素材。在"项目"面板中将6.png素材拖到"时间轴"面板中，如图10-8所示。

图10-8

此时画面效果如图10-9所示。

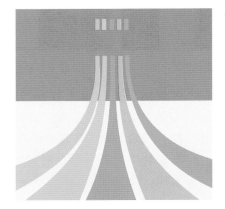

图10-9

（6）在"时间轴"面板中选中6.png素材，单击工具栏中的▣（矩形工具）按钮，然后在"合成"面板中按住鼠标左键拖动绘制一个蒙版，如图10-10所示。

（7）将时间线滑动到1秒15帧位置处，在"时间轴"面板中打开

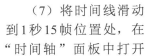

图10-10

6.png素材图层下方的"蒙版"/"蒙版 1"，单击"蒙版路径"前方的▧（时间变化秒表）按钮，开启关键帧，如图10-11所示。

（8）将时间线滑动到起始位置。单击工具栏中的▶（选取工具），在"合成"面板蒙版路径上双击鼠标左键，接着调整蒙版 1路径形状，如图10-12所示。

图10-11　　　　　图10-12

此时滑动时间线，画面效果如图10-13所示。

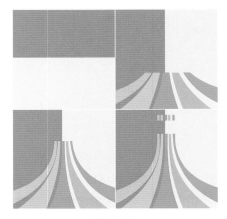

图10-13

步骤02　制作素材动画效果

（1）在"项目"面板中将5.png素材拖到"时间轴"面板中。此时画面效果如图10-14所示。

（2）在"效果和预设"面板中搜索"投影"效果。然后将该效果拖到"时间轴"面板中的5.png素材图层上，如图10-15所示。

图 10-14　　　　　　　　图 10-15

（3）在"时间轴"面板中选中5.png素材图层，在"效果控件"面板中展开"投影"效果，设置"方向"为（0x+180.0°），"距离"为10.0，"柔和度"为25.0，如图10-16所示。

此时5.png素材投影效果如图10-17所示。

图 10-16　　　　　　　　图 10-17

（4）在"时间轴"面板中激活5.png素材图层的 ⬚ "3D图层"按钮。接着展开"5.png素材图层"/"变换"，将时间线滑动到2秒位置，单击"位置"前方的 ⏱（时间变化秒表）按钮，开启关键帧，设置"位置"为（400.0，400.0，−600.0）；接着将时间线滑动到3秒位置，设置"位置"为（400.0，400.0，0.0），如图10-18所示。

图 10-18

此时滑动时间线，5.png素材画面效果如图10-19所示。

（5）在"项目"面板中将4.png素材拖到"时间轴"面板中。在"时间轴"面板中单击打开"5.png素材图层"/"效果"，选择"投影"效果，使用快捷键Ctrl+C进行复制，接着选择4.png素材图层，使用快捷键Ctrl+V进行粘贴，如图10-20所示。

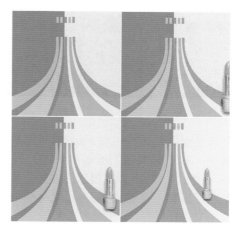

图 10-19

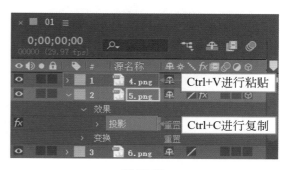

图 10-20

此时画面效果如图10-21所示。

图 10-21

（6）在"时间轴"面板中激活4.png素材图层的 ⬚ "3D图层"按钮。接着展开"4.png素材图层"/"变换"，将时间线滑动到2秒15帧位置，单击"位置"前方的 ⏱（时间变化秒表）按钮，开启关键帧，设置"位置"为（400.0，400.0，−900.0）；接着将时间线滑动到3秒15帧位置，设置"位置"为（400.0，400.0，0.0），如图10-22所示。

311

图 10-22

（7）在"项目"面板中将3.png素材拖到"时间轴"面板中。在"时间轴"面板中单击打开"5.png素材图层"/"效果"，选择"投影"效果，使用快捷键Ctrl+C进行复制，接着选择3.png素材图层，使用快捷键Ctrl+V进行粘贴，如图10-23所示。

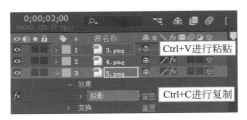

图 10-23

此时画面效果如图10-24所示。

图 10-24

（8）在"时间轴"面板中激活3.png素材图层的 "3D图层"按钮。接着展开"预合成2"/"变换"，将时间线滑动到2秒位置，单击"位置"前方的 （时间变化秒表）按钮，开启关键帧，设置"位置"为（400.0，400.0，-600.0）；接着将时间线滑动到3秒位置，设置"位置"为（400.0，400.0，0.0），如图10-25所示。

图 10-25

此时滑动时间线，画面效果如图10-26所示。

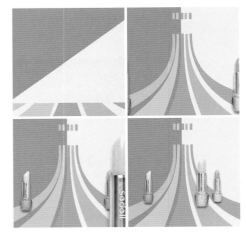

图 10-26

（9）使用同样的方法将"项目"面板中的1.png和2.png拖到"时间轴"面板，然后开启3D图层，并制作合适的动画效果，此时滑动时间线，画面效果如图10-27所示。

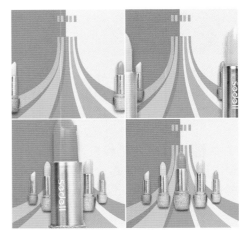

图 10-27

步骤03　创建文字并制作文字动画

（1）在"时间轴"面板中的空白位置处单击鼠标右键选择"新建"/"文本"，接着在"字符"面板中设置合适的"字体系列"，设置"填充颜色"为白色，设置"字体大小"为50像素，"垂直缩放"为94%，然后在"段落"面板中选择 "右对齐文本"，如图10-28所示。

图 10-28

（2）设置完成后，在"合成"面板输入文本，如图 10-29 所示。

图 10-29

（3）在"时间轴"面板中单击打开"文本图层 1"/"变换"，设置"位置"为（705.1，176.9），如图 10-30 所示。

图 10-30

（4）将时间码设置为 4 秒，接着在"效果和预设"面板中搜索"淡化上升字符"效果。然后将该效果拖到"时间轴"面板中的文本图层 1 上，如图 10-31 所示。

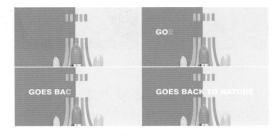

图 10-31

此时滑动时间线，文本画面效果如图 10-32 所示。

图 10-32

（5）在"时间轴"面板中的空白位置处单击鼠标右键选择"新建"/"文本"，接着在"字符"面板中设置合适的"字体系列"，设置"填充颜色"为白色，设置"字体大小"为 18 像素，"垂直缩放"为 150%，然后在"段落"面板中选择 ▤ "右对齐文本"，如图 10-33 所示。

图 10-33

（6）设置完成后，在"合成"面板输入文本，如图 10-34 所示。

图 10-34

（7）在"时间轴"面板中单击打开"文本图层 1"/"变换"，设置"位置"为（539.2，124.7），接着设置文本的起始时间为 6 秒，如图 10-35 所示。

图 10-35

此时本案例制作完成，滑动时间线，画面效果如图 10-36 所示。

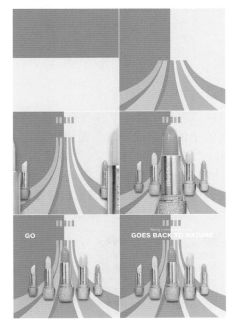

图 10-36

📝 重点笔记

使用拍摄的图片或 Photoshop 制作的图片作为素材，制作分层的动画效果，是广告设计中最常用的方式之一，常用于电商广告、电梯广告等媒体渠道。

10.2 实战：运动产品广告设计

文件路径

实战素材/第10章

操作要点

使用纯色图层制作背景，然后添加素材，制作文字和装饰线条，并添加合适的动画效果

案例效果

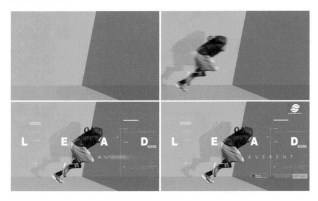

图 10-37

操作步骤

步骤01 制作背景

（1）在"项目"面板中右击并选择"新建合成"选项，在弹出的"合成设置"面板中设置"合成名称"为01，"预设"为自定义，"宽度"为1814px，"高度"为1131px，"帧速率"为29.97，"持续时间"为5秒。在"时间轴"面板中的空白位置处单击鼠标右键，执行"新建"/"纯色"命令，如图10-38所示。

图 10-38

（2）在弹出的"纯色设置"窗口中设置"颜色"为橙色，并命名为"橙色 纯色 1"，设置完成后单击"确定"按钮，如图10-39所示。

图 10-39

此时画面效果如图10-40所示。

（3）在"时间轴"面板中选中"橙色 纯色 1"图层。单击工具栏中的 ✐（钢笔工具），接着在"合成"面板中合适位置单击创建锚点并绘图一个多边形，如图10-41所示。

图 10-40　　　　　　　　图 10-41

（4）在"时间轴"面板中激活"橙色 纯色 1"图层的 ▣ "3D图层"按钮，接着单击打开"橙色 纯色 1"图层下方的"变换"，设置"位置"为（455.0，1019.5，0.0），设置方向为（90.0°，0.0°，0.0°），如图10-42所示。

图 10-42

此时画面效果如图10-43所示。

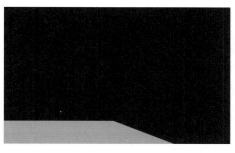

图 10-43

（5）在"时间轴"面板中的空白位置处单击鼠标右键，执行"新建"/"纯色"命令。接着在弹出的"纯色设置"窗口中设置"颜色"为深品蓝色，并命名为"深品蓝色 纯色 1"，设置完成后单击"确定"按钮，此时画面效果如图 10-44 所示。

图 10-44

（6）在"时间轴"面板中选中"深品蓝色 纯色 1"图层。单击工具栏中的 ⚟ （钢笔工具），接着在"合成"面板中合适位置单击创建锚点并绘图一个多边形，如图 10-45 所示。

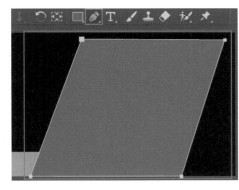

图 10-45

（7）在"时间轴"面板中激活"深品蓝色 纯色 1"图层的 ⬡ "3D图层"按钮，接着单击打开"橙色 纯色 1"图层下方的"变换"，设置"位置"为（1541.0，1019.5，0.0），设置方向为（90.0°，0.0°，0.0°），如图 10-46 所示。

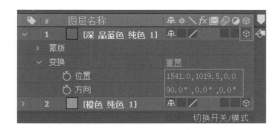

图 10-46

此时画面效果如图 10-47 所示。

图 10-47

（8）通过同样的方法制作其他两个纯色图层，效果如图 10-48 所示。

图 10-48

步骤02 制作主体效果与创建文字和制作效果

（1）执行"文件"/"导入"/"文件…"命令，导入全部素材。在"项目"面板中将服饰 .png 素材拖到"时间轴"面板中，如图 10-49 所示。

图 10-49

此时画面效果如图 10-50 所示。

图 10-50

（2）在"效果和预设"面板中搜索"投影"效果。然后将该效果拖到"时间轴"面板中的服饰.png素材图层上，如图 10-51 所示。

图 10-51

（3）在"时间轴"面板中选中服饰.png素材，在"效果控件"面板中展开"投影"效果，设置"不透明度"为10%，设置"方向"为（0x-75.0°），设置"距离"为270.0，设置"柔和度"为30.0，如图 10-52 所示。

图 10-52

此时服饰.png素材画面投影效果如图 10-53 所示。

图 10-53

（4）在"时间轴"面板中激活服饰.png素材图层的"运动模糊"和"3D图层"按钮，单击打开01.jpg图层下方的"变换"。将时间线滑动到起始位置，设置"位置"为（–300.0，565.5，0.0），将时间线滑动到15帧位置，设置"位置"为（907.0，565.5，0.0），如图 10-54 所示。

图 10-54

重点笔记

为了展现急速的运动动画效果，经常为动画设置运动模糊效果，在After Effects中只需要开启 "运动模糊"按钮即可，如图 10-55 所示为未开启和开启运动模糊的对比效果。

(a)未开启运动模糊　　　(b)开启运动模糊

图 10-55

此时滑动时间线，服饰.png素材画面效果如图 10-56 所示。

图 10-56

（5）在"时间轴"面板中的空白位置处单击鼠标右键选择"新建"/"文本"，接着在"字符"面板中设置合适的"字体系列"，设置"填充颜色"为白色，设置"字体大小"为200像素，"字符间距"为1000，"垂直缩放"为70%，"水平缩放"为61%。单击"全部大写字母"，然后在"段落"面板中选择▤"右对齐文本"，如图10-57所示。

（6）设置完成后，在"合成"面板输入文本，如图10-58所示。

图10-57　　　　　　图10-58

（7）在"时间轴"面板中激活文本图层的⬚"3D图层"按钮。接着将时间线滑动到1秒位置，单击文本图层下方的"变换"，设置"位置"为（204.0，546.0，−600.0），将时间线滑动到1秒15帧位置，设置"位置"为（204.0，546.0，0.0），如图10-59所示。

图10-59

（8）此时滑动时间线，文本"L"效果如图10-60所示。

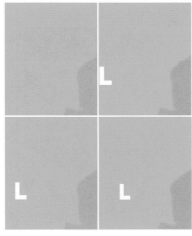

图10-60

（9）在"时间轴"面板中的空白位置处单击鼠标右键选择"新建"/"文本"，接着在"字符"面板中设置合适的"字体系列"，设置"填充颜色"为白色，设置"字体大小"为200像素，"字符间距"为1000，"垂直缩放"为70%，"水平缩放"为61%。单击"全部大写字母"，然后在"段落"面板中选择▤"右对齐文本"，如图10-61所示。

图10-61

（10）设置完成后，在"合成"面板输入文本，如图10-62所示。

图10-62

（11）在"时间轴"面板中激活文本图层的⬚"3D图层"按钮。接着将时间线滑动到起始位置，单击文本图层下方的"变换"，设置"位置"为（693.0，546.0，−2000.0），将时间线滑动到1秒15帧位置，设置"位置"为（693.0，546.0，0.0），如图10-63所示。

图10-63

此时滑动时间线，文本"E"效果如图10-64所示。

图10-64

（12）使用同样方法制作其他文本，然后激活3D图层并制作合适的位置动画，效果如图10-65所示。

图 10-65

（13）在"项目"面板中将02.png素材拖到"时间轴"面板中，并设置起始时间为3秒，如图10-66所示。

图 10-66

此时画面效果如图10-67所示。

图 10-67

步骤03 制作画面辅助元素与动画

（1）在不选中任何图层的状态下，单击工具栏中的钢笔工具，设置"填充"为无，"描边"为浅橙色，"描边宽度"为1像素，设置完成后，在"合成面板"左上角合适位置，按住Shift键的同时单击绘制一条线段，如图10-68所示。

（2）在该图层选中的状态下，继续使用钢笔工具在下方合适位置绘制一条线段，此时画面效果如图10-69所示。

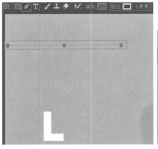

图 10-68　　　　　　　　图 10-69

（3）单击工具栏中的钢笔工具，设置"填充"为无，"描边"为浅橙色，"描边宽度"为3像素，设置完成后，在"合成面板"左侧合适位置单击绘制一条线段，如图10-70所示。

图 10-70

（4）在"时间轴"面板中单击打开"形状图层2"/"内容"/"形状1"/"描边1"，单击"虚线"后方的➕（添加虚线或间隙）按钮，如图10-71所示。

图 10-71

此时形状图层2的画面效果如图10-72所示。

图 10-72

（5）继续使用钢笔工具在画面右侧和合适位置绘制其他线段图形，此时画面效果如图 10-73 所示。

图 10-73

（6）在"时间轴"面板中选中所有形状图层，单击鼠标右键执行"预合成"命令，或者使用快捷 Shift+Ctrl+C 进行预合成，如图 10-74 所示。

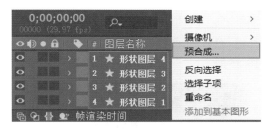

图 10-74

（7）在弹出的"预合成"窗口中设置"新合成名称"为"预合成 1"，如图 10-75 所示。

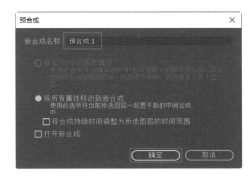

图 10-75

（8）在"效果和预设"面板中搜索"多雾"效果，并将该效果拖到文本图层上，在"时间轴"面板中展开"预合成 1"/"效果"/"百叶窗"效果，将时间线滑动到 1 秒位置，单击"过渡完成"前方的 ⏱（时间变化秒表）按钮，开启关键帧，设置"过渡完成"为 100%；将时间线滑动到 2 秒位置，设置"过渡完成"为 0%；接着设置"方向"为（0x+90.0°），如图 10-76 所示。

图 10-76

此时滑动时间线，画面效果如图 10-77 所示。

图 10-77

（9）在"时间轴"面板中的空白位置处单击鼠标右键选择"新建"/"文本"，接着在"字符"面板中设置合适的"字体系列"，设置"填充颜色"为蓝色，设置"字体大小"为 90 像素，"字符间距"为 1000，"垂直缩放"为 60%，"水平缩放"为 61%，然后在"段落"面板中选择 ▤ "右对齐文本"，如图 10-78 所示。

图 10-78

（10）设置完成后，在"合成"面板输入文本，如图 10-79 所示。

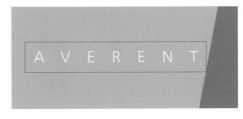

图 10-79

（11）在"时间轴"面板中单击打开文本图层下方的"变换"，设置"位置"为（1608.0，713.0），如

图10-80所示。

图 10-80

此时文本效果如图10-81所示。

图 10-81

（12）将时间码设置为2秒。在"效果和预设"面板中搜索"多雾"效果，并将该效果拖到文本图层上，如图10-82所示。

图 10-82

此时滑动时间线，文本画面效果如图10-83所示。

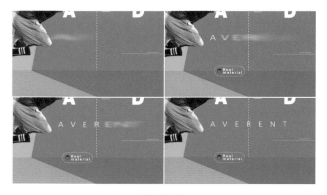

图 10-83

（13）在"时间轴"面板中的空白位置处单击鼠标右键选择"新建"/"文本"，接着在"字符"面板中设置合适的"字体系列"，设置"填充颜色"为橙

色，设置"字体大小"为30像素，"行距"为18像素，"字符间距"为50，"垂直缩放"为55%，"水平缩放"为61%，接着单击下方的"仿粗体"和"仿斜体"按钮，然后在"段落"面板中选择 ≣ "右对齐文本"，如图10-84所示。

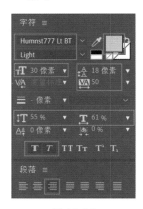

图 10-84

（14）设置完成后，在"合成"面板输入文本，如图10-85所示。

图 10-85

（15）在"时间轴"面板中单击打开文本图层下方的"变换"，设置"位置"为（1466.5，927.0），此时文本效果如图10-86所示。

图 10-86

（16）在不选中任何图层的状态下，单击工具栏中的 ▣ （矩形工具），设置"填充颜色"为橙色，接着在橙色文本右侧，按住鼠标左键拖动绘制一个矩形，如图10-87所示。

图 10-87

（17）在"时间轴"面板中的空白位置处单击鼠标右键选择"新建"/"文本"，接着在"字符"面板中设置合适的"字体系列"，设置"填充颜色"为蓝色，设置"字体大小"为55像素，"字符间距"为50，"垂直缩放"为70%，"水平缩放"为61%，然后在"段落"面板中选择 ▤ "右对齐文本"，如图10-88所示。

图 10-88

（18）设置完成后，在"合成"面板输入文本，如图10-89所示。

图 10-89

（19）在"时间轴"面板中单击打开图层1下方的"变换"，设置"位置"为（1770.2，943.8），如图10-90所示。

图 10-90

此时文字效果如图10-91所示。

图 10-91

此时滑动时间线，画面效果如图10-92所示。

图 10-92

步骤04 制作画面动态效果

（1）在"时间轴"面板中选中图层1、图层2和图层3，单击鼠标右键执行"预合成"命令，或者使用快捷Shift+Ctrl+C进行预合成，如图10-93所示。

图 10-93

（2）此时在弹出的"预合成"窗口中设置"新合成名称"为"预合成2"，如图10-94所示。

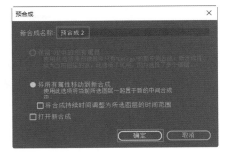

图 10-94

（3）在"时间轴"面板中激活预合成2的 "3D图层"按钮。接着展开"预合成2"/"变换"，将时间线滑动到3秒位置，单击"位置"前方的 （时间变化秒表）按钮，开启关键帧，设置"位置"为（907.0，656.5，–1000.0）；接着将时间线滑动到3秒10帧位置，设置"位置"为（907.0，565.5，0.0），如图10-95所示。

图 10-95

此时滑动时间线，画面效果如图10-96所示。

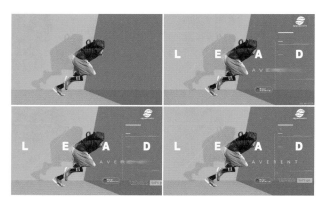

图 10-96

（4）在"项目"面板中将01.png素材拖到"时间轴"面板中，此时画面效果如图10-97所示。

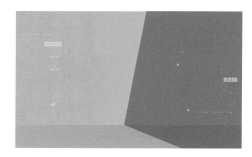

图 10-97

（5）在"时间轴"面板中展开"01.png素材"/"变换"，将时间线滑动到1秒20帧位置，单击"不透明度"前方的 （时间变化秒表）按钮，开启关键帧，设置"不透明度"为0%，接着将时间线滑动到2秒20帧位置，设置"不透明度"为100%，如图10-98所示。

图 10-98

（6）在"效果和预设"面板中搜索"渐变擦除"效果，并将该效果拖到"时间轴"面板中的01.png素材图层上。将时间线滑动到1秒20帧位置，在时间轴面板中展开"01.png素材"/"效果"/"渐变擦除"，单击"过渡完成"前方的 （时间变化秒表）按钮，开启关键帧，设置"过渡完成"为100%，接着将时间线滑动到2秒20帧位置，设置"过渡完成"为0%，如图10-99所示。

图 10-99

此时本案例制作完成，滑动时间线查看案例制作效果，如图10-100所示。

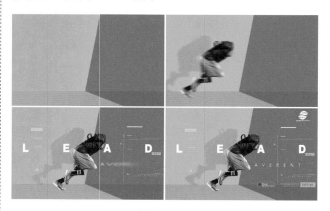

图 10-100

 拓展笔记

本例效果为典型的"扁平化"设计风格，扁平化风格是广告设计、UI设计、平面设计中常用的风格，可以简单、直观地展示内容。

扁平化之所以可以迅速流行起来是因为扁平化不是还原事物的真实性，而是提炼出事物的特点，用简练概括的手法将事物直白地表现出来。扁平化插画具有以下

几点特征:

1.造型简练

扁平化插画是将图像元素进行简化,将复杂的形象提炼成几何图形。这些图形没有过多光影变化、没有凹凸起伏的过渡效果。

2.配色明快

扁平化的插画由于图形效果简练,效果也容易呆板和形式化,所以适用于对比强烈的纯色进行搭配。

3.版式简洁

扁平化插画会去繁就简,选择一个画面中心,去掉周围冗杂多余的相关元素,以此来突出画面想要表达的重点信息。

4.角度统一

角度统一是画面简化的一种方法,很多扁平化风格的插画都放弃了透视语言。同类风格作品如图10-101所示。

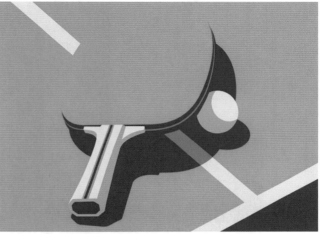

图10-101

第11章
影视栏目包装设计

影视栏目包装设计是对影视栏目作品包装设计的总称。包括对商业广告得、企业宣传的包装设计、电视栏目包装设计、影视剧片头或片中的包装设计等。包装可以让节目或作品的风格渲染的更突出、更具有品牌辨识度。不同的节目受众人群，需要设计不同的包装风格。本章我们将学习影视栏目包装的设计流程。

学习目标

掌握电视节目包装片头设计的流程
掌握节目预告片包装设计的流程

11.1　实战：旅游电视节目包装片头设计

文件路径

实战素材/第11章

操作要点

使用"CC Light Sweep""斜面Alpha""色调""高斯模糊"效果制作背景，创建文字，使用混合模式制作文字效果，接着使用"灯光""摄影机"制作真实光影的立体效果

案例效果

图 11-1

拓展笔记

　　学习影视栏目包装，面对的就业方向和工作岗位有哪些？

　　就业方向：广播电视、广告公司、音像出版机构、学校、网络公司、新闻出版社、电子出版、传媒类公司、自媒体短视频公司等。

　　工作岗位：栏目包装师、栏目合成师、花字设计师、手绘师、电视包装设计师、综艺创意动画设计师、动画特效总监等。

操作步骤

步骤01　制作片头视频动画

　　（1）在"项目"面板中，单击鼠标右键选择"新建合成"，在弹出来的"合成设置"面板中设置"合成名称"为01，"预设"为HDTV 1080 29.97，"宽度"为1920，"高度"为1080，"帧速率"为29.97，"持续时间"为15秒。执行"文件"/"导

入"/"文件…"命令，导入全部素材。在"项目"面板中将01.mp4素材拖到"时间轴"面板中，如图11-2所示。

图 11-2

此时画面效果如图11-3所示。

图 11-3

　　（2）在"时间轴"面板中单击打开01.mp4素材图层下方的"变换"；将时间线滑动至起始时间位置处，单击"位置"前方的 ⏱ （时间变化秒表）按钮，设置"位置"为（960.0，1703.0），将时间线滑动到15帧位置处，设置"位置"为（960.0，540.0），如图11-4所示。

图 11-4

　　（3）在"效果和预设"面板中搜索"CC Light Sweep"效果，将该效果拖到"时间轴"面板中的01.mp4素材图层上，如图11-5所示。

图 11-5

（4）在"时间轴"面板中单击打开01.mp4素材下方的"效果"/"CC Light Sweep"；将时间线滑动至第22帧位置处，单击"Center"前方的 ○（时间变化秒表）按钮，设置"Center"为（−736.0，423.0），将时间线滑动到2秒12帧位置处，设置"Center"为（2814.0，423.0），设置"Direction"为（0X-15.0°），"Width"为228.0，"Sweep Intensity"为43.0，"Edge Thickness"为3.70，如图11-6所示。

图 11-6

此时滑动时间线，画面效果如图11-7所示。

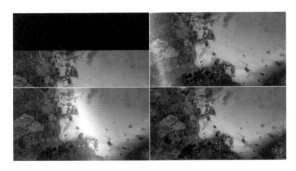

图 11-7

（5）在"时间轴"面板中的空白位置处单击鼠标右键，执行"新建"/"纯色"命令，设置"颜色"为粉色，设置"名称"为形状，如图11-8所示。

图 11-8

（6）在"时间轴"面板中选中纯色图层，在"工具栏"中选择 ✎（钢笔工具），单击鼠标左键建立锚点，绘制一个合适的形状，在绘制时可调整锚点两端控制点改变路径形状，如图11-9所示。

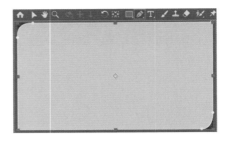

图 11-9

（7）在"时间轴"面板中选择01.mp4图层。设置"轨道遮罩"为Alpha轨道，如图11-10所示。

图 11-10

（8）此时素材左上角、右下角出现圆滑效果，如图11-11所示。

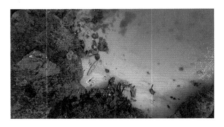

图 11-11

 拓展笔记

除了使用"轨道遮罩"制作以上效果以外，还可以直接选择视频素材，并使用"钢笔工具"绘制蒙版，也可达到以上效果。

（9）在"时间轴"面板选择所有图层，单击鼠标右键执行"预合成"命令，或者使用快捷键Shift+Ctrl+C进行预合成，命名为"视频01"，如图11-12所示。

图 11-12

（10）在"时间轴"面板中激活视频01预合成图层的"3D图层"按钮🗇。展开视频01预合成图层下方的"变换"，设置"位置"为（960.0, 260.0, 0.0），"缩放"为（52.0, 52.0, 52.0%），如图11-13所示。

图11-13

此时画面效果如图11-14所示。

图11-14

（11）在"效果和预设"面板中搜索"斜面Alpha"效果，将该效果拖到"时间轴"面板中的视频01预合成图层上。在"时间轴"面板中单击打开视频01预合成图层下方的"效果"/"斜面Alpha"，设置"边缘厚度"为3.00，"灯光角度"为（0x+40.0°），如图11-15所示。

图11-15

（12）选择视频01预合成图层，使用快捷键Ctrl+D进行复制，调整图层顺序并重命名为"视频倒影01"，如图11-16所示。

图11-16

（13）在"时间轴"面板中展开视频倒影01预合成图层下方的"变换"，设置"位置"为（960.0, 820.0, 0.0），"方向"为（180.0°, 0.0°, 0.0°），如图11-17所示。

图11-17

此时画面效果如图11-18所示。

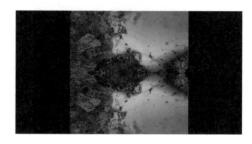

图11-18

（14）在"效果和预设"面板中搜索"色调"效果，将该效果拖到"时间轴"面板中的视频倒影01预合成图层上。在"时间轴"面板中单击打开视频倒影01预合成图层下方的"效果"/"色调"；设置"将白色映射到"后方色块为黑色，"着色数量"为71.0%，如图11-19所示。

图11-19

（15）在"效果和预设"面板中搜索"高斯模糊"效果，将该效果拖到"时间轴"面板中的视频倒影01预合成图层上。在"时间轴"面板中单击打开视频倒影01预合成图层下方的"效果"/"高斯模糊"，设置"模糊度"为30.0，如图11-20所示。

327

图 11-20

此时画面效果如图 11-21 所示。

图 11-21

（16）在"时间轴"面板选择所有图层，单击鼠标右键执行"预合成"命令，或者使用快捷键 Shift+Ctrl+C 进行预合成，命名为"视频1"，如图 11-22 所示。

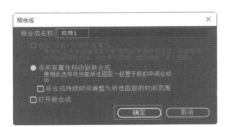

图 11-22

（17）在"时间轴"面板中激活视频1预合成图层的"3D图层"。展开视频1预合成图层下方的"变换"，设置"位置"为（960.0，520.0，2407.0），取消"缩放"的 🔗（约束比例），"缩放"为（190.0，190.0，100.0%）；将时间线滑动至第2秒13帧位置处，单击"Y轴旋转"前方的 ⏱（时间变化秒表）按钮，设置"Y轴旋转"为（0x+0.0°），将时间线滑动到3秒2帧位置处，设置"Y轴旋转"为（0x+180.0°），如图 11-23 所示。

图 11-23

（18）在"时间轴"面板中设置视频1预合成图层的结束时间为2秒22帧，如图 11-24 所示。

图 11-24

此时滑动时间线，画面效果如图 11-25 所示。

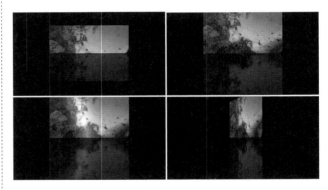

图 11-25

步骤 02　制作翻转视频动画

（1）在"项目"面板中将02.mp4素材依次拖到"时间轴"面板中。接着在"效果和预设"面板中搜索"CC Light Sweep"效果，将该效果拖到"时间轴"面板中的02.mp4素材图层上，如图 11-26 所示。

图 11-26

（2）在"时间轴"面板中单击打开02.mp4素材下方的"效果"/"CC Light Sweep"；将时间线滑动至第21帧位置处，单击"Center"前方的 ⏱（时间变化秒表）按钮，设置"Center"为（−981.3，564.0），将时间线滑动到2秒11帧位置处，设置"Center"为（3752.0，564.0），设置"Direction"为（0X-15.0°），"Width"为262.0，"Sweep Intensity"为37.0，"Edge Thickness"为2.20，如图 11-27 所示。

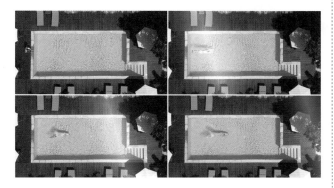

图 11-27

此时滑动时间线，画面效果如图 11-28 所示。

图 11-28

（3）在"时间轴"面板中的空白位置处单击鼠标右键，执行"新建"/"纯色"命令，设置"颜色"为粉色，设置"名称"为形状，如图 11-29 所示。

图 11-30

图 11-31

此时画面效果如图 11-32 所示。

图 11-32

（6）在"时间轴"面板选择图层 1 和图层 2，单击鼠标右键执行"预合成"命令，或者使用快捷键 Shift+Ctrl+C 进行预合成，命名为"视频 02"，如图 11-33 所示。

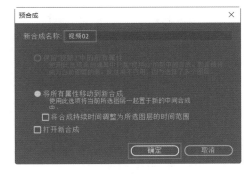

图 11-33

（4）在"时间轴"面板中选中纯色图层，在"工具栏"中选择 （钢笔工具），单击鼠标左键建立锚点，绘制一个合适的形状，在绘制时可调整锚点两端控制点改变路径形状，如图 11-30 所示。

（5）在"时间轴"面板中选择 02.mp4 图层，设置"轨道遮罩"为 Alpha 轨道"形状"，如图 11-31 所示。

（7）在"时间轴"面板中激活视频 02 预合成图层的"3D 图层"和"运动模糊"。展开视频 02 预合成图层下方的"变换"，设置"位置"为（960.0，260.0，0.0），"缩放"为（52.0，52.0，52.0%），将时间线滑动至第 2 秒 24 帧位置处，单击"X 轴旋转"

前方的 ⏱（时间变化秒表）按钮，设置"X轴旋转"为（0x+0.0°），将时间线滑动到3秒14帧位置处，设置"X轴旋转"为（0x-180.0°），如图11-34所示。

图 11-34

（8）在"效果和预设"面板中搜索"斜面Alpha"效果，将该效果拖到"时间轴"面板中的视频02预合成图层上。在"时间轴"面板中单击打开视频02预合成图层下方的"效果"/"斜面Alpha"，设置"边缘厚度"为3.00，"灯光角度"为（0x+40.0°），如图11-35所示。

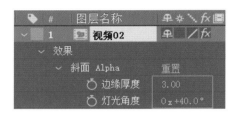

图 11-35

此时滑动时间线，画面效果如图11-36所示。

图 11-36

（9）选择视频02预合成图层，使用快捷键Ctrl+D进行复制，调整图层顺序并重命名为"视频倒影02"，如图11-37所示。

图 11-37

（10）在"时间轴"面板中展开视频倒影02预合成图层下方"效果"，删除"斜面Alpha"效果，展

开"变换"，更改设置"位置"为（960.0，820.0，0.0），"方向"为（180.0°，0.0°，0.0°），将时间线滑动到3秒14帧位置处，设置"X轴旋转"为（0x+180.0°），如图11-38所示。

图 11-38

此时画面效果如图11-39所示。

图 11-39

（11）在"效果和预设"面板中搜索"色调"效果，将该效果拖到"时间轴"面板中的视频倒影02预合成图层上。在"时间轴"面板中单击打开视频倒影02预合成图层下方的"效果"/"色调"，设置"将白色映射到"后方色块为黑色，"着色数量"为71.0%，如图11-40所示。

图 11-40

（12）在"效果和预设"面板中搜索"高斯模糊"效果，将该效果拖到"时间轴"面板中的视频倒影02预合成图层上。在"时间轴"面板中单击打开视频倒影02预合成图层下方的"效果"/"高斯模糊"，设置"模糊度"为48.0，如图11-41所示。

图 11-41

此时画面效果如图 11-42 所示。

图 11-42

（13）在"时间轴"面板选择除预合成图层外的所有图层，单击鼠标右键执行"预合成"命令，或者使用快捷键 Shift+Ctrl+C 进行预合成，命名为"视频 2"，如图 11-43 所示。

图 11-43

（14）在"时间轴"面板中激活视频 2 预合成图层的"3D 图层"。展开视频 2 预合成图层下方的"变换"，设置"位置"为（960.0，520.0，2407.0）；取消"缩放"的 🔗（约束比例），"缩放"为（190.0，190.0，100.0%），如图 11-44 所示。

图 11-44

（15）在"时间轴"面板中设置视频 2 预合成图层的起始时间为 2 秒 22 帧，结束时间为 5 秒 27 帧，如图 11-45 所示。

图 11-45

此时滑动时间线，画面效果如图 11-46 所示。

图 11-46

（16）以同样的方式制作 03.mp4 的效果，并设置起始时间为 5 秒 27 帧，结束时间为 9 秒 10 帧，画面效果如图 11-47 所示。

图 11-47

步骤 03　创建文字，制作文字效果并制作片尾动画

（1）制作片尾。在"时间轴"面板中的空白位置处单击鼠标右键，执行"新建"/"纯色"命令。接着在弹出的"纯色设置"窗口中设置"颜色"为蓝色，设置"名称"为图片形状 2，如图 11-48 所示。

图 11-48

（2）在"时间轴"面板中选中纯色图层，在"工具栏"中选择 （钢笔工具），单击鼠标左键建立锚点，绘制一个合适的形状，在绘制时可调整锚点两端控制点改变路径形状，如图11-49所示。

图 11-49

（3）在"时间轴"面板中激活形状图层2的"3D图层"和"运动模糊"，如图11-50所示。

图 11-50

（4）在"效果和预设"面板中搜索"CC Light Sweep"效果，将该效果拖到"时间轴"面板中的形状图层2上。在"时间轴"面板中单击打开形状图层2下方的"效果"/"CC Light Sweep"；将时间线滑动至第1秒16帧位置处，单击"Center"前方的 （时间变化秒表）按钮，设置"Center"为（-736.0，470.0），将时间线滑动到3秒06帧位置处，设置"Center"为（2814.0，470.0），设置"Direction"为（0X-15.0°），"Width"为262.0，"Sweep Intensity"为37.0，"Edge Thickness"为2.20，如图11-51所示。

图 11-51

此时滑动时间线，画面效果如图11-52所示。

图 11-52

（5）在"时间轴"面板中的空白位置处单击鼠标右键选择"新建"/"文本"，接着在"字符"面板中设置合适的"字体系列"，设置"填充颜色"为白色，设置"字体大小"为171像素，"设置字符间距"为-32像素，"垂直缩放"为100%，"水平缩放"为100%，然后单击"全部大写字母"，在"段落"面板中选择 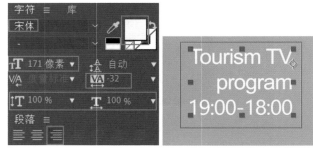"右对齐文本"，如图11-53所示。

（6）设置完成后输入合适的文本，如图11-54所示。

图 11-53　　　　　　图 11-54

（7）单击打开文字图层下方的"变换"，设置"位置"为（1702.6，425.8），设置"缩放"为（72.0，72.0%），如图11-55所示。

图 11-55

（8）选择"Tourism TV program"，更改"文字大小"为450像素，如图11-56所示。

图 11-56

（9）在"时间轴"面板中设置形状图层2的"轨道遮罩"为Alpha反转遮罩"Tourism TV program 19:00-18:00"，如图11-57所示。

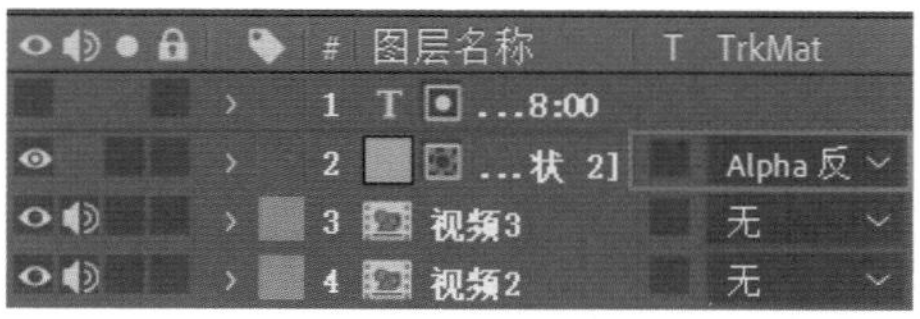

图 11-57

此时画面效果如图 11-58 所示。

图 11-58

（10）在"时间轴"面板中的空白位置处单击鼠标右键，执行"新建"/"灯光"命令。接着在弹出的"灯光设置"窗口中设置"灯光类型"为"点"，强度"为103%，接着勾选"投影"，设置"阴影深度"为50%，"阴影扩散"为72.0 px，设置完成后单击确定"按钮"，如图 11-59 所示。

图 11-59

（11）在"时间轴"面板中展开灯光1图层下方的"变换"，设置"位置"为（992.0，460.0，–666.7），如图 11-60 所示。

图 11-60

此时画面效果如图 11-61 所示。

图 11-61

（12）在"时间轴"面板选择除预合成图层外的所有图层，单击鼠标右键执行"预合成"命令，或者使用快捷键Shift+Ctrl+C进行预合成，命名为"片尾"，如图 11-62 所示。

图 11-62

（13）在"时间轴"面板中激活片尾预合成图层的"3D图层"和"运动模糊"。展开片尾预合成图层下方的"变换"，设置"缩放"为（52.0，52.0，52.0%），将时间线滑动至第3帧位置处，单击"位置"和"X轴旋转"前方的🕙（时间变化秒表）按钮，设置"位置"为（960.0，–818.0，0.0），设置"X轴旋转"为（0x+0.0°），将时间线滑动到13帧位置处，设置"位置"为（960.0，123.5，0.0），将时间线滑动到21帧位置处，设置"位置"为（960.0，279.5，0.0），设置"X轴旋转"为（1x+0.0°），如图 11-63 所示。

图 11-63

（14）在"效果和预设"面板中搜索"斜面Alpha"效果，将该效果拖到"时间轴"面板中的片尾预合成图层上。在"时间轴"面板中单击打开片尾预合成图层下方的"效果"/"斜面 Alpha"，设置"边缘厚度"为3.00，"灯光角度"为（0x+40.0°），如图 11-64 所示。

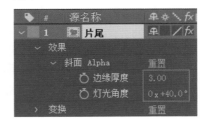

图 11-64

实战应用篇

333

（15）选择片尾预合成图层，使用快捷键 Ctrl+D 进行复制，调整图层顺序并重命名为"片尾倒影"，如图 11-65 所示。

图 11-65

（16）在"时间轴"面板中展开片尾倒影预合成图层下方的"变换"，更改"设置"，将时间线滑动至第 3 帧位置处，设置"位置"为（960.0，1806.0，0.0），将时间线滑动到 13 帧位置处，设置"位置"为（960.0，368.0，0.0），将时间线滑动到 21 帧位置处，设置"位置"为（960.0，824.0，0.0）；设置"方向"为（180.0°，0.0°，0.0°），并展开"效果"，删除"斜面 Alpha"效果，如图 11-66 所示。

图 11-66

此时画面效果如图 11-67 所示。

图 11-67

（17）在"效果和预设"面板中搜索"色调"效果，将该效果拖到"时间轴"面板中的片尾倒影预合成图层上。在"时间轴"面板中单击打开片尾倒影预合成图层下方的"效果"/"色调"，设置"将白色映射到"后方色块为黑色，"着色数量"为 71.0%，如图 11-68 所示。

图 11-68

（18）在"效果和预设"面板中搜索"高斯模糊"效果，将该效果拖到"时间轴"面板中的片尾倒影预合成图层上。在"时间轴"面板中单击打开片尾倒影预合成图层下方的"效果"/"高斯模糊"，设置"模糊度"为 48.0，如图 11-69 所示。

图 11-69

此时画面效果如图 11-70 所示。

图 11-70

（19）在"时间轴"面板选择除预合成图层外的所有图层，单击鼠标右键执行"预合成"命令，或者使用快捷键 Shift+Ctrl+C 进行预合成，命名为"片尾"，如图 11-71 所示。

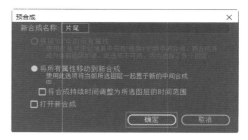

图 11-71

（20）在"时间轴"面板中设置片尾预合成图层的起始时间为9秒10帧，如图11-72所示。

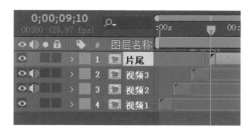

图11-72

（21）在"时间轴"面板中激活片尾预合成图层的"3D图层"。展开片尾预合成图层下方的"变换"，设置"位置"为（960.0，520.0，2407.0），取消"缩放"的 链（约束比例），"缩放"为（163.0，152.0，100.0%），将时间线滑动至第10秒06帧位置处，单击"Y轴旋转"前方的 码表（时间变化秒表）按钮，设置"Y轴旋转"为（0x+0.0°），将时间线滑动到10秒26帧位置处，设置"Y轴旋转"为（1x+0.0°），如图11-73所示。

图11-73

步骤04 创建文字，制作文字效果，制作栏目文字

（1）制作文字部分。在"时间轴"面板中的空白位置处单击鼠标右键，执行"新建"/"纯色"命令。接着在弹出的"纯色设置"窗口中设置"颜色"为蓝色，设置"名称"为文字背景，如图11-74所示。

图11-74

（2）在"效果和预设"面板中搜索"CC Spotlight"效果，将该效果拖到"时间轴"面板中的文字背景图层上。在"时间轴"面板中单击打开文字背景图层下方的"效果"/"CC Spotlight"，设置"From"为（992.0，536.0），"Cone Angle"为75.0，"Edge Softness"为100.0%，如图11-75所示。

图11-75

此时画面效果如图11-76所示。

图11-76

（3）在"时间轴"面板中激活文字背景的"运动模糊"，单击展开"变换"，设置"位置"为（960.0，986.5），如图11-77所示。

图11-77

（4）在"时间轴"面板中选中纯色图层，在"工具栏"中选择 （圆角矩形工具），将光标移动到"合成"面板中，在底部按住鼠标左键进行拖动绘制一个蒙版，如图11-78所示。

图11-78

（5）在"时间轴"面板中的空白位置处单击鼠标右键选择"新建"/"文本"，接着在"字符"面板中设置合适的"字体系列"，设置"填充颜色"为白色，设置"字体大小"为184像素，"垂直缩放"为100%，"水平缩放"为100%，在"段落"面板中选择 ▤ "居中对齐文本"，如图11-79所示。

图11-79

（6）设置完成后输入合适的文本，如图11-80所示。

图11-80

（7）单击打开文字图层下方"变换"，设置"位置"为（963.0，1009.5），如图11-81所示。

图11-81

此时画面效果如图11-82所示。

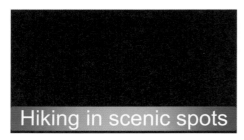

图11-82

（8）在"时间轴"面板中设置文字背景的"轨道遮罩"为Alpha反转遮罩"Hiking in scenic spots"，并设置文字背景与文本图层的起始时间为5秒28帧，结束时间为8秒23帧，如图11-83所示。

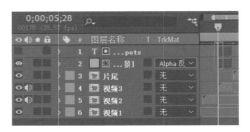

图11-83

此时画面效果如图11-84所示。

图11-84

（9）以同样的方法再次制作2个文字背景并输入合适的文本，设置合适的起始时间与结束时间，如图11-85所示。

图11-85

（10）在"时间轴"面板选择除预合成图层外的所有图层，单击鼠标右键执行"预合成"命令，或者使用快捷键Shift+Ctrl+C进行预合成，命名为"文字"，如图11-86所示。

图11-86

（11）在"时间轴"面板中激活文字预合成图层的"3D图层"。展开片尾预合成图层下方的"变换"，设置"位置"为（960.0，260.0，0.0），"缩放"为

（52.0，52.0，52.0%），如图11-87所示。

图 11-87

（12）在"效果和预设"面板中搜索"斜面Alpha"效果，将该效果拖到"时间轴"面板中的片尾预合成图层上。在"时间轴"面板中单击打开片尾预合成图层下方的"效果"/"斜面Alpha"，设置"边缘厚度"为3.00，"灯光角度"为（0x+40.0°），如图11-88所示。

图 11-88

（13）选择文字预合成图层，使用快捷键Ctrl+D进行复制，并重命名为"文字倒影"，如图11-89所示。

图 11-89

（14）在"时间轴"面板中展开文字倒影预合成图层下方的"变换"，更改"设置"，设置"位置"为（960.0，820.0，0.0），"方向"为（180.0°，0.0°，0.0°），如图11-90所示。

图 11-90

此时画面效果如图11-91所示。

图 11-91

（15）在"效果和预设"面板中搜索"色调"效果，将该效果拖到"时间轴"面板中的文字倒影预合成图层上。在"时间轴"面板中单击打开文字倒影预合成图层下方的"效果"/"色调"，设置"将白色映射到"后方色块为黑色，"着色数量"为42.0%，如图11-92所示。

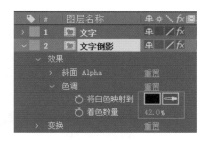

图 11-92

（16）在"效果和预设"面板中搜索"高斯模糊"效果，将该效果拖到"时间轴"面板中的文字倒影预合成图层上。在"时间轴"面板中单击打开视频文字倒影预合成图层下方的"效果"/"高斯模糊"，设置"模糊度"为33.0，"重复边缘像素"为开，如图11-93所示。

图 11-93

（17）在"时间轴"面板选择除预合成图层外的所有图层，单击鼠标右键执行"预合成"命令，或者使用快捷键Shift+Ctrl+C进行预合成，命名"为"文字"，如图11-94所示。

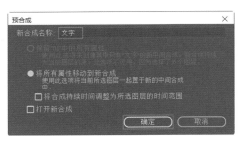

图 11-94

（18）在"时间轴"面板中激活文字预合成图层的"3D图层"。展开文字预合成图层下方的"变换"，将时间线滑动至第2秒位置处，单击"位置"前方的 ⏱（时间变化秒表）按钮，设置"位置"为（1307.0，425.0，1495.0），将时间线滑动到2秒20帧位置处，设置"位置"为（916.0，382.0，1495.0），将时间线滑动到5秒27帧位置处，设置"位置"为（1115.0，379.0，1590.0），将时间线滑动到6秒17帧位置处，设置"位置"为（1052.0，470.0，1495.0），设置"缩放"为（130.0，130.0，130.0%），如图11-95所示。

图 11-95

此时滑动时间线，画面效果如图11-96所示。

图 11-96

步骤05　制作灯光效果与3D效果

（1）制作灯光部分。在"时间轴"面板中的空白位置处单击鼠标右键，执行"新建"/"纯色"命令。接着在弹出的"纯色设置"窗口中设置"颜色"为黑色，设置"名称"为灯光，如图11-97所示。

图 11-97

（2）在"效果和预设"面板中搜索"CC Light Rays"效果，将该效果拖到"时间轴"面板中的纯色图层上。在"时间轴"面板中单击打开纯色图层下方的"效果"/"CC Light Rays"，设置"Center"为（872.0，407.0），如图11-98所示。

图 11-98

（3）在"效果和预设"面板中搜索"镜头光晕"效果，将该效果拖到"时间轴"面板中的纯色图层上。在"时间轴"面板中单击打开纯色图层下方的"效果"/"镜头光晕"，设置"光晕中心"为（860.0，264.0）；"光晕亮度"为70%，"镜头类型"为105毫米定焦，如图11-99所示。

图 11-99

（4）在"时间轴"面板选择除预合成图层外的所有图层，单击鼠标右键执行"预合成"命令，或者使用快捷键Shift+Ctrl+C进行预合成，命名为"灯光-右上"，如图11-100所示。

图 11-100

（5）在"时间轴"面板中激活文字预合成图层的"3D图层"。展开灯光-右上预合成图层下方的"变换"，设置"位置"为（4518.0，4.3，6467.0），取消"缩放"的约束比率，设置"缩放"为（287.4，453.1，277.0%），"Y轴旋转"为（0x+34.0°），将时间线滑动至起始时间位置处，单击"不透明度"前方的 ⏱（时间变化秒表）按钮，设置"不透明度"为0%，将时间线滑动到10帧位置处，设置"不透明度"为100%，如图11-101所示。

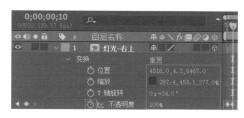

图 11-101

（6）在"时间轴"面板中的空白位置处单击鼠标右键，执行"新建"/"纯色"命令。接着在弹出的"纯色设置"窗口中设置"颜色"为黑色，设置"名称"为灯光，如图11-102所示。

图 11-102

（7）在"效果和预设"面板中搜索"CC Light Rays"效果，将该效果拖到"时间轴"面板中的纯色图层上。在"时间轴"面板中单击打开纯色图层下方的"效果"/"CC Light Rays"，设置"Center"为（872.0，407.0），如图11-103所示。

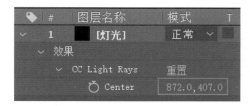

图 11-103

（8）在"效果和预设"面板中搜索"镜头光晕"效果，将该效果拖到"时间轴"面板中的纯色图层上。在"时间轴"面板中单击打开纯色图层下方的"效果"/"镜头光晕"，设置"光晕中心"为（860.0，264.0），"光晕亮度"为70%，"镜头类型"为105毫米定焦，如图11-104所示。

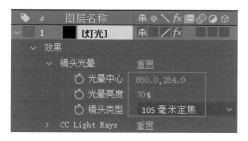

图 11-104

（9）在"时间轴"面板选择除预合成图层外的所有图层，单击鼠标右键执行"预合成"命令，或者使用快捷键Shift+Ctrl+C进行预合成，此时在弹出的"预合成"窗口中设置"新合成名称"为"灯光-左上"，如图11-105所示。

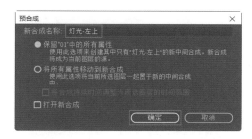

图 11-105

（10）在"时间轴"面板中激活文字预合成图层的"3D图层"。展开灯光-右上预合成图层下方的"变换"，设置"位置"为（–2451.9，54.0，6467.0），取消"缩放"的约束比率，设置"缩放"为（323.5，414.4，278.0%），"Y轴旋转"为（0x-34.0°），将时间线滑动至起始时间位置处，单击"不透明度"前方的 ⏱（时间变化秒表）按钮，设置"不透明度"为0%，将时间线滑动到10帧位置处，设置"不透明度"为100%，如图11-106所示。

图 11-106

（11）在"时间轴"面板中空白区域右击，在弹出的快捷菜单中执行"新建"/"摄影机"命令。在"时间轴"面板中展开摄影机1图层下方的"摄影机选项"，设置"缩放"为1866.7像素，"焦距"为1866.7像素，"光圈"为17.7像素，如图11-107所示。

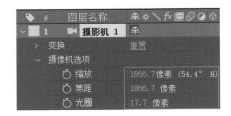

图 11-107

（12）展开"变换"，设置"目标点"为（955.0，120.0，1351.0），"位置"为（955.0，120.0，–515.6），如图11-108所示。

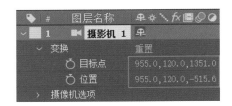

图 11-108

此时画面效果如图11-109所示。

图 11-109

（13）在"时间轴"面板中空白区域右击，在弹出的快捷菜单中执行"新建"/"空对象"命令，如图11-110所示。

图 11-110

（14）在"时间轴"面板中展开空对象1图层下方的"变换"，将时间线滑动至起始时间位置处，单击"位置"前方的 ⏱ （时间变化秒表）按钮，设置"位置"为（960.0，120.0，–3626.0），将时间线滑动到10帧位置处，设置"位置"为（955.0，120.0，1504.0）。将时间线滑动到2秒13帧位置处，设置"位置"为（955.0，120.0，1085.0）。将时间线滑动到2秒24帧位置处，设置"位置"为（955.0，120.0，2014.0）。将时间线滑动到3秒2帧位置处，设置"位置"为（955.0，120.0，1415.0），接着单击"方向"前方的 ⏱ （时间变化秒表）按钮，设置"方向"为（0.0°，0.0°，0.0°）。将时间线滑动到5秒16帧位置处，设置"位置"为（755.0，120.0，1205.0），设置"方向"为（0.0°，16.0°，0.0°）。将时间线滑动到5秒27帧位置处，设置"位置"为（1116.0，120.0，2154.0）。将时间线滑动到6秒6帧位置处，设置"位置"为（1315.0，120.0，1204.0），设置"方向"为（0.0°，346.0°，0.0°）。将时间线滑动到8秒22帧位置处，设置"位置"为（1067.0，120.0，1215.0），设置"方向"为（0.0°，346.0°，0.0°）。将时间线滑动到9秒6帧位置处，设置"位置"为（1067.0，120.0，–395.0），设置"方向"为（0.0°，0.0°，0.0°）。将时间线滑动到9秒21帧位置处，设置"位置"为（987.0，120.0，1305.0），如图11-111所示。

图 11-111

（15）在"时间轴"面板中设置"摄影机"的父子链接为"1.空 1"，如图11-112所示。

图 11-112

此时本案例制作完成，滑动时间线查看案例制作效果，如图11-113所示。

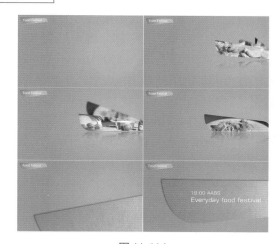

图 11-113

拓展笔记

从事影视栏目包装需要用到哪些软件？

影视栏目包装需要应用到的软件比较多，主要包括平面软件（如Photoshop、Illustrator等）、后期软件（如After Effects、Premiere等）、三维软件（如3ds Max、Cinema 4D等）。因此影视栏目包装是一个较为综合的行业，需要融会贯通地应用平面、后期、三维等多种技术，完成栏目的包装效果。

11.2 实战：美食节目预告

文件路径

实战素材/第11章

操作要点

使用"梯度渐变"效果制作背景，使用钢笔工具制作蒙版，添加"线性擦除""高斯模糊"效果制作预告效果，使用"梯度渐变"效果，创建文字，制作文字动画，制作结尾效果

案例效果

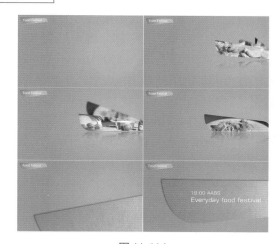

图 11-114

操作步骤

步骤01 制作标牌与动画效果

（1）在"项目"面板中，单击鼠标右键选择"新建合成"，在弹出来的"合成设置"面板中设置"合成名称"为01，"预设"为自定义，"宽度"为

1300px，"高度"为768px，"帧速率"为29.97，"持续时间"为8秒。在"时间轴"面板中的空白位置处单击鼠标右键，执行"新建"/"纯色"命令。接着在弹出的"纯色设置"窗口中设置"颜色"为"黑色 纯色1"，设置"名称"为背景，如图11-115所示。

图 11-115

（2）在"效果和预设"面板中搜索"梯度渐变"效果，将该效果拖到"时间轴"面板中的背景图层上。在"时间轴"面板中单击打开背景图层下方的"效果"/"梯度渐变"，设置"渐变起点"为（1002.2，382.3），"起始颜色"为青色，"渐变终点"为（359.4，119.0），"结束颜色"为蓝色，"渐变形状"为径向渐变，如图11-116所示。

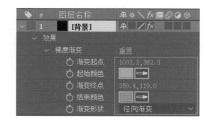

图 11-116

此时画面效果如图11-117所示。

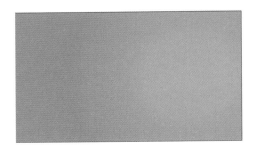

图 11-117

（3）执行"文件"/"导入"/"文件…"命令，导入全部素材。在"项目"面板中将01.mp4素材拖到"时间轴"面板中，如图11-118所示。

图 11-118

（4）在"时间轴"面板中单击打开01.mp4素材图层下方的"变换"，设置"位置"为（637.9，197.0），设置"缩放"为（19.0，19.0%），如图11-119所示。

图 11-119

此时画面效果如图11-120所示。

图 11-120

（5）在"时间轴"面板中选中01.mp4素材图层，在"工具栏"中选择（钢笔工具），在"合成"面

板绘制一个合适的形状，在绘制时可调整锚点两端控制点改变路径形状，如图11-121所示。

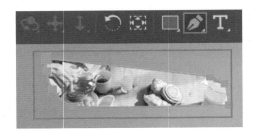

图 11-121

（6）在"时间轴"面板选择0.1mp4图层，单击鼠标右键执行"预合成"命令，或者使用快捷键Shift+Ctrl+C进行预合成，此时在弹出的"预合成"窗口中设置"新合成名称"为"标牌1"，如图11-122所示。

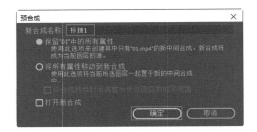

图 11-122

（7）在"时间轴"面板中单击打开标牌1预合成图层下方的"变换"，设置"锚点"为（998.0，246.0），设置"位置"为（1000.0，246.0），将时间线滑动至第2秒10帧位置处，单击"旋转"前方的（时间变化秒表）按钮，设置"旋转"为（0x+0.0°），将时间线滑动到2秒20帧位置处，设置"旋转"为（0x-90.0°），如图11-123所示。

图 11-123

（8）在"时间轴"面板选择标牌1图层，单击鼠标右键执行"预合成"命令，或者使用快捷键Shift+Ctrl+C进行预合成，命名为"01"，如图11-124所示。

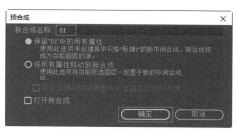

图 11-124

（9）在"时间轴"面板中激活01预合成图层的"3D图层"。展开01预合成图层下方的"变换"，设置"锚点"为（975.0，246.0，0.0），"位置"为（1025.0，460.0，0.0），将时间线滑动至起始时间位置处，单击"方向"前方的 ○（时间变化秒表）按钮，设置"方向"为（0.0°，55.0°，6.0°），将时间线滑动到第20帧位置处，设置"方向"为（0.0°，0.0°，0.0°），如图 11-125 所示。

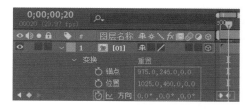

图 11-125

此时画面效果如图 11-126 所示。

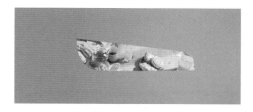

图 11-126

（10）在"项目"面板中将02.mp4素材拖到"时间轴"面板中。在"时间轴"面板中单击打开02.mp4素材图层下方的"变换"；设置"位置"为（639.4，141.4），设置"缩放"为（36.0，36.0%），如图 11-127 所示。

图 11-127

此时画面效果如图 11-128 所示。

图 11-128

（11）在"时间轴"面板中选中02.mp4素材图层，在"工具栏"中选择 ✎（钢笔工具），单击鼠标左键添加锚点，绘制一个合适的形状，在绘制时可调整锚点两端控制点改变路径形状，如图 11-129 所示。

图 11-129

（12）在"时间轴"面板选择除预合成图层外的所有图层，单击鼠标右键执行"预合成"命令，或者使用快捷键Shift+Ctrl+C进行预合成，此时在弹出的"预合成"窗口中设置"新合成名称"为"标牌2"，如图 11-130 所示。

图 11-130

（13）在"时间轴"面板中激活标牌2预合成图层的"3D图层"。展开标牌2预合成图层下方的"变换"，设置"锚点"为（998.0，246.0，0.0），设置"位置"为（1000.0，246.0，0.0），将时间线滑动至第4秒10帧位置处，单击"方向"前方的 ○（时间变化秒表）按钮，设置"方向"为（0.0°，0.0°，0.0°），将时间线滑动到4秒20帧位置处，设置"方向"为（0.0°，0.0°，270.0°），如图 11-131 所示。

图 11-131

（14）在"时间轴"面板选择除预合成图层外的所有图层，单击鼠标右键执行"预合成"命令，或者使用快捷键 Shift+Ctrl+C 进行预合成，命名为"02"，如图 11-132 所示。

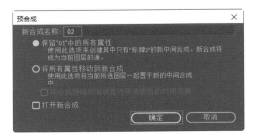

图 11-132

（15）在"时间轴"面板中激活 02 预合成图层的"3D图层"。展开 02 预合成图层下方的"变换"，设置"锚点"为（975.0，246.0，0.0），"位置"为（1025.0，460.0，0.0），将时间线滑动至起始时间位置处，单击"方向"前方的 ⏱（时间变化秒表）按钮，设置"方向"为（0.0°，55.0°，10.0°），将时间线滑动到第 20 帧位置处，设置"方向"为（0.0°，0.0°，0.0°），如图 11-133 所示。

图 11-133

（16）为其添加"高斯模糊（旧版）"效果，将时间线滑动至 2 秒 10 帧位置处，单击"模糊的"前方的 ⏱（时间变化秒表）按钮，设置数值为 20.0。将时间线滑动至 2 秒 20 帧位置处，单击"模糊的"前方的 ⏱（时间变化秒表）按钮，设置数值为 0.0。此时画面效果如图 11-134 所示。

图 11-134

（17）在"项目"面板中将 03.mp4 素材拖到"时间轴"面板中。在"时间轴"面板中单击打开 03.mp4 素材图层下方的"变换"，设置"位置"为（643.4，190.4），设置"缩放"为（54.0，54.0%），如图 11-135 所示。

图 11-135

（18）在"时间轴"面板中选中 03.mp4 素材图层，在"工具栏"中选择 ✎（钢笔工具），单击鼠标左键建立锚点，绘制一个合适的形状，在绘制时可调整锚点两端控制点改变路径形状，如图 11-136 所示。

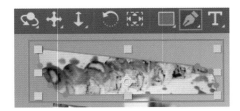

图 11-136

（19）在"时间轴"面板选择除预合成图层外的所有图层，单击鼠标右键执行"预合成"命令，或者使用快捷键 Shift+Ctrl+C 进行预合成，命名为"标牌3"，如图 11-137 所示。

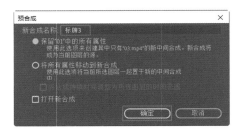

图 11-137

（20）在"时间轴"面板中激活标牌 3 预合成图层的"3D图层"。展开标牌 3 预合成图层下方的"变换"，设置"锚点"为（998.0，246.0，0.0），设置"位置"为（1000.0，246.0，0.0），将时间线滑动至第 5 秒 20 帧位置处，单击"方向"前方的 ⏱（时间变化秒表）按钮，设置"方向"为（0.0°，0.0°，0.0°），将时间线滑动到 6 秒位置处，设置"方向"为（0.0°，0.0°，270.0°），如图 11-138 所示。

图 11-138

（21）在"时间轴"面板选择除预合成图层外的所有图层，单击鼠标右键执行"预合成"命令，或者使用快捷键Shift+Ctrl+C进行预合成，此时在弹出的"预合成"窗口中设置"新合成名称"为"03"，如图 11-139 所示。

图 11-139

（22）在"时间轴"面板中激活03预合成图层的"3D图层"。展开03预合成图层下方的"变换"，设置"锚点"为（975.0，246.0，0.0），"位置"为（1025.0，460.0，0.0），将时间线滑动至起始时间位置处，单击"方向"前方的 🕙（时间变化秒表）按钮，设置"方向"为（0.0°，105.0°，6.0°），将时间线滑动到第20帧位置处，设置"方向"为（0.0°，75.0°，14.0°），如图 11-140 所示。

图 11-140

此时画面效果如图 11-141 所示。

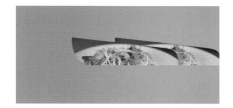

图 11-141

步骤02　制作动画与倒影

（1）在"时间轴"面板中调整图层顺序，如图 11-142 所示。

图 11-142

（2）在"时间轴"面板选择图层1、图层2与图层3，单击鼠标右键执行"预合成"命令，或者使用快捷键Shift+Ctrl+C进行预合成，命名为"旋转"，如图 11-143 所示。

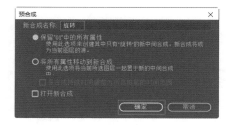

图 11-143

（3）在"时间轴"面板中展开旋转预合成图层下方的"变换"，设置"位置"为（787.0，384.0），将时间线滑动至起始时间位置处，单击"不透明度"前方的 🕙（时间变化秒表）按钮，设置"不透明度"为0%，将时间线滑动到第5帧位置处，设置"不透明度"为100%，如图 11-144 所示。

图 11-144

（4）在"时间轴"面板中选择旋转预合成，使用快捷键Ctrl+D进行复制，并修改预合成名称为倒影，并激活倒影预合成图层的"3D图层"，如图 11-145 所示。

图 11-145

（5）在"时间轴"面板中展开倒影预合成图层下方的"变换"，修改设置"位置"为（787.0，535.0，0.0），设置"方向"为（180.0°，0.0°，0.0°），如图 11-146 所示。

图 11-146

此时画面效果如图 11-147 所示。

图 11-147

（6）在"效果和预设"面板中搜索"线性擦除"效果，将该效果拖到"时间轴"面板中的倒影预合成图层上。在"时间轴"面板中单击打开倒影预合成图层下方的"效果"/"线性擦除"，设置"过渡完成"为58%，"擦除角度"为（0x+180.0°），"羽化"为136.0，如图 11-148 所示。

图 11-148

（7）在"效果和预设"面板中搜索"高斯模糊"效果，将该效果拖到"时间轴"面板中的倒影预合成图层上。在"时间轴"面板中单击打开倒影预合成图层下方的"效果"/"高斯模糊"，设置"模糊度"为3.0，如图 11-149 所示。

此时画面效果如图 11-150 所示。

图 11-149

图 11-150

步骤 03 制作影片结尾动画

（1）在"时间轴"面板中的空白位置处单击鼠标右键，执行"新建"/"纯色"命令。接着在弹出的"纯色设置"窗口中设置"颜色"为"黑色 纯色1"，设置"名称"为结尾，如图 11-151 所示。

图 11-151

（2）在"时间轴"面板中展开结尾纯色图层下方的"变换"，设置"锚点"为（998.0，484.0），"位置"为（2125.0，466.0），"缩放"为（274.0，274.0%），将时间线滑动至第5秒20帧位置处，单击"旋转"前方的 ◎ （时间变化秒表）按钮，设置"旋转"为（0x+316.0°），将时间线滑动到第6秒位置处，设置"旋转"为（0x+354.0°），如图 11-152 所示。

图 11-152

此时画面效果如图11-153所示。

图11-153

（3）在"效果和预设"面板中搜索"梯度渐变"效果，将该效果拖到"时间轴"面板中的结尾纯色图层上。在"时间轴"面板中单击打开结尾纯色图层下方的"效果"/"梯度渐变"，设置"渐变起点"为（330.0，384.0），"起始颜色"为橙色，"渐变终点"为（686.0，384.0），"结束颜色"为黄色，如图11-154所示。

图11-154

（4）在"效果和预设"面板中搜索"投影"效果，将该效果拖到"时间轴"面板中的结尾纯色图层上。在"时间轴"面板中单击打开结尾纯色图层下方的"效果"/"投影"，设置"不透明度"为35%，"方向"为（0x+308.0°），"柔和度"为10.0，如图11-155所示。

图11-155

此时画面效果如图11-156所示。

图11-156

（5）在"时间轴"面板中选中结尾纯色图层，在"工具栏"中选择 （钢笔工具），在画面合适位置单击鼠标左键添加锚点，绘制一个合适的形状，在绘制时可调整锚点两端控制点改变路径形状，如图11-157所示。

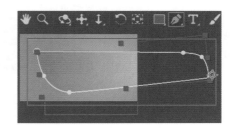

图11-157

此时滑动时间线，画面效果如图11-158所示。

图11-158

（6）在"时间轴"面板中的空白位置处单击鼠标右键选择"新建"/"文本"，接着在"字符"面板中设置合适的"字体系列"，设置"填充颜色"为白色，设置"字体大小"为50像素，"设置行距"为63像素，"垂直缩放"为94%，"水平缩放"为100%，然后在"段落"面板中选择 "左对齐文本"，如图11-159所示。

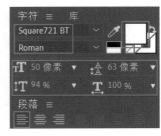

图11-159

（7）设置完成后输入合适的文本，如图11-160所示。

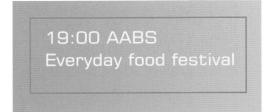

图11-160

（8）选择"Everyday food festival"，更改"文字大小"为70像素，如图11-161所示。

图11-161

（9）在"时间轴"面板中修改文字图层的名字为结尾字幕。单击打开文字图层下方"变换"，设置"位置"为（494.4，359.1），将时间线滑动至第6秒位置处，单击"不透明度"前方的 ○（时间变化秒表）按钮，设置"不透明度"为0%，将时间线滑动到第6秒5帧位置处，设置"不透明度"为100%，如图11-162所示。

图11-162

此时画面效果如图11-163所示。

图11-163

（10）在"时间轴"面板中的空白位置处单击鼠标右键，执行"新建"/"纯色"命令。接着在弹出的"纯色设置"窗口中设置"颜色"为"黑色 纯色1"，设置"名称"为标志，如图11-164所示。

图11-164

（11）在"时间轴"面板中选中标志纯色图层，在"工具栏"中选择 （钢笔工具），单击鼠标左键建立锚点，绘制一个合适的形状，在绘制时可调整锚点两端控制点改变路径形状，如图11-165所示。

图11-165

（12）在"时间轴"面板中展开标志纯色图层下方的"变换"，设置"位置"为（112.0，48.9），"缩放"为（40.0，40.0%），设置"旋转"为（0x-7.0°），如图11-166所示。

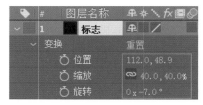

图11-166

此时画面效果如图11-167所示。

图11-167

（13）在"效果和预设"面板中搜索"梯度渐变"效果，将该效果拖到"时间轴"面板中的标志纯色图层上。在"时间轴"面板中单击打开标志纯色图层下方的"效果"/"梯度渐变"，设置"渐变起点"为（330.0，384.0），"起始颜色"为橙色，"渐变终点"为（686.0，384.0），"结束颜色"为黄色，如图11-168所示。

图 11-168

此时画面效果如图11-169所示。

图 11-169

（14）在"时间轴"面板中的空白位置处单击鼠标右键选择"新建"/"文本"，接着在"字符"面板中设置合适的"字体系列"，设置"填充颜色"为白色，设置"字体大小"为35像素，"设置行距"为0像素，"垂直缩放"为100%，"水平缩放"为100%，然后在"段落"面板中选择"左对齐文本"，如图11-170所示。

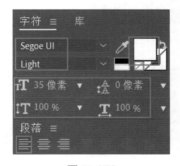

图 11-170

（15）设置完成后输入合适的文本，如图11-171所示。

图 11-171

（16）在"时间轴"面板中单击打开文字图层下方"变换"，设置"位置"为（55.0，68.2），如图11-172所示。

图 11-172

此时本案例制作完成，滑动时间线查看案例制作效果，如图11-173所示。

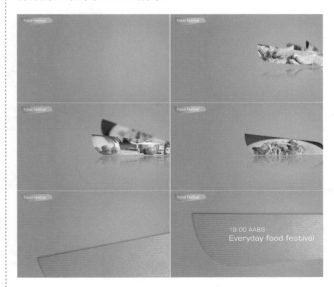

图 11-173

第12章
影视特效

影视特效设计是近年来需求量较大的设计行业之一，越来越多的电影、电视剧、短片、广告动画中需要特效镜头。而从事影视特效设计需要极强的美术功底，要有对色彩、造型、节奏、氛围、动作设计的把控力，并且需要掌握影视特效的软件，如后期特效合成软件、三维软件、粒子插件、流体插件、动力学插件，从而完成如爆炸、光效、粉尘、分型艺术等特效类效果。特效师的就业前景较好，目前国内应用特效的行业趋于成熟，包括影视、动画、游戏、广告等。

学习目标

掌握影视特效设计项目的制作流程
掌握粒子的应用
掌握光效的应用

12.1 实战：粒子片头动画

文件路径

实战素材/第12章

操作要点

使用"CC Particle World""发光"效果制作背景，接着创建文字并使用"梯度渐变""CC Light Sweep"效果制作文字效果，最后使用"分形杂色""线性擦除"效果制作光束感

案例效果

图 12-1

操作步骤

（1）在"项目"面板中，单击鼠标右键选择"新建合成"，在弹出来的"合成设置"面板中设置"合成名称"为合成1，"预设"为 HDTV 1080 25，"宽度"为1920，"高度"为1080，"帧速率"为25，"持续时间"为8秒。在"时间轴"面板中的空白位置处单击鼠标右键，执行"新建"/"纯色"命令，如图12-2所示。

图 12-2

（2）在弹出的"纯色设置"窗口中设置"颜色"为"黑色 纯色 1"，"名称"为粒子，如图12-3所示。

（3）在"效果和预设"面板中搜索"CC Particle World"效果，将该效果拖到"时间轴"面板中的文字图层上。在"时间轴"面板中选择纯色图层，在"效果控件"面板中打开"CC Particle World"效果，设置"Birth Rate"为7.0，"Longevuty（sec）"为2.00，展开"Producer"，设置"Radius X"为0.700，"Radius Y"为0.500，"Radius Z"为1.000，如图12-4所示。

图 12-3

（4）展开"Physics"，设置"Velocity"为0.00；"Gravity"为0.000，展开"Particle"，设置"Particle Type"为 Faded Sphere，"Birth Size"为0.100，"Death Size"为0.100，"Birth Color"为肉色，"Death Color"为橙色，如图12-5所示。

图 12-4

图 12-5

（5）展开"Extras"/"Depth Cue"，设置"Type"为 None，如图12-6所示。

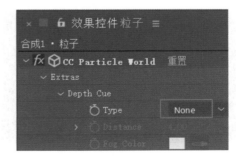

图 12-6

拓展笔记

After Effects功能非常强大，与其内置的效果众多是不无关系的。除了可以使用内置的"CC Particle World"效果制作粒子特效以外，还可以自行下载并安装外置插件，以辅助达到更震撼的粒子效果。

如：Trapcode Particular插件常用于模拟烟、火、闪光灯自然粒子效果。

Form（三维空间粒子插件），常用于模拟烟雾特效、火焰特效、沙化溶解、爆炸、颗粒等炫酷的粒子效果。

此时画面效果如图12-7所示。

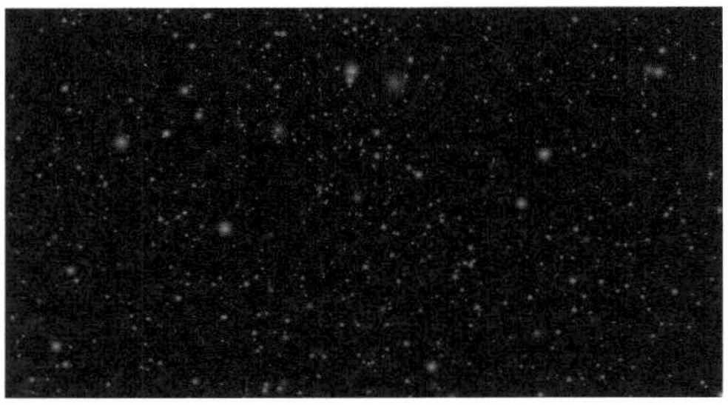

图 12-7

（6）在"效果和预设"面板中搜索"发光"效果，将该效果拖到"时间轴"面板中的纯色图层上。在"时间轴"面板中单击打开纯色图层下方的"效果"/"发光"，设置"发光强度"为2.0，如图12-8所示。

图 12-8

此时画面效果如图12-9所示。

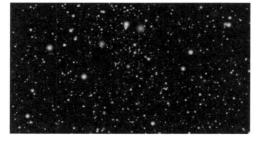

图 12-9

（7）在"时间轴"面板中的空白位置处单击鼠标右键选择"新建"/"文本"，接着在"字符"面板中设置合适的"字体系列"，设置"填充颜色"为白色，设置"字体大小"为93像素，"垂直缩放"为100%，"水平缩放"为160%，然后单击"全部大写字母"，在"段落"面板中选择 "左对齐文本"，如图12-10所示。

图 12-10

（8）设置完成后输入合适的文本，如图12-11所示。

图 12-11

（9）在"时间轴"面板中激活文本图层的"3D图层"，展开文本图层下方的"变换"，设置"位置"为（640.0，592.7，0.0），将时间线滑动至起始位置，单击"不透明度"前方的 （时间变化秒表）按钮，设置"不透明度"为0%，将时间线滑动到第1秒位置处，设置"不透明度"为100%，如图12-12所示。

图 12-12

（10）在"效果和预设"面板中搜索"梯度渐变"和"CC Light Sweep"效果，将效果分别拖到"时间轴"面板中的文本图层上。在"时间轴"面板中单击打开文本图层下方的"效果"/"梯度渐变"，设置"渐变起点"为（375.0，600.5），"起始颜色"为蓝色，"渐变终点"为（1481.2，600.5），"结束颜色"为黄色，如图12-13所示。

此时画面效果如图12-14所示。

图 12-13

图12-14

（11）在"效果和预设"面板中搜索"CC Light Sweep"效果，将该效果拖到"时间轴"面板中的文本图层上。在"时间轴"面板中单击打开文本图层下方的"效果"/"CC Light Sweep"，设置"Center"为（341.2，568.1），"Direction"为（0x+90.0°），"Width"为20.0，"Sweep Intensiyt"为50.0，如图12-15所示。

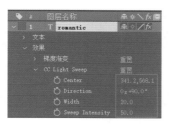

图12-15

此时画面文本效果如图12-16所示。

图12-16

（12）在"时间轴"面板中的空白位置处单击鼠标右键，执行"新建"/"纯色"命令。设置"颜色"为"黑色 纯色1"，"名称"为光，如图12-17所示。

图12-17

（13）在"时间轴"面板中激活光纯色图层的"3D图层"。展开文本图层下方的"变换"，设置"位置"为（960.0，450.0，0.0），"缩放"为（125.0，125.0，125.0%），"方向"为（330.0°，0.0° 0.0°），

将时间线滑动至起始位置，单击"不透明度"前方的 ⏱（时间变化秒表）按钮，设置"不透明度"为0%，将时间线滑动到第1秒位置处，设置"不透明度"为100%，如图12-18所示。

图12-18

（14）在"效果和预设"面板中搜索"分形杂色"效果，将该效果拖到"时间轴"面板中的光纯色图层上。在"时间轴"面板中单击打开光纯色图层下方的"效果"/"分形杂色"，设置"对比度"为120.0，"亮度"为−40.0，展开"变换"，设置"统一缩放"为关，"缩放高度"为4000.0，"偏移（湍流）"为（463.9，384.0），如图12-19所示。

图12-19

（15）设置"演化"为（1x+140.0°），然后按住键盘上的Alt键，单击"演化"前方的 ⏱（时间变化秒表）按钮，然后在后方输入（time*100+500），此时为演化添加表达式，如图11-20所示。

图12-20

滑动时间线，此时画面呈现光线晃动效果，如图12-21所示。

图12-21

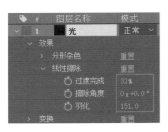

图 12-22

（16）在"效果和预设"面板中搜索"线性擦除"效果，将该效果拖到"时间轴"面板中的光纯色图层上。在"时间轴"面板中单击打开光纯色图层下方的"效果"/"线性擦除"，设置"过渡完成"为32%，"擦除角度"为（0x+0.0°），"羽化"为151.0，如图12-22所示。

（17）在"时间轴"面板中选择光纯色图层，设置"混合模式"为屏幕，如图12-23所示。

图 12-23

此时画面效果如图 12-24 所示。

图 12-24

（18）在"时间轴"面板中空白区域右击，在弹出的快捷菜单中执行"新建"/"摄影机"命令，如图12-25所示。接着在弹出的"摄像机设置"窗口中，单击"确定"按钮。

重点笔记

为了制作出所有图层向前推进的镜头感，所以创建了"摄影机"图层，并设置位置动画，从而模拟震撼的推进放大画面效果。

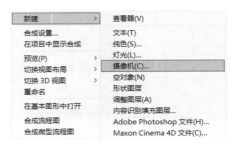

图 12-25

（19）在"时间轴"面板中展开摄影机1图层下方的"变换"，将时间线滑动至起始位置，单击"位置"前方的 （时间变化秒表）按钮，设置"位置"为（960.0，540.0，-945.0），将时间线滑动到第7秒24帧位置处，设置"位置"为（960.0，540.0，-350.0），展开"摄影机选项"，设置"缩放"为992.1像素（88.1° H），"焦距"为909.1像素，"光圈"为17.7像素，如图12-26所示。

图 12-26

本案例制作完成，查看案例制作效果，如图12-27所示。

图 12-27

12.2 实战：科技未来

文件路径

实战素材/第12章

操作要点

创建文字，使用"投影"效果制作文字效果，接着使用"波纹""湍流置换""CC Light Burst 2.5"制作科技感效果

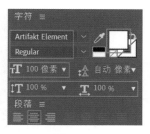

案例效果

图12-28

操作步骤

步骤01 制作背景，创建文字与动画

（1）在"项目"面板中，单击鼠标右键选择"新建合成"，在弹出来的"合成设置"面板中设置"合成名称"为合成1，"预设"为HDTV 1080 24，"宽度"为1920，"高度"为1080，"帧速率"为24，"持续时间"为10秒。在"时间轴"面板中的空白位置处单击鼠标右键，执行"新建"/"纯色"命令，如图12-29所示。

图12-29

（2）在弹出的"纯色设置"窗口中设置"颜色"为品蓝色，并命名为"深 品蓝色 纯色 1"，如图12-30所示。

图12-30

（3）在"时间轴"面板中的空白位置处单击鼠标右键选择"新建"/"文本"，接着在"字符"面板中设置合适的"字体系列"，设置"填充颜色"为白色，设置"字体大小"为100像素，"垂直缩放"为100%，"水平缩放"为100%，在"段落"面板中选择 "居中对齐文本"，如图12-31所示。

图12-31

（4）设置完成后输入合适的文本，如图12-32所示。

图12-32

（5）在"时间轴"面板中单击打开文本图层单击"文本"后方的动画按钮 ，接着在弹出的快捷菜单中执行"位置"命令，如图12-33所示。

图12-33

（6）再次单击"文本"后方的动画按钮 ，接着在弹出的快捷菜单中执行"不透明度"命令，如图12-34所示。

图12-34

（7）在"时间轴"面板中展开文字图层下方的"文本"/"动画制作工具1"，接着将时间线滑动至第2秒19位置，单击"位置"和"不透明度"前方的 （时间变化秒表）按钮，设置"位置"为（0.0，100.0），"不透明度"为0%，将时间线滑动到第3秒7帧位置处，设置"位置"为（0.0，0.0），"不透明度"为100%，如图12-35所示。

图12-35

（8）在"时间轴"面板中框选文本图层所有关键帧，右击，在弹出的快捷菜单中执行"关键帧辅助"/"缓动"命令，如图12-36所示。

图12-36

（9）在"时间轴"面板中设置文本图层的起始时间设置为2秒19帧，接着展开文本图层下方的"变换"，设置"位置"为（178.3，759.1），"旋转"为（0x-90.0°），如图12-37所示。

图12-37

（10）在"效果和预设"面板中搜索"投影"效果，将该效果拖到"时间轴"面板中的文本图层上。

图12-38

在"时间轴"面板中单击打开的文本图层下方的"效果"/"投影"，设置"不透明度"为20%，"距离"为125.0，"柔和度"为200.0，如图12-38所示。

此时画面效果如

图12-39所示。

图12-39

（11）在"时间轴"面板中的空白位置处单击鼠标右键，选择"新建"/"文本"，接着在"字符"面板中设置合适的"字体系列"，设置"填充颜色"为黄色，设置"字体大小"为330像素，"垂直缩放"为100%，"水平缩放"为100%，在"段落"面板中选择 "居中对齐文本"，如图12-40所示。

图12-40

（12）设置完成后输入合适的文本，如图12-41所示。

图12-41

（13）在文字工具选中状态下。在"合成"面板中选择字符"%"，更改"填充颜色"为白色，选择"上标"，如图12-42所示。

图12-42

（14）在"时间轴"面板中单击打开95%文本图层，单击"文本"后方的动画按钮 ▶，接着在弹出的快捷菜单中执行"位置"命令，如图12-43所示。

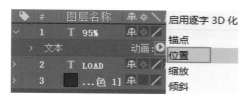

图 12-43

（15）在"时间轴"面板中展开95%文字图层下方的"文本"/"动画制作工具1"后方的动画按钮 ▶，接着在弹出的快捷菜单中执行"属性"/"不透明度"命令，如图12-44所示。

图 12-44

（16）在"时间轴"面板中展开文字图层下方的"文本"/"动画制作工具1"/"范围选择器1"，接着将时间线滑动至第2秒11帧位置，单击"偏移"前方的 ⏱ （时间变化秒表）按钮，设置"偏移"为–100%，将时间线滑动到第3秒16帧位置处，设置"偏移"为100%，展开"高级"，设置"形状"为上斜坡，"缓和高"为100%，接着设置"位置"为（150.0，0.0），"不透明度"为0%，如图12-45所示。

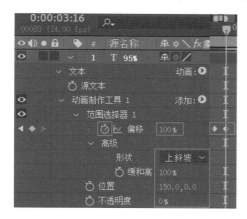

图 12-45

（17）在"时间轴"面板中框选95%文本图层所有关键帧并右击，在弹出的快捷菜单中执行"关键帧辅助"/"缓动"命令，如图12-46所示。

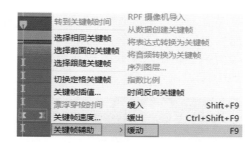

图 12-46

（18）在"时间轴"面板中设置95%文本图层的起始时间设置为2秒11帧，接着展开95%文本图层下方的"变换"，设置"位置"为（455.8，864.2），如图12-47所示。

图 12-47

（19）在"效果和预设"面板中搜索"投影"效果，将该效果拖到"时间轴"面板中的95%文本图层上。在"时间轴"面板中单击打开的95%文本图层下方的"效果"/"投影"，设置"不透明度"为20%，"距离"为125.0，"柔和度"为200.0，如图12-48所示。

图 12-48

此时画面效果如图12-49所示。

图 12-49

（20）在工具栏中单击选择"矩形工具"▣，设置"填充"为白色，然后在"合成"面板中文本上方合适位置拖拽绘制一个长方形并调整它的位置，如图12-50所示。

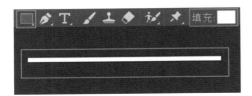

图12-50

（21）在"时间轴"面板中展开形状图层1下方的"内容"/"矩形1"/"矩形路径1"，接着将时间线滑动至第2秒03位置，单击"大小"和"位置"前方的▣（时间变化秒表）按钮，取消"大小"的约束比例，设置"大小"为（2.8，10.0），设置"位置"为（–730.0，0.0），将时间线滑动到第3秒03帧位置处，设置"大小"为（800.0，10.0），设置"位置"为（–344.0，0.0），展开"变换：矩形1"，设置"位置"为（–727.9，–154.1），如图12-51所示。

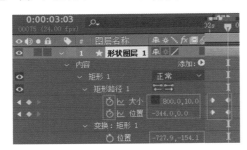

图12-51

（22）在"时间轴"面板中框选形状图层1所有关键帧并右击，在弹出的快捷菜单中执行"关键帧辅助"/"缓动"命令，如图12-52所示。

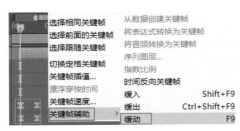

图12-52

（23）在"时间轴"面板中设置形状图层1的起始时间为2秒2帧，接着展开形状图层1下方的"变换"，设置"位置"为（1560.8，688.3），如图12-53所示。

图12-53

（24）在"效果和预设"面板中搜索"投影"效果，将该效果拖到"时间轴"面板中的形状图层1上。在"时间轴"面板中单击打开形状图层1下方的"效果"/"投影"，设置"不透明度"为20%，"距离"为125.0，"柔和度"为200.0，如图12-54所示。

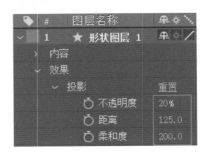

图12-54

此时滑动时间线，画面效果如图12-55所示。

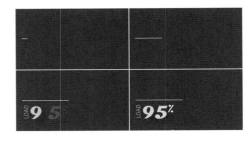

图12-55

（25）在"时间轴"面板中的空白位置处单击鼠标右键选择"新建"/"文本"，接着在"字符"面板中设置合适的"字体系列"，设置"填充颜色"为白色，设置"字体大小"为100像素，"设置行距"为50像素，"垂直缩放"为100%，"水平缩放"为100%，选择"全部大写"，在"段落"面板中选择▤"左对齐文本"，如图12-56所示。

（26）设置完成后输入合适的文本，如图12-57所示。

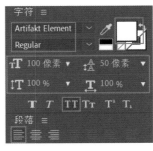

图12-56

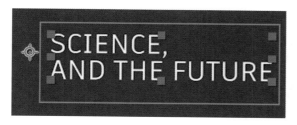

图 12-57

（27）在"时间轴"面板中单击打开图层 1 的文本图层，单击"文本"后方的动画按钮 ▶，接着在弹出的快捷菜单中执行"位置"命令，如图 12-58 所示。

图 12-58

（28）在"时间轴"面板中展开图层 1 的文字图层下方的"文本"/"动画制作工具 1"后方的动画按钮 ▶，接着在弹出的快捷菜单中执行"属性"/"不透明度"命令，如图 12-59 所示。

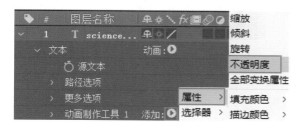

图 12-59

（29）在"时间轴"面板中展开图层 1 的文字图层下方的"文本"/"动画制作工具 1"/"范围选择器 1"，接着将时间线滑动至第 1 秒 19 位置，单击"偏移"前方的 ⏱（时间变化秒表）按钮，设置"偏移"为 −100%，将时间线滑动到第 3 秒 07 帧位置处，设置"偏移"为 100%，展开"高级"，设置"依据"为词，"形状"为上斜坡，"缓和高"为 100%，设置"位置"为（100.0，0.0），"不透明度"为 0%，如图 12-60 所示。

（30）在"时间轴"面板中框选图层 1 的文本图层所有关键帧并右击，在弹出的快捷菜单中执行"关键帧辅助"/"缓动"命令，如图 12-61 所示。

图 12-60

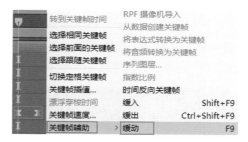

图 12-61

（31）在"时间轴"面板中设置图层 1 的文本图层的起始时间为 1 秒 19 帧，接着展开图层 1 的文本图层下方的"变换"，设置"位置"为（22.2，382.5），如图 12-62 所示。

图 12-62

（32）在"效果和预设"面板中搜索"投影"效果，将该效果拖到"时间轴"面板中的图层 1 的文本图层上。在"时间轴"面板中单击打开图层 1 的文本图层下方的"效果"/"投影"，设置"不透明度"为 20%，"距离"为 125.0，"柔和度"为 200.0，如图 12-63 所示。

图 12-63

此时画面效果如图12-64所示。

图 12-64

步骤 02　制作科技感动画

（1）执行"文件"/"导入"/"文件…"命令，导入01.mp4素材。在"项目"面板中将01.mp4素材拖到"时间轴"面板中，如图12-65所示。

图 12-65

（2）在"时间轴"面板中接着展开01.mp4素材图层下方的"变换"，设置"位置"为（1448.0，188.0），"缩放"为（44.0，44.0%），如图12-66所示。

图 12-66

此时画面效果如图12-67所示。

图 12-67

（3）在"效果和预设"面板中搜索"波纹"效果，将该效果拖到"时间轴"面板中的01.mp4素材

图层上。在"时间轴"面板中单击打开01.mp4素材图层下方的"效果"/"波纹"，设置"半径"为100.0，接着将时间线滑动至第4秒位置，单击"波形宽度"和"波形高度"前方的 ⏱（时间变化秒表）按钮，设置"波形宽度"为2.0，设置"波形高度"为0.0，将时间线滑动到第6秒位置处，设置"波形宽度"为5.6，"波形高度"为400.0，将时间线滑动到第7秒7帧位置处，设置"波形宽度"为2.0，"波形高度"为0.0，如图12-68所示。

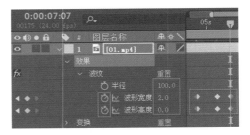

图 12-68

此时画面效果如图12-69所示。

图 12-69

（4）在"工具栏"中选择 ⬭（椭圆工具），设置"填充"为无，设置"描边"为黄色，"描边宽度"为50像素。在画面合适位置按住Shift键的同时按住鼠标左键拖动绘制一个正圆，如图12-70所示。

图 12-70

（5）在"时间轴"面板中展开形状图层2下方的"内容"/"椭圆1"/"椭圆路径1"，设置"大小"为

（330.0，330.0），接着展开"描边 1"，将时间线滑动至第4秒位置，单击"描边宽度"前方的 ⏱（时间变化秒表）按钮，设置"描边宽度"为50.0，将时间线滑动到第6秒位置处，设置"描边宽度"为0.0，展开"变换：椭圆1"，设置"位置"为（1.0，40.0），如图12-71所示。

图12-71

（6）在"时间轴"面板中右击形状图层2的第6秒关键帧，在弹出的快捷菜单中执行"切换定格关键帧"命令，如图12-72所示。

图12-72

（7）在"时间轴"面板中设置形状图层2的起始时间为4秒，接着展开形状图层2下方的"变换"，设置"位置"为（1653.0，406.0），将时间线滑动至第4秒位置，单击"缩放"前方的 ⏱（时间变化秒表）按钮，设置"缩放"为（0.0，0.0%），将时间线滑动到第6秒位置处，设置"缩放"为（100.0，100.0%），如图12-73所示。

图12-73

此时滑动时间线，画面效果如图12-74所示。

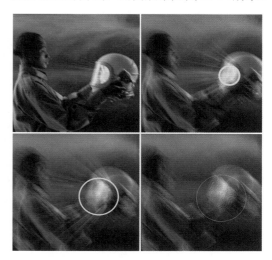

图12-74

（8）在"效果和预设"面板中搜索"湍流置换"效果，将该效果拖到"时间轴"面板中的形状图层2上。在"时间轴"面板中单击打开形状图层2下方的"效果"/"湍流置换"，设置"数量"为230.0，"大小"为55.0，"复杂度"为5.0，接着将时间线滑动至第4秒位置，单击"演化"前方的 ⏱（时间变化秒表）按钮，设置"演化"为（0x+0.0°），将时间线滑动到第8秒23帧位置处，设置"演化"为（0x+109.7°），如图12-75所示。

图12-75

（9）在"时间轴"面板中右击形状图层2的"变换"/"缩放"的第6秒的关键帧，在弹出的快捷菜单中执行"切换定格关键帧"命令，如图12-76所示。

图12-76

此时画面效果如图12-77所示。

图12-77

（10）在"时间轴"面板中选择形状图层2，并使用快捷键Ctrl+D进行复制，如图12-78所示。

图12-78

（11）在"时间轴"面板中修改"变换"/"位置"，设置"位置"为（1593.0，374.0），如图12-79所示。

图12-79

（12）打开"效果"/"湍流置换"，设置"数量"为120.0，"大小"为40.0，"偏移（湍流）"为（394.7，540.0），将时间线滑动到第8秒23帧位置处，设置"演化"为（0x+234.4°），如图12-80所示。

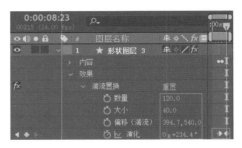

图12-80

（13）在"效果和预设"面板中搜索"CC Light Burst 2.5"效果，将该效果拖到"时间轴"面板中的形状图层3上。在"时间轴"面板中单击打开形状图层3下方的"效果"/"CC Light Burst 2.5"，设置"Center"为（1773.0，405.0），"Ray Length"为200.0，如图12-81所示。

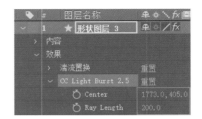

图12-81

此时本案例制作完成，画面效果如图12-82所示。

图12-82

12.3　实战：科幻电影特效镜头

文件路径

实战素材/第12章

操作要点

绘制椭圆图形并使用"父级和链接""轨道遮罩""发光"效果制作出电子眼的效果，接着创建文字并使用"按单词模糊"效果，运用"运动跟踪"制作出科幻电影特效镜头

案例效果

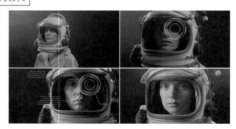

图12-83

操作步骤

步骤01　制作视频电影感

（1）执行"文件"/"导入"/"文件…"命令，导入01.mp4素材。在"项目"面板中将01.mp4素材拖到"时间轴"面板中，此时在"项目"面板中自动生成与素材尺寸等大的合成。在"项目"面板中将配乐.mp3素材拖到"时间轴"面板中01.mp4素材图层下方，如图12-84所示。

图12-84

此时画面效果如图12-85所示。

图12-85

（2）在"工具栏"中选择 （椭圆工具），设置"填充"为无，设置"描边"为蓝色，"描边宽度"为10像素。在画面人物右上角合适位置按住Shift键的同时按住鼠标左键拖动绘制一个正圆，如图12-86所示。

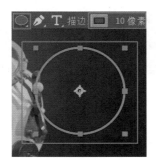

图12-86

（3）在"时间轴"面板中展开形状图层1下方的"变换"，设置"锚点"为（513.0，−462.0），"位置"为（2561.0，618.0），"旋转"为（0x+0.0）。在键盘

上按住Alt键将单击"旋转"前方的 （时间变化秒表）按钮，接着输入（time*-30）。如图12-87所示。

图12-87

此时画面效果如图12-88所示。

图12-88

（4）再次在"工具栏"中选择 （椭圆工具），设置"填充"为无，设置"描边"为蓝色，"描边宽度"为6像素。在画面合适位置按住Shift键的同时按住鼠标左键拖动绘制一个正圆，如图12-89所示。

图12-89

（5）在"时间轴"面板中展开形状图层2下方的"变换"，设置"锚点"为（513.0，−462.0），"位置"为（2561.0，618.0），"缩放"为（99.0，99.0），如图12-90所示。

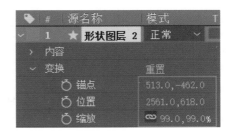

图12-90

（6）在"时间轴"面板中设置形状图层2后方的"父级和链接"为2.形状图层1，设置形状图层1的"轨道遮罩"为 Alpha 反转遮罩"形状图层2"，如图12-91所示。

图 12-91

此时画面效果如图12-92所示。

图 12-92

（7）以同样的方式继续制作两组圆形并摆放到合适的位置，制作合适的动画与轨道遮罩、父级和链接，效果如图12-93所示。

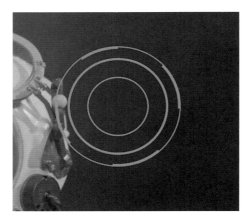

图 12-93

 重点笔记

此处的环形效果除了在After Effects中添加外，还可以在Illustrator中绘制，并导入当前软件中。

（8）在"时间轴"面板选择所有形状图层，单击鼠标右键执行"预合成"命令，命名为"预合成1"，如图12-94所示。

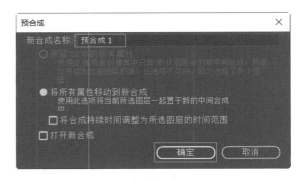

图 12-94

（9）在"时间轴"面板中展开预合成1图层下方的"变换"，设置"不透明度"为90%，如图12-95所示。

（10）在"效果和预设"面板中搜索"发光"效果，将该效果拖到"时间轴"面板中预合成1图层上。在"时间轴"面板中单击打开预合成1图层下方的"效果"/"发光"，如图12-96所示。

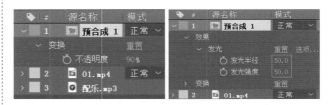

图 12-95　　　　　　图 12-96

此时画面效果如图12-97所示。

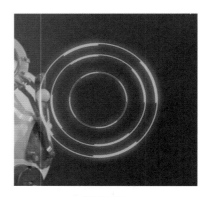

图 12-97

（11）在"时间轴"面板中空白区域单击，在工具栏中选择 ✎（钢笔工具），设置"填充颜色"为无，"描边"为蓝色，"描边宽度"为6像素，接着在画面正圆左上角绘制一个线段，如图12-98所示。

（12）在"时间轴"面板中单击打开形状图层1下方"内容"后方的动画按钮 ▶，接着在弹出的快捷菜单中执行"修剪路径"命令，如图12-99所示。

图 12-98　　　　　　　　　图 12-99

（13）在"时间轴"面板中展开形状图层1下方的"内容"/"修剪路径1"，将时间线滑动至第8秒位置，单击"结束"前方的 （时间变化秒表）按钮，设置"结束"为0.0%，将时间线滑动到第13秒位置处，设置"结束"为100.0%，如图12-100所示。

图 12-100

（14）在"效果和预设"面板中搜索"发光"效果，将该效果拖到"时间轴"面板中的形状图层1上。在"时间轴"面板中单击打开形状图层1下方的"效果"/"发光"，设置"发光半径"为50.0，"发光强度"为50.0，如图12-101所示。

图 12-101

滑动时间线，此时画面效果如图12-102所示。

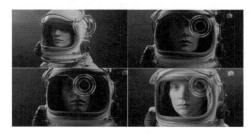

图 12-102

（15）在"时间轴"面板中空白区域单击，在工具栏中选择 （钢笔工具），设置"填充颜色"为无，"描边"为蓝色，"描边宽度"为6像素，接着在画面正圆右下角绘制一个线段，如图12-103所示。

（16）在"时间轴"面板中单击打开形状图层2下方的"内容"后方的动画按钮 ，接着在弹出的快捷菜单中执行"修剪路径"命令，如图12-104所示。

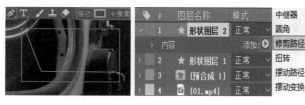

图 12-103　　　　　　　　图 12-104

（17）在"时间轴"面板中展开形状图层2下方的"内容"/"修剪路径1"，将时间线滑动至第10秒位置，单击"结束"前方的 （时间变化秒表）按钮，设置"结束"为0.0%，将时间线滑动到第15秒位置处，设置"结束"为100.0%，如图12-105所示。

图 12-105

（18）在"效果和预设"面板中搜索"发光"效果，将该效果拖到"时间轴"面板中的形状图层2上。在"时间轴"面板中单击打开形状图层2下方的"效果"/"发光"，设置"发光半径"为50.0，"发光强度"为50.0，如图12-106所示。

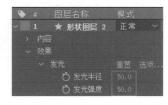

图 12-106

滑动时间线，此时画面效果如图12-107所示。

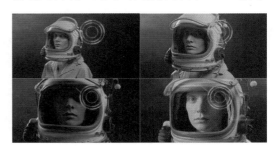

图 12-107

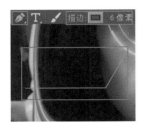

图 12-108

（19）在"时间轴"面板中空白区域单击，在工具栏中选择 ✏（钢笔工具），设置"填充颜色"为无，"描边"为蓝色，"描边宽度"为6像素，接着在画面正圆左下角绘制一个线段，如图 12-108 所示。

（20）在"时间轴"面板中单击打开形状图层3，单击"内容"后方的动画按钮 ▶，接着在弹出的快捷菜单中执行"修剪路径"命令，如图 12-109 所示。

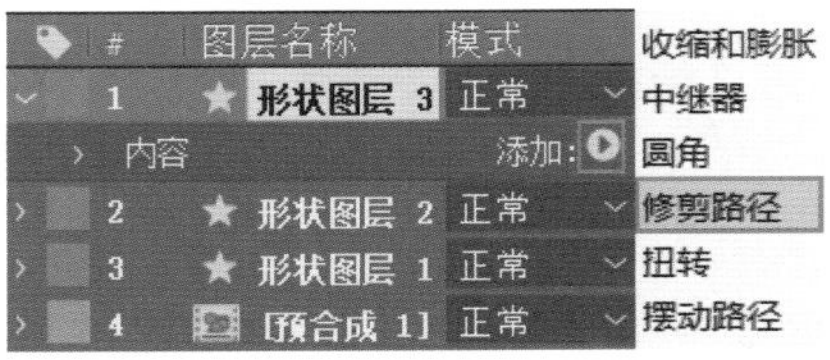

图 12-109

（21）在"时间轴"面板中展开形状图层3下方的"内容"/"修剪路径1"，将时间线滑动至第9秒位置，单击"结束"前方的 ⏱（时间变化秒表）按钮，设置"结束"为0.0%，将时间线滑动到第13秒1帧位置处，设置"结束"为100.0%，如图 12-110 所示。

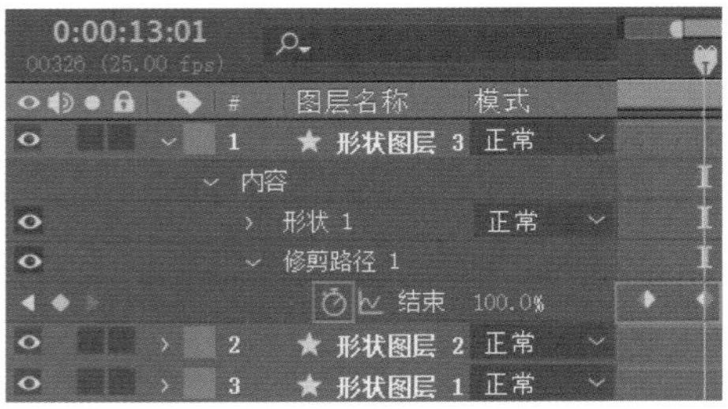

图 12-110

（22）在"效果和预设"面板中搜索"发光"效果，将该效果拖到"时间轴"面板中的形状图层3上。在"时间轴"面板中单击打开形状图层3下方的"效果"/"发光"，设置"发光半径"为50.0，"发光强度"为50.0，如图 12-111 所示。

图 12-111

滑动时间线，此时画面效果如图 12-112 所示。

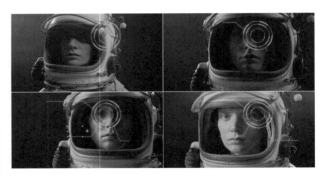

图 12-112

步骤 02　创建文字并制作文字动画

（1）在"时间轴"面板中的空白位置处单击鼠标右键选择"新建"/"文本"，接着在"字符"面板中设置合适的"字体系列"，设置"填充颜色"为淡蓝色，设置"字体大小"为60像素，"垂直缩放"

图 12-113

为100%，"水平缩放"为100%，在"段落"面板中选择 ▤"右对齐文本"，如图 12-113 所示。

（2）设置完成后输入合适的文本，如图 12-114 所示。

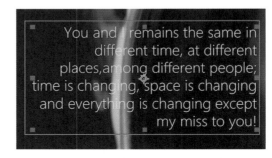

图 12-114

（3）在"时间轴"面板中展开文本图层下方的"变换"，设置"位置"为（1048.0，1270.0），"不透明度"为80%，如图 12-115 所示。

图 12-115

（4）在"时间轴"面板中将时间线滑动至11秒位置，在"效果和预设"面板中搜索"按单词模糊"效果，将该效果拖到"时间轴"面板中的文本图层上，如图12-116所示。

图12-116

此时画面效果如图12-117所示。

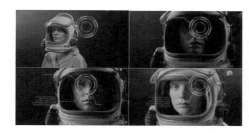

图12-117

（5）以同样的方式创建文字并摆放到合适的位置，并在合适的时间位置添加"按单词模糊"效果，此时画面效果，如图12-118所示。

图12-118

（6）在"时间轴"面板选择除01.mp4素材图层与配乐.mp3素材图层的其他图层，单击鼠标右键执行"预合成"命令，命名为"预合成2"，如图12-119所示。

图12-119

（7）在"跟踪器"面板中单击"跟踪运动"，然后在"时间轴"面板中选择01.mp4素材图层，并将时间线滑动至第8秒位置处，接着在"跟踪器"面板中设置"跟踪类型"为"变换"，如图12-120所示。

图12-120

（8）在"合成"面板中调整跟踪点到人物的右眼睛上，并调整控制点大小，如图12-121所示。

图12-121

（9）在"跟踪器"面板中单击"编辑目标"，在弹出的"运动目标"窗口中设置"图层"为1.预合成2，如图12-122所示。

图12-122

（10）在"跟踪器"面板中单击"向前分析"，接着单击"应用"按钮，如图12-123所示。

图12-123

（11）滑动时间线，此时画面效果如图12-124所示。

图 12-124

（12）在"时间轴"面板中展开预合成2图层下方的"变换"，接着将时间线滑动至起始时间位置处，单击"不透明度"前方的 ⬛ （时间变化秒表）按钮，设置"不透明度"为0%，将时间线滑动到第7秒位置处，设置"不透明度"为0%，将时间线滑动到第8秒位置处，设置"不透明度"为100%，如图12-125所示。

（13）在"时间轴"面板中设置预合成2的结束时间为18秒10帧位置处，如图12-126所示。

图 12-125

图 12-126

此时本案例制作完成，画面效果如图12-127所示。

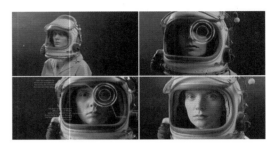

图 12-127

第13章
短视频设计

短视频设计是近年来非常火爆的从业方向，抖音、快手涌现出越来越多的专业"玩家"，也促使短视频越来越专业化，已经从普通的"拍视频"，逐渐演变为"做视频"。因此在短视频创作时就要充分考虑内容设计、营销推广、流量变现等诸多实际问题。本章将讲解短视频的制作流程，包括剪辑、镜头组接、文字动画、配乐等。

掌握短视频剪辑
掌握短视频镜头对接
掌握短视频文字的添加方式

学习目标

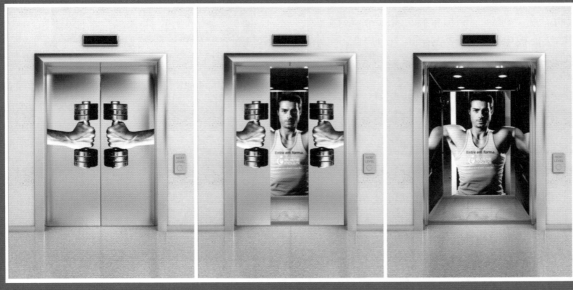

13.1　实战：健康生活方式短视频

文件路径

实战素材/第13章

操作要点

使用快捷键"Alt+["和"Alt+]"进行剪切视频，然后创建文字，制作文字动画

案例效果

图 13-1

操作步骤

步骤01　剪辑视频制作视频动画

（1）在"项目"面板中，单击鼠标右键选择"新建合成"，在弹出来的"合成设置"面板中设置"合成名称"为01，"预设"为自定义，"宽度"为1920，"高度"为1080，"帧速率"为30，"持续时间"为15秒。执行"文件"/"导入"/"文件…"命令，导入全部素材。在"项目"面板中将配乐.mp3素材拖到"时间轴"面板中，如图13-2所示。

图 13-2

（2）在"时间轴"面板中的空白位置处单击鼠标右键，执行"新建"/"纯色"命令，如图13-3所示。

（3）在弹出的"纯色设置"窗口中设置"颜色"为青绿色并命名为"中等灰色-青绿色 纯色 1"，如图13-4所示。

图 13-3

图 13-4

（4）在"项目"面板中将01.mp4素材拖到"时间轴"面板中，将时间线滑动至2秒位置处，选择01.mp4素材图层，使用快捷键Alt+]剪辑视频，如图13-5所示。

图 13-5

（5）在"时间轴"面板中展开01.mp4素材图层下方的"变换"，设置"缩放"为（78.0，78.0%），如图13-6所示。

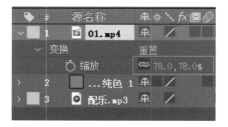

图 13-6

此时画面效果如图13-7所示。

图13-7

（6）在"项目"面板中将02.mp4素材拖到"时间轴"面板中，将时间线滑动至3秒位置处，选择02.mp4素材图层，使用快捷键Alt+[剪辑视频，接着再次将时间线滑动至5秒位置处，使用快捷键Alt+]剪辑视频，并拖拽时间滑块起始时间到第2秒，如图13-8所示。

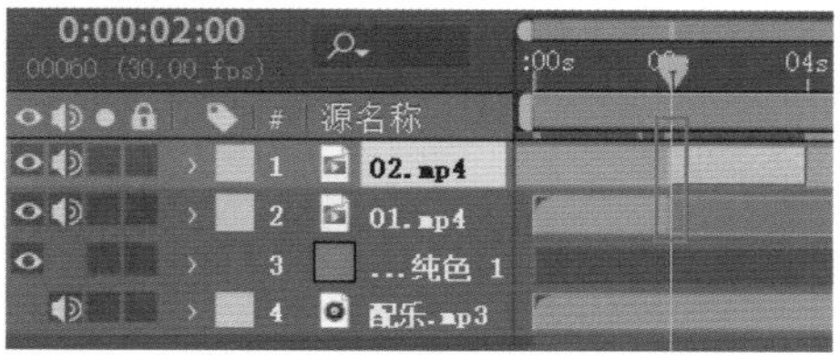

图13-8

（7）在"项目"面板中将03.mp4素材拖到"时间轴"面板中，将时间线滑动至3秒位置处，选择03.mp4素材图层，使用快捷键Alt+[剪辑视频，接着再次将时间线滑动至5秒位置处，使用快捷键Alt+]剪辑视频，并拖拽时间滑块起始时间到第4秒，如图13-9所示。

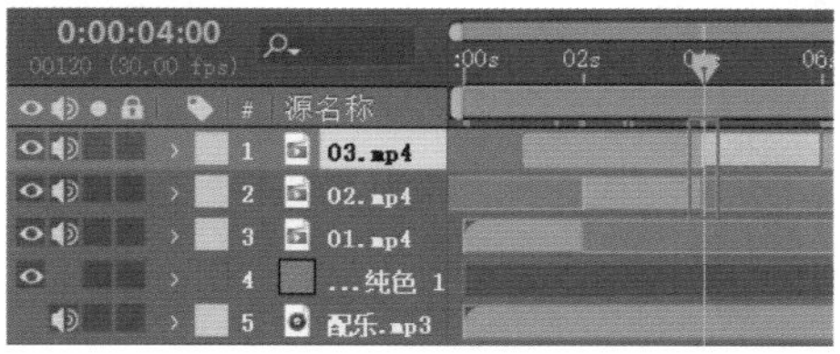

图13-9

（8）在"项目"面板中将04.mp4素材拖到"时间轴"面板中，将时间线滑动至3秒位置处，选择04.mp4素材图层，使用快捷键Alt+[剪辑视频，接着再次将时间线滑动至5秒位置处，使用快捷键Alt+]剪辑视频，并拖拽时间滑块起始时间到第6秒，如图13-10所示。

（9）在"时间轴"面板中展开04.mp4素材图层下方的"变换"，设置"缩放"为（50.0，50.0%），如图13-11所示。

图13-10

图13-11

（10）在"项目"面板中将05.mp4素材拖到"时间轴"面板中，将时间线滑动至2秒位置处，选择05.mp4素材图层，使用快捷键Alt+]剪辑视频，并拖拽时间滑块起始时间到第8秒，如图13-12所示。

图13-12

（11）在"项目"面板中将06.mp4素材拖到"时间轴"面板中，将时间线滑动至2秒位置处，选择06.mp4素材图层，使用快捷键Alt+]剪辑视频，并拖拽时间滑块起始时间到第10秒，如图13-13所示。

图13-13

（12）在"项目"面板中分别将05.mp4、01.mp4、06.mp4素材拖到"时间轴"面板中，接着将时间线滑动至2秒位置处，分别选择05.mp4、01.mp4、06.mp4素材图层，使用快捷键Alt+[剪辑视频，接着再次将时间线滑动至5秒位置处，使用快捷键Alt+]剪辑视频，如图13-14所示。

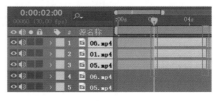

图13-14

（13）再次在"项目"面板中分别将02.mp4、03.mp4、04.mp4素材拖到"时间轴"面板中，接着将时间线滑动至5秒位置处，分别选择02.mp4、03.mp4、04.mp4素材图层，使用快捷键Alt+[剪辑视频，接着再次将时间线滑动至8秒位置处，使用快捷键Alt+]剪辑视频，如图13-15所示。

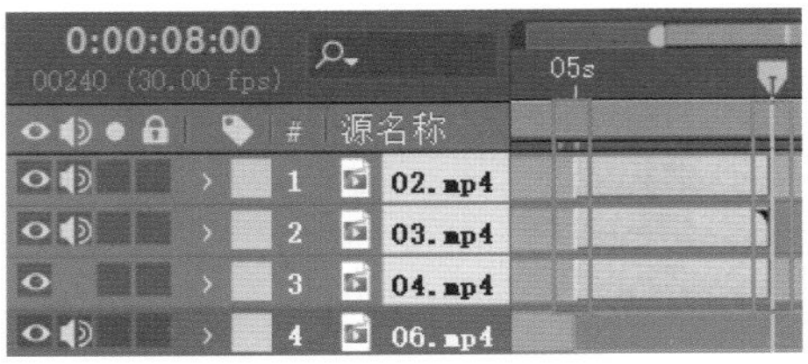

图 13-15

（14）在时间轴面板中调整图层顺序，并拖动时间滑块起始时间滑动至12秒位置处，如图13-16所示。

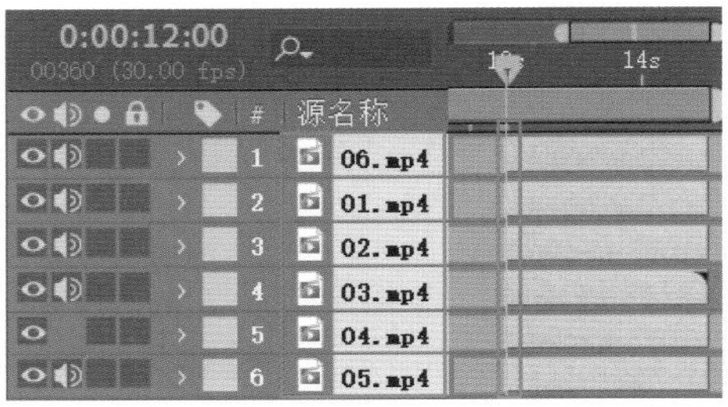

图 13-16

（15）在"时间轴"面板中打开图层6的05.mp4素材图层下方的"变换"，接着将时间线滑动至第12秒位置，单击"位置"和"缩放"前方的◎（时间变化秒表）按钮，设置"位置"为（960.0，540.0），设置"缩放"为（100.0，100.0%），将时间线滑动到第14秒位置处，设置"位置"为（938.0，920.0），"缩放"为（34.0，34.0%），如图13-17所示。

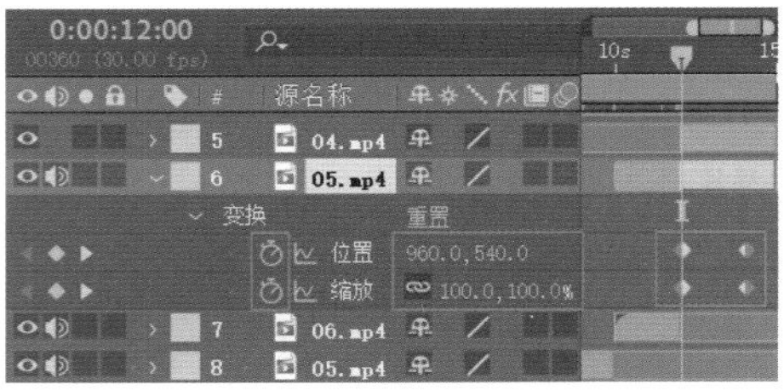

图 13-17

（16）以同样的方式制作图层1到图层5素材图层12秒到14秒的位置与缩放动画，此时画面效果如图13-18所示。

图 13-18

步骤02　创建文字并制作文字动画

（1）在"时间轴"面板中的空白位置处单击鼠标右键选择"新建"/"文本"，接着在"字符"面板中设置合适的"字体系列"，设置"填充颜色"为白色，设置"字体大小"为523像素，"垂直缩放"为100%，"水平缩放"为100%，选择"上标"，在"段落"面板中选择▤"居中对齐文本"，如图13-19所示。

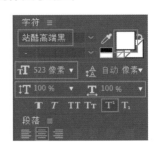

图 13-19

（2）设置完成后输入"享受生活"文本，如图13-20所示。

图 13-20

（3）在"时间轴"面板中单击打开"享受生活"文本图层，点击"文本"后方的动画按钮▶，接着在弹出的快捷菜单中执行"不透明度"命令，如图13-21所示。

图 13-21

（4）在"时间轴"面板中展开"享受生活"文

字图层下方的"文本"/"动画1"/"范围选择器1"，接着将时间线滑动至起始时间位置，单击"起始"前方的 ⏱（时间变化秒表）按钮，设置"起始"为0%，将时间线滑动到第2秒位置处，设置"起始"为100%，展开"高级"，设置"平滑度"为0%，设置"不透明度"为0%，如图13-22所示。

图13-22

（5）在"时间轴"面板中设置"享受生活"文本图层的起始时间为2秒，接着展开"享受生活"文本图层下方的"变换"，设置"位置"为（956.0，730.0），如图13-23所示。

图13-23

此时画面效果如图13-24所示。

图13-24

（6）在"时间轴"面板中的空白位置处单击鼠标右键选择"新建"/"文本"，接着在"字符"面板中设置合适的"字体系列"，设置"填充颜色"为白色，设置"字体大小"为523像素，"垂直缩放"

为100%，"水平缩放"为100%，选择"上标"，在"段落"面板中选择 ▤"居中对齐文本"，如图13-25所示。

图13-25

（7）设置完成后输入"坚持运动"文本，如图13-26所示。

图13-26

（8）在"时间轴"面板中单击打开"坚持运动"文本图层，点击"文本"后方的动画按钮 ▶，接着在弹出的快捷菜单中执行"不透明度"命令，如图13-27所示。

图13-27

（9）在"时间轴"面板中展开"坚持运动"文字图层下方的"文本"/"动画1"/"范围选择器1"，接着将时间线滑动至第2秒位置处，单击"起始"前方的 ⏱（时间变化秒表）按钮，设置"起始"为0%，将时间线滑动到第4秒位置处，设置"起始"为100%，展开"高级"，设置"平滑度"为0%，设置"不透明度"为0%，如图13-28所示。

图13-28

（10）在"时间轴"面板中展开"坚持运动"文本图层下方的"变换"，设置"位置"为（956.0，

730.0），如图 13-29 所示。

图 13-29

（11）在"时间轴"面板中，时间线滑动至2秒位置处，"坚持运动"文本图层使用快捷键 Alt+[剪辑视频，接着再次将时间线滑动至4秒位置处，使用快捷键 Alt+] 剪辑视频，如图 13-30 所示。

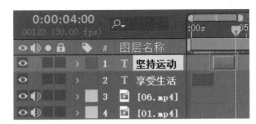

图 13-30

此时画面效果如图 13-31 所示。

图 13-31

（12）以同样的方式创建文字并制作文字动画，摆放至合适的位置上，设置合适的起始时间与结束时间。此时本案例制作完成，画面效果如图 13-32 所示。

图 13-32

第14章
UI设计

移动互联网已经普及，因此大量的手机、平板等移动端设备需要APP应用，而APP开发设计中很重要的一部分环节就是UI设计。UI设计不仅仅需要设计UI的外形本身，而且需要设计好UI的动画效果，如启动APP的动效、使用APP的动效等。

掌握使用APP的动画效果
掌握启动APP的动画效果

14.1　实战：选择列表界面设计

文件路径

实战素材/第14章

操作要点

使用"圆角矩形工具""钢笔工具"绘制图形，并搭配"投影""描边"等图层样式制作画面列表，使用"缩放"属性制作出一系列动画效果

案例效果

图 14-1

操作步骤

步骤01　制作背景与动画

（1）在"项目"面板中，单击鼠标右键选择"新建合成"，在弹出来的"合成设置"面板中设置"合成名称"为合成1，"预设"为PAL D1/DV，"宽度"为720，"高度"为576，"帧速率"为25，"持续时间"为5秒。在"时间轴"面板中的空白位置处单击鼠标右键，执行"新建"/"纯色"命令，如图14-2所示。

图 14-2

（2）在弹出的"纯色设置"窗口中设置"颜色"为白色，并命名为"白色 纯色 1"，如图14-3所示。

图 14-3

（3）单击"时间轴"面板空白处，不选择任何图层，接着在"工具栏"中长按■（矩形工具），此时在弹出的工具组中选择■（圆角矩形工具），设置"填充"为淡黄色，设置完成后在"合成"面板中心按住鼠标左键拖动绘制，如图14-4所示。

图 14-4

（4）添加图层样式。在"时间轴"面板中选择形状图层1图层，单击鼠标右键执行"图层样式"/"投影"，如图14-5所示。

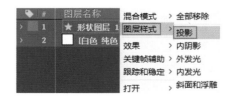

图 14-5

（5）在"时间轴"面板中打开形状图层1图层下方的"图层样式"/"投影"，设置"不透明度"为50%，接着打开"变换"，设置"位置"为（358.0，287.0），如图14-6所示。

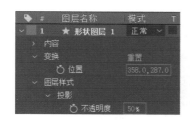

图14-6

此时画面效果如图14-7所示。

（6）在不选中任何图层的状态下，在"工具栏"中单击▢（矩形工具），设置"填充"为浅黄色，设置完成后在圆角矩形上方合适位置绘制一个矩形作为列表背景，如图14-8所示。

图14-7　　　　　图14-8

（7）在不选中任何图层的状态下，在"工具栏"中再次选择▢（圆角矩形工具），设置"填充"为橙色，设置完成后在合适的位置按住鼠标左键拖动绘制，如图14-9所示。

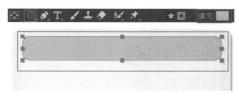

图14-9

（8）在"时间轴"面板中单击选中形状图层3，单击鼠标右键执行"图层样式"/"渐变叠加"，如图14-10所示。

图14-10

（9）在"时间轴"面板中单击打开形状图层3下方的"图层样式"/"渐变叠加"，单击"颜色"后方的"编辑渐变"，如图14-11所示。

图14-11

（10）在弹出的"渐变编辑器"中编辑一个橙色系的渐变，如图14-12所示。

图14-12

此时圆角矩形效果如图14-13所示。

图14-13

（11）在"时间轴"面板中单击打开形状图层3下方的"变换"，设置"位置"（360.0，286.0），如图14-14所示。

图14-14

（12）在"效果和预设"面板中搜索"球面化"效果，并将其拖到"时间轴"面板中的形状图层3上。在"时间轴"面板中单击打开形状图层3下方的"效果"/"球面化"，设置"半径"为300.0，将时间线拖动至起始帧位置处，单击"球面中心"前的（时间变化秒表）⏱，设置"球面中心"为

（-120.0，288.0），继续将时间线滑动到15帧位置，设置"球面中心"为（873.0，288.0），如图14-15所示。

图 14-15

此时滑动时间线，查看画面效果如图14-16所示。

图 14-16

步骤02　创建画面素材与动画

（1）在"工具栏"中再次单击选择■（圆角矩形工具），设置"填充"为白色，设置完成后，在"合成"面板圆角矩形下方合适位置继续绘制一个白色圆角矩形，如图14-17所示。

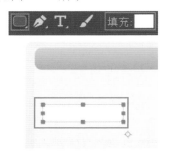

图 14-17

（2）在"时间轴"面板中单击打开形状图层4下方的"内容"/"矩形1"/"矩形路径1"，设置"圆度"为10.0，如图14-18所示。

图 14-18

（3）在"时间轴"面板中单击选中形状图层4，单击鼠标右键执行"图层样式"/"投影"。在"时间轴"面板中单击打开"图层样式"/"投影"，设置"颜色"为沙棕色，"不透明度"为35%，"角度"为0x+90°，如图14-19所示。

此时白色圆角矩形画面效果如图14-20所示。

图 14-19　　　　　　　图 14-20

（4）选择"时间轴"面板中的形状图层4，使用快捷键Ctrl+D依次复制出三个与形状图层4相同的图层，如图14-21所示。

图 14-21

（5）分别打开形状图层5、形状图层6、形状图层7下方的变换，更改形状图层5"位置"为（614.0，289.0），更改形状图层6"位置"为（360.0，391.0），更改形状图层7"位置"为（615.0，391.0），如图14-22所示。

此时画面效果如图14-23所示。

图 14-22　　　　　　　图 14-23

（6）播放按钮。在"工具栏"中单击选择○（椭圆工具），设置"填充"为白色，设置完成后在合适位置绘制一个白色正圆，并适当调整它的位置，如图14-24所示。

（7）在"时间轴"面板中选中刚绘制的形状图形，在"工具栏"中单击✒（钢笔工具），在正圆中心位置处单击鼠标左键建立锚点绘制一个三角形，接着更改"填充"为橙色，如图14-25所示。

图14-24

图14-25

（8）在"时间轴"面板中单击打开形状图层8下方的"变换"，将时间线拖动至起始帧位置处，单击"缩放"前的（时间变化秒表）⏱按钮，设置"缩放"为（0.0，0.0%），将时间线拖动至15帧位置处，设置"缩放"为（100.0，100.0%），如图14-26所示。

图14-26

滑动时间线，此时画面效果如图14-27所示。

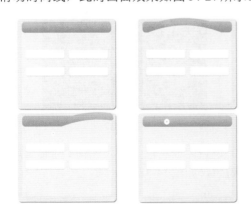

图14-27

（9）制作下拉按钮。在"工具栏"中再次选择"圆角矩形工具"，设置"填充"为橙色，"描边"为较深的橙色，"描边宽度"为3像素，接着在第一个列表中的合适位置进行绘制，如图14-28所示。

（10）在"时间轴"面板中单击打开该形状图层下方的"内容"/"矩形1"/"矩形路径1"，设置"圆度"为8，如图14-29所示。

图14-28

图14-29

此时圆角矩形下拉按钮效果如图14-30所示。

图14-30

（11）继续选择形状图层9，在"工具栏"中单击🖊（钢笔工具），在圆角矩形中心位置处单击鼠标左键建立锚点绘制一个三角形形状，并更改"填充"为白色，如图14-31所示。

图14-31

（12）在"时间轴"面板中单击打开形状图层9下方的"变换"，将时间线拖动至15帧位置处，单击"缩放"前的（时间变化秒表按钮）⏱，设置"缩放"为（100.0，100.0%），将时间线拖动至20帧位置处，设置"缩放"为（150.0，150.0%），继续将时间线拖动至1秒位置处，设置"缩放"为（100.0，100.0%），如图14-32所示。

图 14-32

此时滑动时间线查看效果，如图 14-33 所示。

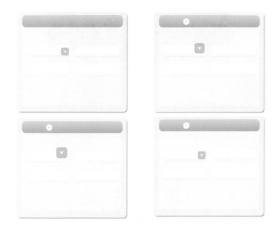

图 14-33

（13）在"时间轴"面板中选择形状图层 9，使用快捷键 Ctrl+D 进行复制，如图 14-34 所示。

图 14-34

（14）在"时间轴"面板中单击打开刚复制的形状图层 10，设置"位置"为（618.0，288.0），接着将时间线滑动到 1 秒 5 帧位置，选择全部"缩放"关键帧，将其向 1 秒 5 帧位置移动，如图 14-35 所示。

图 14-35

此时滑动时间线，画面效果如图 14-36 所示。

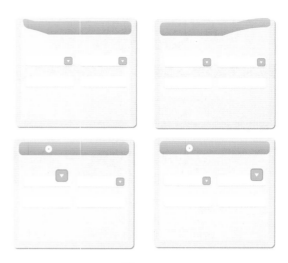

图 14-36

步骤03　创建文字并制作文字动画

（1）在"时间轴"面板中的空白位置处单击鼠标右键选择"新建"/"文本"，接着在"字符"面板中设置合适的"字体系列"，设置"填充颜色"为白色，设置"字体大小"为 30 像素，"垂直缩放"为 100%，"水平缩放"为 100%，然后在"段落"面板中选择 "居中对齐文本"，如图 14-37 所示。

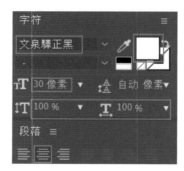

图 14-37

（2）设置完成后输入文本"data plate"并适当调整文字位置，如图 14-38 所示。

图 14-38

（3）在"时间轴"面板中单击打开文本图层下方的"变换"，设置"位置"为（337.0，79.5），如图 14-39 所示。

（4）在"时间轴"面板中选中"data plate"文本图层，将光标定位在该图层上，单击鼠标右键执行"图层样式"/"投影"。在"时间轴"面板中单击打开文本图层下方的"图层样式"/"投影"，设置"距离"为0.0，如图14-40所示。

图14-39　　　　　　　　　　图14-40

此时文本效果如图14-41所示。

图14-41

（5）将时间线滑动到第10帧位置，在"效果和预设"面板中搜索"随机单词拖入"动画预设，将该动画预设拖到"时间轴"面板中的文本图层上，如图14-42所示。

图14-42

此时滑动时间线，文本动画效果如图14-43所示。

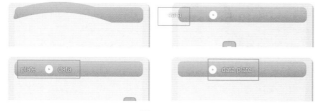

图14-43

（6）在"时间轴"面板中的空白位置处单击鼠标右键选择"新建"/"文本"，接着在"字符"面板中设置合适的"字体系列"，设置"填充颜色"为灰色，设置"字体大小"为30像素，"垂直缩放"为

100%，"水平缩放"为100%，然后在"段落"面板中选择 ▤ "居中对齐文本"，如图14-44所示。

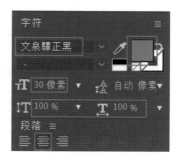

图14-44

（7）设置完成后在第一个列表上部位置输入文本内容并适当调整文字位置，如图14-45所示。

图14-45

（8）以相同的方法在其他三个列表上部输入文字内容并调整它们的位置，如图14-46所示。

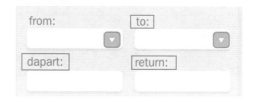

图14-46

（9）在"时间轴"面板选择图层1到图层4的文字图层，单击鼠标右键执行"预合成"命令，命名为"预合成1"，如图14-47所示。

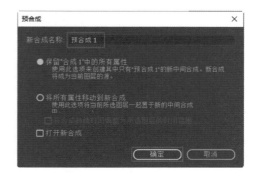

图14-47

此时画面效果如图14-48所示。

图 14-48

（10）执行"文件"/"导入"/"文件…"，导入01.png素材文件。在"项目"面板中将01.png素材文件拖到"时间轴"面板中，在"时间轴"面板中单击打开01.png图层下方的"变换"，设置"锚点"为（30.0，155.0），"位置"为（115.0，480.0），将时间线滑动到1秒15帧位置，单击"缩放"前的（时间变化秒表）按钮，设置"缩放"为（68.0，68.0%），继续将时间线滑动到2秒位置，设置"缩放"为（155.0，155.0%），最后将时间线滑动到2秒10帧位置，设置"缩放"为（68.0，68.0%），如图14-49所示。

图 14-49

此时画面效果如图14-50所示。

图 14-50

（11）在"时间轴"面板中的空白位置处单击鼠标右键选择"新建"/"文本"，接着在"字符"面板中设置合适的"字体系列"，设置"填充颜色"为灰色，设置"字体大小"为30像素，"垂直缩放"为

100%，"水平缩放"为100%，然后在"段落"面板中选择▇"居中对齐文本"，如图14-51所示。

图 14-51

（12）设置完成后输入文本"Information"，如图14-52所示。

图 14-52

（13）在"时间轴"面板中打开该文本图层下方的"变换"调整文字的位置，设置"位置"为（274.0，476.0），如图14-53所示。

图 14-53

此时文本效果如图14-54所示。

图 14-54

（14）在"工具栏"中单击选择✐（钢笔工具），设置"描边"为灰色，"描边宽度"为2，接着在文字下方按住Shift键绘制一个水平直线，如图14-55所示。

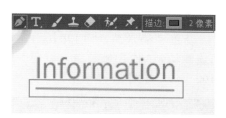

图 14-55

（15）在不选中任何图层的状态下，在"工具栏"中单击选择 "钢笔工具"，并设置"填充"为橙色，设置完成后在画面右下角合适位置处单击鼠标左键建立锚点进行形状的绘制，在绘制形状时可拖动锚点两端控制柄调整曲线弯曲度，如图14-56所示。

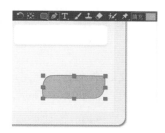

图 14-56

（16）在"时间轴"面板中单击选中"形状图层12"图层，并将光标定位在该图层上，单击鼠标右键执行"图层样式"/"渐变叠加"。在"时间轴"面板中单击打开"形状图层12"图层下方的"图层样式"/"渐变叠加"，单击"颜色"后方的"编辑渐变"，如图14-57所示。

图 14-57

（17）在弹出的"渐变编辑器"中编辑一个橙色系的渐变，如图14-58所示。

图 14-58

此时画面效果如图14-59所示。

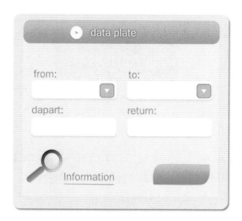

图 14-59

（18）在"时间轴"面板中的空白位置处单击鼠标右键选择"新建"/"文本"，接着在"字符"面板中设置合适的"字体系列"，设置"填充颜色"为白色，设置"字体大小"为30像素，"垂直缩放"为100%，"水平缩放"为100%，然后在"段落"面板中选择 "居中对齐文本"，如图14-60所示。

图 14-60

（19）设置完成后输入文本"Click"并适当调整该文字的位置，如图14-61所示。

图 14-61

（20）在"时间轴"面板中选中"Click"文本图层，单击鼠标右键执行"图层样式"/"投影"。在"时间轴"面板中单击打开文本图层下方的"图层样式"/"投影"，设置"距离"为0.0，如图14-62所示。

图 14-62

383

此时文本效果如图14-63所示。

图 14-63

（21）在"时间轴"面板中选中"Click"文本图层和形状图层12，并使用"预合成"快捷键Ctrl+Shift+C，如图14-64所示。

图 14-64

（22）在"时间轴"面板中单击打开"预合成2图层"/"变换"，将时间线滑动到2秒15帧位置，单击"缩放"前的（时间变化秒表按钮），设置

"缩放"为（100.0，100.0%），继续将时间线滑动到3秒位置，设置"缩放"为（120.0，120.0%），最后将时间线滑动到3秒10帧位置，设置"缩放"为（100.0，100.0%），如图14-65所示。

图 14-65

此时本案例制作完成，滑动时间线查看案例制作效果，如图14-66所示。

图 14-66

14.2　实战：图标动画

文件路径

实战素材/第14章

操作要点

使用纯色图层并添加"梯度渐变"效果制作背景，然后使用"椭圆工具"绘制图形并为其添加"内阴影""斜面和浮雕"图层样式，最后添加"线性擦除"效果制作图标动画

案例效果

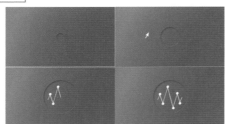

图 14-67

操作步骤

（1）在"项目"面板中，单击鼠标右键选择"新建合成"，在弹出来的"合成设置"面板中设置"合成名称"为合成1，"预设"为HDTV 1080 25，"宽度"为1920，"高度"为1080，"帧速率"为25，"持续时间"为5秒。在"时间轴"面板中的空白位置处单击鼠标右键，执行"新建"/"纯色"命令，如图14-68所示。

图 14-68

（2）在弹出的"纯色设置"窗口中设置"颜色"为黑色，并命名为"黑色 纯色1"，如图14-69所示。

图14-69

（3）在"效果和预设"面板中搜索"梯度渐变"，同样拖到"时间轴"面板中的纯色图层上。接着在"时间轴"面板中单击打开纯色图层下方的"效果"/"梯度渐变"，设置"渐变起点"为（254.6，135.8），"起始颜色"为淡蓝色，"渐变终点"为（1383.4，666.2），"结束颜色"为蓝色，如图14-70所示。

此时画面效果如图14-71所示。

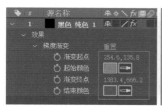 

图14-70　　　　　　　图14-71

（4）在"工具栏"中单击选择◯（椭圆工具），设置"填充"为白色，设置完成后在合适位置绘制一个白色正圆并适当调整它的位置，如图14-72所示。

（5）在"时间轴"面板中单击打开"形状图层2"/"变换"，将时间线滑动至起始时间位置处，单击"缩放"前的（时间变化秒表）◎按钮，设置"缩放"为（20.0，20.0%），接着将时间线滑动到2秒位置，设置"缩放"为（90.0，90.0%），如图14-73所示。

图14-72

图14-73

（6）在"时间轴"面板中选中形状图层2，单击鼠标右键执行"图层样式"/"内阴影"。在"时间轴"面板中单击打开形状图层2下方的"图层样式"/"内阴影"，设置"颜色"为蓝色，"距离"为20.0，"大小"为20.0，如图14-74所示。

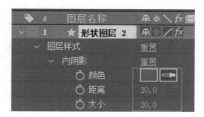

图14-74

（7）在"时间轴"面板中选中形状图层2，单击鼠标右键执行"图层样式"/"斜面和浮雕"。在"时间轴"面板中单击打开形状图层2下方的"图层样式"/"斜面和浮雕"，设置"深度"为30.0%，"方向"为向下，"大小"为7.0，"阴影颜色"为蓝色，如图14-75所示。

此时形状图层画面效果如图14-76所示。

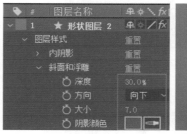 

图14-75　　　　　　　图14-76

（8）在"效果和预设"面板中搜索"梯度渐变"，同样拖到"时间轴"面板中的形状图层2上。接着在"时间轴"面板中单击打开形状图层2下方的"效果"/"梯度渐变"，设置"渐变起点"为（254.6，135.8），"起始颜色"为淡蓝色，"渐变终点"为（1383.4，666.2），"结束颜色"为蓝色，如图14-77所示。

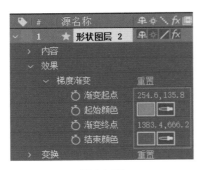

图 14-77

滑动时间线，查看画面效果如图 14-78 所示。

图 14-78

（9）执行"文件"/"导入"/"文件…"命令，导入 01.png 素材。在"项目"面板中将 01.Png 素材拖到"时间轴"面板中。在"时间轴"面板中单击打开"01.png"/"变换"，设置"缩放"为（60.0，60.0%），如图 14-79 所示。

图 14-79

此时画面效果如图 14-80 所示。

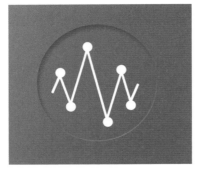

图 14-80

（10）在"时间轴"面板中选中 01.png 素材图层，单击鼠标右键执行"图层样式"/"内阴影"。在"时间轴"面板中单击打开 01.png 下方的"图层样式"/"内阴影"，设置"颜色"为蓝色，如图 14-81 所示。

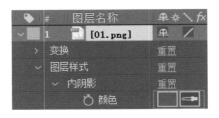

图 14-81

（11）在"时间轴"面板中选中 01.png 素材图层，单击鼠标右键执行"图层样式"/"斜面和浮雕"。在"时间轴"面板中单击打开 01.png 素材图层下方的"图层样式"/"斜面和浮雕"，设置"深度"为50.0%，"方向"为向下，"大小"为10.0，"阴影颜色"为深蓝色，如图 14-82 所示。

此时 01.png 素材图层样式画面效果如图 14-83 所示。

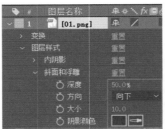

图 14-82　　　　　　　图 14-83

（12）在"效果和预设"面板中搜索"线性擦除"，并将该效果拖到"时间轴"面板中的 01.png 素材图层上。接着在"时间轴"面板中单击打开 01.png 素材图层下方的"效果"/"线性擦除"，将时间线滑动至第 2 秒位置处，单击"过渡完成"前的（时间变化秒表）按钮，设置"过渡完成"为 100%，接着将时间线滑动到 4 秒位置，设置"过渡完成"为 0%，设置"擦除角度"为（0x-90.0°），如图 14-84 所示。

图 14-84

（13）在"时间轴"面板中设置01.mp4素材图层的起始时间为2秒，如图14-85所示。

图14-85

滑动时间线，此时画面效果如图14-86所示。

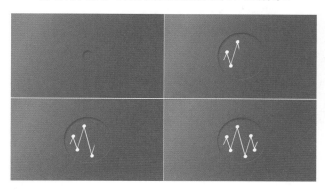

图14-86

（14）在"工具栏"中选择 ✎（钢笔工具），设置"填充"为白色，然后在画面中合适的位置单击鼠标左键建立锚点，绘制一个箭头形状，在绘制时可调整锚点两端控制点改变路径形状，如图14-87所示。

图14-87

（15）在"时间轴"面板中单击打开"形状图层3"/"变换"，设置"锚点"为（-434.9，87.9），将时间线滑动至起始时间位置处，单击"位置"前的（时间变化秒表）⏱ 按钮，设置"位置"为（-54.6，

508.7），接着将时间线滑动到1秒13帧位置处，设置"位置"为（963.4，508.7）；将时间线滑动至1秒14帧位置处，单击"缩放"前的（时间变化秒表）⏱ 按钮，设置"缩放"为（100.0，100.0%）；接着将时间线滑动到1秒18帧位置处，设置"缩放"为（130.0，130.0%）；将时间线滑动至1秒22帧位置处，设置"缩放"为（100.0，100.0%）；接着设置"旋转"为（0x+30.0°），"不透明度"为100%，如图14-88所示。

图14-88

（16）在"时间轴"面板中设置形状图层3的结束时间为2秒，如图14-89所示。

图14-89

此时本案例制作完成，滑动时间线查看案例制作效果，如图14-90所示。

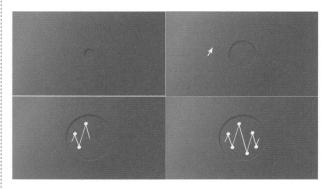

图14-90

14.3 实战：闹钟App界面UI动画

文件路径

实战素材/第14章

操作要点

使用"高斯模糊"制作背景，接着创建文字并使用"渐变叠加""编码器淡出""子弹头列车""打字机"制作文字效果，使用圆角矩形与椭圆形绘制手机外形与界面，使用"内阴影""外发光"制作画面效果，使用"CC Line Sweep"效果制作擦除效果

案例效果

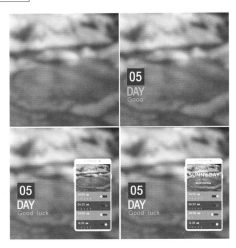

图 14-91

操作步骤

步骤01 创建背景与效果

（1）执行"文件"/"导入"/"文件…"命令，导入全部素材。在"项目"面板中将01.png素材拖到"时间轴"面板中，此时在"项目"面板中自动生成与素材尺寸等大的合成，如图14-92所示。

图 14-92

（2）在"效果和预设"面板中搜索"高斯模糊"，并将该效果拖到"时间轴"面板中的01.png素材图层上。接着在"时间轴"面板中单击打开01.png素材图层下方的"效果"/"高斯模糊"，设置"模糊度"为82.1，"重复边缘像素"为开，如图14-93所示。

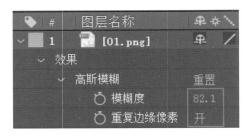

图 14-93

此时画面效果如图14-94所示。

（3）在不选中任何图层的状态下，在"工具栏"中单击选择 "矩形工具"，设置"填充"为蓝绿色，然后在"合成"面板左侧合适的位置拖动绘制一个正方形，如图14-95所示。

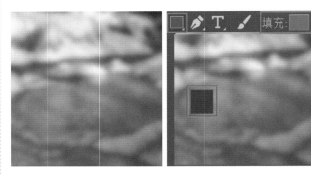

图 14-94   图 14-95

（4）在"时间轴"面板中单击打开"形状图层1"/"变换"，设置"位置"为（635.0，684.5），将时间线滑动至起始时间位置处，单击"不透明度"前的（时间变化秒表） 按钮，设置"不透明度"为0%，接着将时间线滑动到14帧位置处，设置"不透明度"为100%，如图14-96所示。

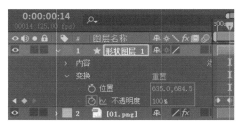

图 14-96

（5）在"时间轴"面板中的空白位置处单击鼠标右键选择"新建"/"文本"，接着在"字符"面板中设置合适的"字体系列"，设置"填充颜色"为白色，设置"字体大小"为26像素，"字符间距"为1000，"垂直缩放"为100%，"水平缩放"为100%。然后，在"段落"面板中选择▤"左对齐文本"，如图14-97所示。

（6）设置完成后输入文本"05"，如图14-98所示。

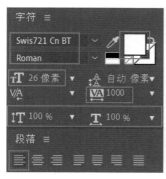 

图14-97　　　　　　图14-98

（7）在"时间轴"面板中单击打开"05文本图层"/"变换"，设置"位置"为（205.0，900.0），如图14-99所示。

图14-99

此时文本效果如图14-100所示。

图14-100

（8）在"时间轴"面板中将时间线滑动至第9帧的位置处。在"效果和预设"面板中搜索"编码器

淡出"，并将该效果拖到"时间轴"面板中的05文本图层上，如图14-101所示。

图14-101

（9）在"时间轴"面板中单击打开05文本图层下方的"文本"/"动画1"/"范围选择器1"，设置"起始"的结束点为1秒12帧，如图14-102所示。

图14-102

滑动时间线查看此时画面效果，如图14-103所示。

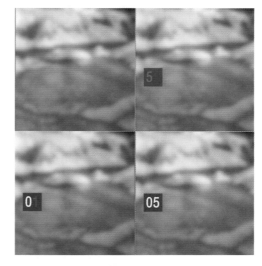

图14-103

（10）在"时间轴"面板中的空白位置处单击鼠标右键选择"新建"/"文本"，接着在"字符"面板中设置合适的"字体系列"，设置"填充颜色"为白色，设置"字体大小"为145像素，"字符间距"为–75，"垂直缩放"为100%，"水平缩放"为100%，然后，在"段落"面板中选择▤"居中对齐文本"，如图14-104所示。

（11）设置完成后输入文本"DAY"，如图14-105所示。

图 14-104   图 14-105

（12）在"时间轴"面板中单击打开"DAY文本图层"/"变换"，设置"位置"为（202.5，1088.0），将时间线滑动至1秒10帧位置处，单击"不透明度"前的（时间变化秒表）按钮，设置"不透明度"为0%，接着将时间线滑动到1秒15帧位置处，设置"不透明度"为100%，如图14-106所示。

图 14-106

此时文本效果如图14-107所示。

图 14-107

（13）在"时间轴"面板中的空白位置处单击鼠标右键选择"新建"/"文本"，接着在"字符"面板中设置合适的"字体系列"，设置"填充颜色"为白

色，设置"字体大小"为100像素，"字符间距"为45，"垂直缩放"为100%，"水平缩放"为100%。然后，在"段落"面板中选择 "居中对齐文本"，如图14-108所示。

图 14-108

（14）设置完成后输入文本"Good luck"，如图14-109所示。

图 14-109

（15）在"时间轴"面板中单击打开Good luck文本图层/"变换"，设置"位置"为（296.0，1167.0），如图14-110所示。

图 14-110

（16）在"时间轴"面板中将时间线滑动至第9帧的位置处。在"效果和预设"面板中搜索"打字机"，同样拖到"时间轴"面板中的Good luck文本图层上，如图14-111所示。

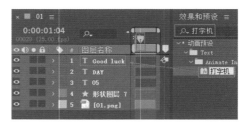

图 14-111

（17）在"时间轴"面板中单击打开Good luck文本图层下方的"文本"/"动画1"/"范围选择器1"，设置"起始"的结束点为2秒1帧，如图14-112所示。

图14-112

滑动时间线，此时画面效果如图14-113所示。

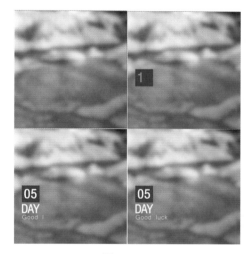

图14-113

步骤02 创建主体

（1）在不选中任何图层的状态下。在"工具栏"中单击选择▢"圆角矩形工具"，设置"颜色"为白色，然后在"合成"面板中右侧合适的位置拖动绘制一个白色圆角矩形，如图14-114所示。

图14-114

（2）在"时间轴"面板中单击打开"形状图层2"/"内容"/"矩形1"/"矩形路径1"，设置"圆度"为35.0，如图14-115所示。

图14-115

（3）在"时间轴"面板中单击打开"形状图层2"/"变换"，设置"位置"为（700.0，749.5），如图14-116所示。

图14-116

（4）单击空白区域，再次在"工具栏"中单击选择▢"圆角矩形工具"，设置"颜色"为白色，然后在"合成"面板中圆角矩形的左上角合适的位置进行拖动绘制，如图14-117所示。

图14-117

（5）在"时间轴"面板中单击打开"形状图层3"/"变换"，设置"位置"为（699.0，730.5），如图14-118所示。

图14-118

（6）以同样的方式再次绘制三个圆角矩形并摆放到合适的位置，效果如图14-119所示。

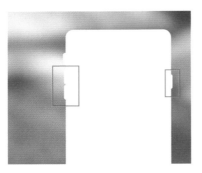

图 14-119

（7）在"时间轴"面板选择形状图层2到形状图层6，单击鼠标右键执行"预合成"命令，命名为"预合成1"，如图 14-120 所示。

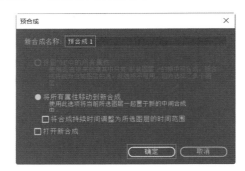

图 14-120

（8）单击空白区域，再次在"工具栏"中单击选择 ⬜ "圆角矩形工具"，设置"颜色"为灰色，然后在"合成"面板中矩形上方合适的位置拖动进行绘制，如图 14-121 所示。

（9）在该图层选中的状态下，在"工具栏"中单击选择 ⬭ "椭圆工具"，设置"颜色"为灰色，然后在"合成"面板中灰色圆角矩形的左边合适的位置拖动绘制一个灰色正圆，如图 14-122 所示。

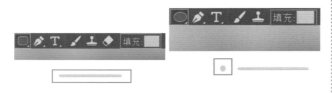

图 14-121　　　　　图 14-122

（10）继续使用 ⬭ "椭圆工具"在灰色圆角矩形的右边合适的位置拖动绘制一个稍大一点的灰色正圆，如图 14-123 所示。

（11）在"时间轴"面板中单击打开"形状图层7"/"变换"，设置"位置"为（700.0，755.5），如图 14-124 所示。

此时画面效果如图 14-125 所示。

图 14-123

图 14-124　　　　　图 14-125

（12）在"项目"面板中将01.png素材拖到"时间轴"面板中，在"时间轴"面板中单击打开"01.png"/"变换"，设置"位置"为（1066.0，673.5），取消约束比例，接着设置"缩放"为（31.4，25.3%），如图 14-126 所示。

图 14-126

此时画面效果如图 14-127 所示。

图 14-127

（13）在"时间轴"面板中选择图层1的01.png，使用快捷键Ctrl+D进行复制，如图 14-128 所示。

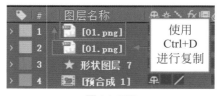

图 14-128

图14-129

（14）在"时间轴"面板中单击选择图层1的01.png素材图层，接着在"工具栏"中单击选择"矩形工具"▢，将光标移动到"合成"面板中，在合适位置按住鼠标左键进行拖动绘制一个矩形蒙版，如图14-129所示。

（15）在"时间轴"面板中单击打开1.png图层下方的"蒙版"，设置"蒙版羽化"为（288.0，288.0像素）。接着打开"变换"，设置"位置"为（1066.0，689.5），如图14-130所示。

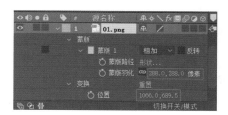

图14-130

（16）在"效果和预设"面板中搜索"高斯模糊"效果，将该效果拖到"时间轴"面板中的01.png素材上。在"时间轴"面板中展开"高斯模糊"效果，设置"模糊度"为40.7，如图14-131所示。

图14-131

此时素材01.png画面效果如图14-132所示。

图14-132

（17）单击空白区域，在"工具栏"中单击选择

▢"矩形工具"，设置"颜色"为深绿色，然后在"合成"面板中矩形的上方合适的位置进行拖动绘制，如图14-133所示。

（18）在"时间轴"面板中单击打开形状图层8下方的"变换"，设置"不透明度"为13%，如图14-134所示。

图14-133

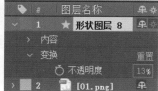
图14-134

此时画面效果如图14-135所示。

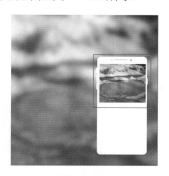

图14-135

（19）单击空白区域，在"工具栏"中单击选择▢"矩形工具"，设置"颜色"为淡绿色，然后在"合成"面板中合适的位置进行拖动绘制，如图14-136所示。

（20）在"时间轴"面板中单击打开形状图层10下方的"变换"，设置"位置"为（702.0，779.5），接着取消约束比例，设置"缩放"为（100.0，110.8%），如图14-137所示。

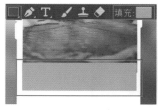
图14-136

图14-137

（21）单击空白区域，在"工具栏"中单击选择▢"矩形工具"，设置"颜色"为蓝绿色，然后在"合成"面板中淡绿色矩形下方合适的位置进行拖动绘制，如图14-138所示。

（22）在"时间轴"面板中单击打开形状图层11下方的"变换"，设置"位置"为（702.0，899.5），接着取消约束比例，设置"缩放"为（100.0，110.8%），如图14-139所示。

图14-138   图14-139

（23）以同样的方式再次绘制两个矩形，并设置合适的"位置"与"缩放"。此时画面效果如图14-140所示。

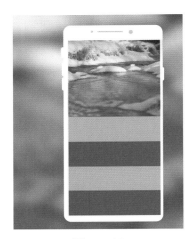

图14-140

步骤03 创建文字并制作文字动画

（1）在"时间轴"面板中的空白位置处单击鼠标右键选择"新建"/"文本"，在"字符"面板中设置合适的"字体系列"，"填充"为白色，"字体大小"为25，"字符间距"为305，"垂直缩放"为100%，"水平缩放"为100%。在"段落"面板中选择 "居中对齐文本"，如图14-141所示。

图14-141

（2）设置完成后，输入文本"Friday"，如图14-142所示。

图14-142

（3）在"时间轴"面板中单击打开"Friday"文本图层下方的"变换"，设置"位置"为（1048.0，705.5），如图14-143所示。

图14-143

（4）在"时间轴"面板中设置"Friday"文本图层的起始时间为3秒6帧位置处，如图14-144所示。

图14-144

（5）在"时间轴"面板中的空白位置处单击鼠标右键选择"新建"/"文本"，在"字符"面板中设置合适的"字体系列"，"填充"为白色，"字体大小"为30，"字符间距"为-55，"垂直缩放"为100%，"水平缩放"为100%，在"段落"面板中选择 "居中对齐文本"，如图14-145所示。

图14-145

（6）设置完成后，输入文本"Good morning"，如图14-146所示。

图14-146

（7）在"时间轴"面板中单击打开"Good morning"文本图层下方的"变换"，设置"位置"为（1052.0，754.5），如图14-147所示。

图14-147

（8）在"时间轴"面板中设置"Good morning"文本图层的起始时间为3秒6帧位置处，如图14-148所示。

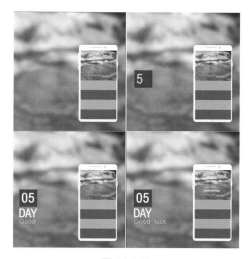

图14-148

滑动时间线，此时画面效果如图14-149所示。

图14-149

（9）在"时间轴"面板中的空白位置处单击鼠标右键选择"新建"/"文本"，在"字符"面板中设置合适的"字体系列"，"填充"为白色，"字体大小"为30，"字符间距"为–55，"垂直缩放"为100%，"水平缩放"为100%。在"段落"面板中选择▤"居中对齐文本"，如图14-150所示。

图14-150

（10）设置完成后，输入合适的文本，如图14-151所示。

图14-151

（11）在"时间轴"面板中单击打开文本图层下方的"变换"，设置"位置"为（1066.0，805.5），如图14-152所示。

图14-152

（12）在"时间轴"面板中设置文本图层的起始时间为3秒6帧位置处，如图14-153所示。

图14-153

图 14-154

（13）继续新建文本，并在"字符"面板中设置合适的"字体系列"，"填充"为白色，"字体大小"为70，"垂直缩放"为100%，"水平缩放"为100%，设置"全部大写"，在"段落"面板中选择 "居中对齐文本"，如图 14-154 所示。

（14）设置完成后，输入文本"SUNNY DAY"，如图 14-155 所示。

图 14-155

（15）在"时间轴"面板中单击打开Sunny day文本图层下方的"变换"，设置"位置"为（1063.0，655.5），如图 14-156 所示。

图 14-156

（16）在"时间轴"面板中将时间线滑动至3秒02帧位置处，在"效果和预设"面板中搜索"子弹头列车"效果，将该效果拖到"时间轴"面板中的Sunny day文本图层上，如图 14-157 所示。

图 14-157

（17）在"时间轴"面板中右击Sunny day文本图层，在弹出的快捷菜单中执行"图层样式"/"外发光"命令。在"时间轴"面板中单击打开Sunny day文本图层下方的"图层样式"/"外发光"，设置"混合模式"为叠加，"不透明度"为65%，"颜色"为蓝色，"扩展"为5.0%，"大小"为8.0，如图 14-158 所示。

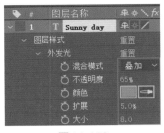

图 14-158

（18）在"时间轴"面板中设置Sunny day文本图层的起始时间为2秒22帧位置处，如图 14-159 所示。

图 14-159

滑动时间线，此时画面效果如图 14-160 所示。

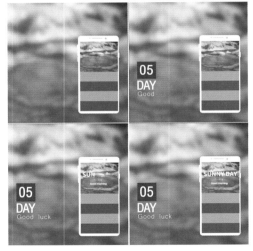

图 14-160

（19）在"时间轴"面板中的空白位置处单击鼠标右键选择"新建"/"文本"，在"字符"面板中设置合适的"字体系列"，"填充"为白色，"字体大小"为39，"垂直缩放"为100%，"水平缩放"为100%，设置"全部大写"，在"段落"面板中选择 "左对齐文本"，如图 14-161 所示。

图 14-161

（20）设置完成后，输入合适的文本，如图14-162所示。

图14-162

（21）在"合成"面板中选中"AM"，更改合适的"字体系列"，"字体大小"为26，如图14-163所示。

图14-163

（22）在"合成"面板中选中"12345"，更改合适的"字体系列"，"字体大小"为26，"设置行距"为55，"字符间距"为1000，如图14-164所示。

图14-164

（23）在"时间轴"面板中单击打开文本图层下方的"变换"，设置"位置"为（866.0，911.5），如图14-165所示。

图14-165

（24）以同样的方式创建其他文字，并摆放到合适的位置处，此时画面效果如图14-166所示。

图14-166

步骤04　创建素材图层并制作动画

（1）单击空白区域，在"工具栏"中单击选择"圆角矩形工具"，设置"颜色"为蓝绿色，然后在"合成"面板中合适的位置进行拖动绘制，如图14-167所示。

图14-167

（2）在"时间轴"面板中单击打开形状图层15下方的"变换"，设置"位置"为（700.0，749.5），如图14-168所示。

图14-168

（3）在"时间轴"面板中右击形状图层15，在弹出的快捷菜单中执行"图层样式"/"内阴影"命令。在"时间轴"面板中单击打开形状图层15下方的"图层样式"/"内阴影"，设置"颜色"为蓝绿色，"不透明度"为50%，"角度"为（0x+90.0°），如图14-169所示。

实战应用篇

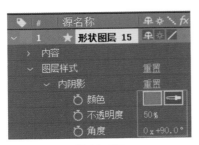

图 14-169

（4）单击空白区域，在"工具栏"中单击选择 ⬭ "椭圆工具"，设置"颜色"为淡蓝色，然后在"合成"面板中合适的位置进行拖动绘制一个正圆，如图 14-170 所示。

图 14-170

（5）在"时间轴"面板中单击打开形状图层 16 下方的"变换"，设置"位置"为（760.0，749.5），如图 14-171 所示。

图 14-171

（6）在"时间轴"面板中右击形状图层 16，在弹出的快捷菜单中执行"图层样式"/"外发光"命令。在"时间轴"面板中单击打开形状图层 16 下方的"图层样式"/"外发光"，设置"混合模式"为叠加，"颜色类型"为渐变，"大小"为 10.0，如图 14-172 所示。

（7）单击"颜色"后方的编辑渐变，如图 14-173 所示。

图 14-172   图 14-173

（8）在弹出的"渐变编辑器"中设置一个从白色到蓝绿色的渐变，如图 14-174 所示。

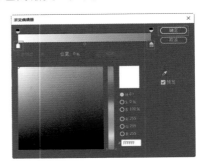

图 14-174

此时画面效果如图 14-175 所示。

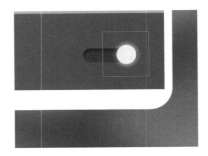

图 14-175

（9）以同样的方式绘制圆角矩形与椭圆形，并摆放至合适的位置处，添加内阴影效果与外发光效果，如图 14-176 所示。

图 14-176

（10）在"项目"面板中将 02.png 素材拖到"时间轴"面板中，在"时间轴"面板中单击打开"02.png"/"变换"，设置"锚点"为（660.0，778.5）；"位置"为（780.0，844.5），取消约束比例，接着设置"缩放"为（84.0，90.9%），如图 14-177 所示。

图 14-177

此时画面效果如图 14-178 所示。

图 14-178

（11）在"时间轴"面板选择图层1到图层21，单击鼠标右键执行"预合成"命令，命名为"预合成2"，如图 14-179 所示。

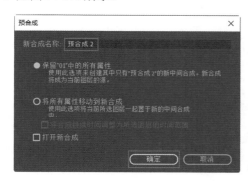

图 14-179

（12）在"时间轴"面板选择预合成2到预合成1，单击鼠标右键执行"预合成"命令，命名为"预合成3"，如图 14-180 所示。

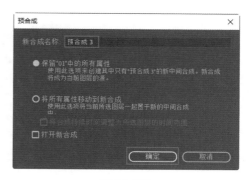

图 14-180

（13）在"效果和预设"面板中搜索"CC Line Sweep"效果，将该效果拖到"时间轴"面板中的预合成3图层上。在"时间轴"面板中单击打开预合成3图层下方的"效果"／"CC Line Sweep"，将时间线滑动至第2秒4帧位置处，单击"Completion"前方的 ⏱（时间变化秒表）按钮，设置"Completion"为100.0，将时间线滑动到2秒15帧位置处，设置"Completion"为0.0，设置"Thickness"为59.0，"Slant"为53.4，如图 14-181 所示。

图 14-181

此时本案例制作完成，画面效果如图 14-182 所示。

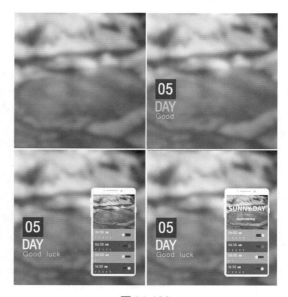

图 14-182

第15章
宣传片设计

宣传片的类型很多，通常分为企业宣传片（综合宣传）、产品宣传片（以产品为重点）、公益宣传片（对外公益活动）、电视宣传片（媒体投放）、招商宣传片（渠道拓展）等。宣传片的主要目的是宣传企业品牌或商品，使得受众获得更多的品牌信任、品牌黏性，获得更好的品牌营销效果。

学习目标 掌握产品宣传片的制作流程

15.1 实战：芯片

操作要点

使用"分形杂色""查找边缘""三色调"效果制作科技背景，使用"CC Light Rays""混合模式""曲线"效果制作芯片效果。创建文字并执行"内阴影"命令制作效果

案例效果

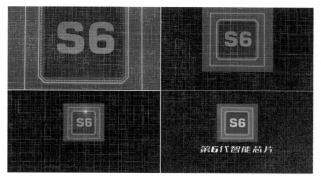

图15-1

操作步骤

（1）在"项目"面板中，单击鼠标右键选择"新建合成"，在弹出来的"合成设置"面板中设置"合成名称"为合成1，"预设"为自定义，"宽度"为1920，"高度"为1080，"像素长宽比"为"方形像素"，"帧速率"为30，"持续时间"为6秒。在"时间轴"面板中的空白位置处单击鼠标右键，执行"新建"/"纯色"命令。接着在弹出的"纯色设置"窗口中设置"颜色"为白色，并命名"白色 纯色1"，如图15-2所示。

图15-2

（2）在"效果和预设"面板中搜索"分形杂色"效果，将该效果拖到"时间轴"面板中的纯色图层。在"时间轴"面板中单击打开纯色图层下方"效果"/"分

图15-3

形杂色"，设置"分形类型"为辅助比例，"杂色类型"为块，"反转"为开，"溢出"为反绕，如图15-3所示。

（3）展开"变换"，设置"偏移（湍流）"为（324.0，243.0），"透视位移"为开，接着将时间线滑动至起始时间位置处，单击"缩放"前方的 ⧖（时间变化秒表）按钮，设置"缩放"为500.0，单击"复杂度"前方的 ⧖（时间变化秒表）按钮，设置"复杂度"为5.0；将时间线滑动到第3秒位置处，设置"缩放"为1000.0；将时间线滑动到第5秒29帧位置处，设置"缩放"为1500.0，"复杂度"为9.0，展开"子设置"，设置"子影响（%）"为100.0，"子缩放"为60.0；接着将时间线滑动至起始时间位置处，单击"演化"前方的 ⧖（时间变化秒表）按钮，设置"演化"为（0x+0.0°）；将时间线滑动到第3秒位置处，设置"演化"为（1x+0.0°）；将时间线滑动到第5秒29帧位置处，设置"演化"为（1x+10.0°），如图15-4所示。

图15-4

此时画面效果如图15-5所示。

（4）在"效果和预设"面板中搜索"查找边缘"效果，将该效果拖到"时间轴"面板中的纯色图层上。在"时间轴"面板中单击打开纯色图层下方的"效果"/"查找边缘"，设置"反转"为开，如图15-6所示。

图 15-5

图 15-6

此时画面效果如图15-7所示。

（5）在"效果和预设"面板中搜索"三色调"效果，将该效果拖到"时间轴"面板中的纯色图层。在"时间轴"面板中单击打开纯色图层下方"效果"/"三色调"，设置"高光"为白色，"中间调"为蓝色，"阴影"为黑色，如图15-8所示。

图 15-7

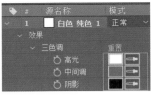
图 15-8

此时画面效果如图15-9所示。

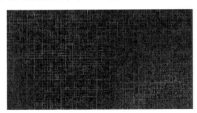
图 15-9

（6）执行"文件"/"导入"/"文件…"命令，导入6.jpg素材。在"项目"面板中将6.jpg素材拖到"时间轴"面板中。在"时间轴"面板中单击打开6.jpg素材图层下方的"变换"，设置"位置"为（959.7，413.3），接着将时间线滑动至起始时间位置处，单击"缩放"前方的 ⏱（时间变化秒表）按钮，设置"缩放"为（111.0，111.0%），将时间线滑动到第1秒位置处，设置"缩放"为（30.0，30.0%），如图15-10所示。

此时画面效果如图15-11所示。

图 15-10

图 15-11

（7）在"效果和预设"面板中搜索"CC Light Rays"效果，将该效果拖到"时间轴"面板中的6.jpg素材图层上，在"时间轴"面板中单击打开6.jpg素材图层下方的"效果"/"CC Light Rays"，接着将时间线滑动至起始时间位置处，单击"Intensity"前方的 ⏱（时间变化秒表）按钮，设置"Intensity"为0.0；将时间线滑动到第1秒位置处，设置"Intensity"为0.0；将时间线滑动到第1秒1帧位置处，设置"Intensity"为100.0；接着将时间线滑动至第1秒位置处，单击"Center"前方的 ⏱（时间变化秒表）按钮，设置"Center"为（409.2，366.1），将时间线滑动到第1秒15帧位置处，设置"Center"为（1288.2，366.1）；将时间线滑动到第1秒17帧位置处，设置"Center"为（1334.0，409.0）；将时间线滑动到第2秒位置处，设置"Center"为（1334.0，1261.4）；将时间线滑动到第2秒2帧位置处，设置"Center"为（1282.3，1311.4）；将时间线滑动到第2秒15帧位置处，设置"Center"为（438.3，1311.4）；将时间线滑动到第2秒17帧位置处，设置"Center"为（383.3，1266.4）；将时间线滑动到第3秒位置处，设置"Center"为（383.3，409.4）；设置"Color from Source"为关，如图15-12所示。

图 15-12

滑动时间线，此时画面效果如图15-13所示。

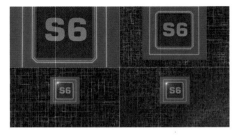
图 15-13

（8）在"时间轴"面板中设置6.jpg素材图层的"混合模式"为屏幕，如图15-14所示。

图 15-14

（9）再次在"项目"面板中将6.jpg素材拖到"时间轴"面板中。在"时间轴"面板中设置起始时间为第1秒位置，单击打开6.jpg素材图层下方的"变换"，设置"位置"为（959.7，413.3），设置"缩放"为（30.0，30.0%），接着将时间线滑动至第1秒位置处，单击"不透明度"前方的 ⏱ （时间变化秒表）按钮，设置"不透明度"为0%，将时间线滑动到第3秒位置处，设置"不透明度"为100%，如图15-15所示。

图 15-15

（10）在"时间轴"面板中选中图层1的6.jpg素材图层，在"工具栏"中选择 ■ （矩形工具），将光标移动到"合成"面板中，在合适位置按住鼠标左键进行拖动绘制一个矩形蒙版，如图15-16所示。

（11）在"效果和预设"面板中搜索"曲线"效果，将该效果拖到"时间轴"面板中的图层1的6.jpg图层上。在"效果控件"面板中打开"曲线"效果，首先将"通道"设置为RGB，在曲线上单击添加一个控制点，适当向左上角调整曲线形状，如图15-17所示。

图 15-16　　　　　　　　　图 15-17

此时画面效果如图15-18所示。

（12）在"时间轴"面板中空白位置单击鼠标右键，执行"新建"/"文本"命令。在"字符"面板中设置合适的"字体系列"和"字体样式"，设置"填充颜色"为白色，"字体大小"为240像素，"垂直缩放"为100%，"水平缩放"为100%，设置"仿斜体，全部大写，上标"，然后在"段落"面板中选

择 ■ "居中对齐文本"，如图15-19所示。

　　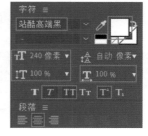

图 15-18　　　　　　　　　图 15-19

（13）设置完成后输入合适的文本，如图15-20所示。

图 15-20

（14）在"时间轴"面板中单击打开文本图层，展开文本图层下方的"变换"，设置"位置"为（949.9，890.0），如图15-21所示。

（15）为文字添加阴影效果。在"时间轴"面板中单击右键选择该文本图层，在弹出的快捷菜单中执行"图层样式"/"内阴影"命令，在"时间轴"面板中展开"图层样式"/"内阴影"，设置"距离"为2.0，如图15-22所示。

图 15-21　　　　　　　　　图 15-22

此时本案例制作完成，画面效果如图15-23所示。

图 15-23

附录　After Effects 快捷键速查表

名称	快捷键
项目	
新建项目	Ctrl+Alt+N
打开项目	Ctrl+O
打开最近的项目	Ctrl+Alt+Shift+P
在"项目"面板中新建文件夹	Ctrl+Alt+Shift+N
打开"项目设置"对话框	Ctrl+Alt+Shift+K
在"项目"面板中查找	Ctrl+F
常规	
全部取消选择	F2 或 Ctrl+Shift+A
按堆积顺序向下（向后）或向上（向前）移动选中的图层、蒙版、效果或者渲染项目	Ctrl+Alt+ 向下箭头或 Ctrl+Alt+ 向上箭头
向堆积顺序的底层（向后）或者顶层（向前）移动选中的图层、蒙版、效果或者渲染项目	Ctrl+Alt+Shift+ 向下箭头 或 Ctrl+Alt+Shift+ 向上箭头
将选择项扩展到"项目"面板、"渲染队列"面板或者"效果控件"面板中的下一个项目	Shift+ 向下箭头
将选择项扩展到"项目"面板、"渲染队列"面板或者"效果控件"面板中的上一个项目	Shift+ 向上箭头
复制选中的图层、蒙版、效果、文本选择器、动画制作工具、操控网格、形状、渲染项目、输出模块或者合成	Ctrl+D
退出	Ctrl+Q
撤消	Ctrl+Z
重做	Ctrl+Shift+Z
在"信息"面板中显示与当前时间的帧所对应的文件名	Ctrl+Alt+E

名称	快捷键
面板、查看器、工作区和窗口	
打开或关闭"项目"面板	Ctrl+0
打开或关闭"渲染队列"面板	Ctrl+Alt+0
打开或关闭"工具"面板	Ctrl+1
打开或关闭"信息"面板	Ctrl+2
打开或关闭"预览"面板	Ctrl+3
打开或关闭"音频"面板	Ctrl+4
打开或关闭"效果和预设"面板	Ctrl+5
打开或关闭"字符"面板	Ctrl+6
打开或关闭"段落"面板	Ctrl+7
打开或关闭"绘画"面板	Ctrl+8
打开或关闭"画笔"面板	Ctrl+9
为项目流程图打开"流程图"面板	Ctrl+F11
切换到工作区	Shift+F10、Shift+F11 或 Shift+F12
关闭活动浏览器或活动面板（首先关闭内容）	Ctrl+W
关闭活动面板或者所有类型的活动浏览器（首先关闭内容）	Ctrl+Shift+W
拆分包含活动浏览器的帧，并创建一个具有锁定 / 未锁定两种相反状态的新浏览器	Ctrl+Alt+Shift+N
最大化或恢复鼠标指针所指的面板	`（重音记号）
调整应用程序窗口或浮动窗口的大小以适应屏幕（再次按下可调整窗口的大小以便内容填满屏幕）	Ctrl+\（反斜线）
将应用程序窗口或浮动窗口移动至主显示器，调整窗口的大小以适应屏幕（再次按下可调整窗口的大小以便内容填满屏幕）	Ctrl+Alt+\（反斜线）
对当前合成切换"合成"面板与"时间轴"面板之间的激活状态	\（反斜线）

名称	快捷键
激活工具	
循环切换工具	按住 Alt 键并单击"工具"面板中的工具按钮
激活"选择"工具	V
激活"抓手"工具	H
暂时激活"抓手"工具	按住空格键或鼠标中键。
激活"放大"工具	Z
激活"缩小"工具	Alt（当"放大"工具处于活动状态时）
激活"旋转"工具	W
启动"Roto 笔刷"工具	Alt+W
激活优化边缘工具	Alt+W
激活并且循环切换"摄像机"工具（统一摄像机、轨道摄像机、跟踪 XY 摄像机和跟踪 Z 摄像机）	C
激活"向后平移"工具	Y
激活并循环切换蒙版和形状工具（矩形、圆角矩形、椭圆、多边形、星形）	Q
激活并循环切换"文字"工具（横排和直排）	Ctrl+T
激活并循环切换"钢笔"和"蒙版羽化"工具（注意：可在"首选项"对话框中关闭此设置）	G
当选中钢笔工具时暂时激活选择工具	Ctrl
当选中选择工具且指针置于某条路径上时暂时激活钢笔工具（当指针置于一个片段上时激活添加顶点工具；当指针置于顶点上时激活转换顶点工具）	Ctrl+Alt
激活并循环切换画笔、仿制图章和橡皮擦工具	Ctrl+B
激活并循环切换操控工具	Ctrl+P

名称	快捷键
激活工具	
暂时将选择工具转换为形状复制工具	Alt（在形状图层中）
暂时将选择工具转换为直接选择工具	Ctrl（在形状图层中）
合成和工作区	
新建合成	Ctrl+N
为选中的合成打开"合成设置"对话框	Ctrl+K
将工作区的开始或结束设置为当前时间	B 或 N
将工作区设置为选中图层的持续时间，或者如果没有选中任何图层，则将工作区设置为合成的持续时间	Ctrl+Alt+B
为活动合成打开合成微型流程图	Tab
将合成修剪到工作区	Ctrl+Shift+X
基于所选项新建合成	Alt+\
时间导航	
转到特定时间	Alt+Shift+J
转到工作区的开始或结束	Shift+Home 或 Shift+End
转到时间标尺中的上一个或下一个可见项目（关键帧、图层标记、工作区开始或结束）	J 或 K
转到合成、图层或素材项目的开始	Home 或 Ctrl+Alt+ 向 左箭头
转到合成、图层或素材项目的结束	End 或 Ctrl+Alt+ 向 右箭头
前进 1 个帧	Page Down 或 Ctrl+ 向右箭头
前进 10 个帧	Shift+Page Down 或 Ctrl+Shift+ 向右箭头
后退 1 个帧	Page Up 或 Ctrl+ 向 左箭头

续表

名称	快捷键
时间导航	
后退 10 个帧	Shift+Page Up 或 Ctrl+Shift+ 向左箭头
转到图层入点	I
转到图层出点	O
转到上一个入点或出点	Ctrl+Alt+Shift+ 向左箭头
转到下一个入点或出点	Ctrl+Alt+Shift+ 向右箭头
滚动到"时间轴"面板中的当前时间	D
预览	
开始或停止预览	空格键、数字小键盘上的 0、Shift+ 数字小键盘上的 0
重置预览设置以再现 RAM 预览和标准预览行为	在"预览"面板中按住 Alt 键并单击"重置"
从当前时间仅预览音频	数字小键盘上的 .（小数点）*
在工作区中仅预览音频	Alt+ 数字小键盘上的 .（小数点）*
手动预览（擦除）视频	拖动或按住 Alt 键拖动当前时间指示器，具体取决于"实时更新"设置
"替代预览"首选项指定的预览帧数（默认为 5）	Alt+ 数字小键盘上的 0*
切换 Mercury Transmit 视频预览	/（在数字小键盘上）
拍摄快照	Shift+F5、Shift+F6、Shift+F7 或 Shift+F8
快速预览 > 关闭	Ctrl+Alt+1
快速预览 > 自适应分辨率	Ctrl+Alt+2
快速预览 > 草稿	Ctrl+Alt+3
快速预览 > 快速绘图	Ctrl+Alt+4
快速预览 > 线框	Ctrl+Alt+5

名称	快捷键
视图	
为活动视图打开或关闭显示色彩管理	Shift+/（在数字小键盘上）
将红色、绿色、蓝色或 Alpha 通道显示为灰度	Alt+1、Alt+2、Alt+3、Alt+4
显示彩色的红色、绿色或蓝色通道	Alt+Shift+1、Alt+Shift+2、Alt+Shift+3
切换显示直接 RGB 颜色	Alt+Shift+4
在"图层"面板中显示 Alpha 边界（透明和不透明区域之间的轮廓）	Alt+5
在"图层"面板中显示 Alpha 叠加（透明区域的彩色叠加）	Alt+6
显示优化边缘 X 射线	Alt+X
将合成在面板中居中	双击"抓手"工具
在"合成""图层"或"素材"面板中放大	主键盘上的 .（句点）
在"合成""图层"或"素材"面板中缩小	,（逗号）
在"合成""图层"或"素材"面板中缩放到 100%	/（在主键盘上）
缩放以适应"合成""图层"或者"素材"面板	Shift+/（在主键盘上）
放大到 100% 以适应"合成""图层"或者"素材"面板	Alt+/（在主键盘上）
在"合成"面板中将分辨率设为"完全""一半"或"自定义"	Ctrl+J、Ctrl+Shift+J、Ctrl+Alt+J
为活动"合成"面板打开"视图选项"对话框	Ctrl+Alt+U
放大时间	主键盘上的 =（等号）
缩小时间	主键盘上的 -（连字符）
将"时间轴"面板放大到单帧单元（再次按下可缩小以显示整个合成持续时间）	;（分号）

续表

名称	快捷键
视图	
缩小"时间轴"面板以显示整个合成持续时间（再次按下可重新放大到"时间导航器"指定的持续时间）	Shift+;（分号）
防止在查看器面板中渲染预览的图像	Caps Lock
显示或隐藏安全区域	'（撇号）
显示或隐藏网格	Ctrl+'（撇号）
显示或隐藏对称网格	Alt+'（撇号）
显示或隐藏标尺	Ctrl+R
显示或隐藏参考线	Ctrl+;（分号）
打开或关闭对齐到网格	Ctrl+Shift+'（撇号）
打开或关闭对齐到参考线	Ctrl+Shift+;（分号）
锁定或解锁参考线	Ctrl+Alt+Shift+;（分号）
显示或隐藏图层控件（蒙版、运动路径、光照和摄像机线框、效果控制点和图层手柄）	Ctrl+Shift+H
素材	
导入一个文件或图像序列	Ctrl+I
导入多个文件或图像序列	Ctrl+Alt+I
在 After Effects "素材"面板中打开影片	双击"项目"面板中的素材项
将所选项目添加到最近激活的合成中	Ctrl+/（在主键盘上）
将选定图层的所选源素材替换为在"项目"面板中选中的素材项目	Ctrl+Alt+/（在主键盘上）
替换选定图层的源	按住 Alt 键并将素材项目从"项目"面板拖动到选定图层上
删除素材项目且没有警告	Ctrl+Backspace
为所选素材项目打开"解释素材"对话框	Ctrl+Alt+G

名称	快捷键
素材	
记住素材解释	Ctrl+Alt+C
在与所选素材项目关联的应用程序中编辑所选素材项目（"编辑原稿"）	Ctrl+E
替换所选的素材项目	Ctrl+H
重新加载所选的素材项目	Ctrl+Alt+L
为所选素材项目设置代理	Ctrl+Alt+P
图层	
新建纯色图层	Ctrl+Y
新建空图层	Ctrl+Alt+Shift+Y
新建调整图层	Ctrl+Alt+Y
通过图层编号选择图层（1-999）（可快速输入两位数字和三位数字）	数字小键盘上的0-9*
通过图层编号切换图层的选择（1-999）（可快速输入两位数字和三位数字）	Shift+ 数字小键盘上的0-9*
选择堆积顺序中的下一个图层	Ctrl+ 向下箭头
选择堆积顺序中的上一个图层	Ctrl+ 向上箭头
将选择项扩展到堆积顺序中的下一个图层	Ctrl+Shift+ 向下箭头
将选择项扩展到堆积顺序中的上一个图层	Ctrl+Shift+ 向上箭头
取消选择全部图层	Ctrl+Shift+A
将最高的选定图层滚动到"时间轴"面板顶部	X
显示或隐藏"父级"列	Shift+F4
显示或隐藏"图层开关"和"模式"列	F4
设置选定图层的采样方法（最佳/双线性）	Alt+B
设置选定图层的采样方法（最佳/双立方）	Alt+Shift+B

名称	快捷键
图层	
关闭所有其他独奏开关	按住 Alt 键并单击独奏开关
为选定图层打开或关闭视频（眼球）开关	Ctrl+Alt+Shift+V
为选定图层之外的所有视频图层关闭视频开关	Ctrl+Shift+V
为所选的纯色、光、摄像机、空或调整图层打开设置对话框	Ctrl+Shift+Y
在当前时间粘贴图层	Ctrl+Alt+V
拆分选定图层（如果没有选中任何图层，则拆分所有图层）	Ctrl+Shift+D
预合成选定图层	Ctrl+Shift+C
为选定图层打开"效果控件"面板	Ctrl+Shift+T
在"图层"面板中打开图层（在"合成"面板中为预合成图层打开源合成）	双击图层
在"素材"面板中打开图层的源（在"图层"面板中打开预合成图层）	按住 Alt 键并双击图层
按时间反转选定图层	Ctrl+Alt+R
为选定图层启用时间重映射	Ctrl+Alt+T
移动选定图层，使其入点或出点位于当前时间点	[（左括号）或]（右括号）
将选定图层的入点或出点修剪到当前时间	Alt+[（左括号）或 Alt+]（右括号）
为属性添加或移除表达式	按住 Alt 键并单击秒表
将某个效果（或多个选定效果）添加到选定图层	在"效果和预设"面板中双击效果选择
设置时间拉伸的入点或出点	Ctrl+Shift+,（逗号）或 Ctrl+Alt+,（逗号）
移动选定图层，使其入点位于合成的起始点	Alt+Home
移动选定图层，使其出点位于合成的终点	Alt+End

名称	快捷键
图层	
锁定选定图层	Ctrl+L
解锁所有图层	Ctrl+Shift+L
将选定图层的品质设为最佳、草图或线框	Ctrl+U、Ctrl+Shift+U 或 Ctrl+Alt+Shift+U
向前或向后循环选定图层的混合模式	主键盘上的 Shift+-（连字符）或主键盘上的 Shift+=（等号）
在"时间轴"面板中显示属性和群组	
切换选定图层的展开状态（展开可显示所有属性）	Ctrl+`（重音记号）
切换属性组和所有子属性组的展开状态（展开可显示所有属性）	按住 Ctrl 键并单击属性组名称左侧的三角形
仅显示"锚点"属性（对于光和摄像机、目标点）	A
仅显示"音频电平"属性	L
仅显示"蒙版羽化"属性	F
仅显示"蒙版路径"属性	M
仅显示"蒙版不透明度"属性	TT
仅显示"不透明度"属性（对于光、强度）	T
仅显示"位置"属性	P
仅显示"旋转"和"方向"属性	R
仅显示"缩放"属性	S
仅显示"时间重映射"属性	RR
仅显示缺失效果的实例	FF
仅显示"效果"属性组	E
仅显示蒙版属性组	MM
仅显示"材质选项"属性组	AA
仅显示表达式	EE
显示带关键帧的属性	U

续表

名称	快捷键
在"时间轴"面板中显示属性和群组	
仅显示已修改属性	UU
仅显示绘画笔触、Roto 笔刷笔触和操控点	PP
仅显示音频波形	LL
仅显示所选的属性和组	SS
隐藏属性或组	按住 Alt+Shift 并单击属性或组名
向显示的属性或组集中添加或从中移除属性或组	Shift+ 属性或组快捷键
在当前时间添加或移除关键帧	Alt+Shift+ 属性快捷键
修改图层属性	
按 10 倍默认增量修改属性值	按住 Shift 键并拖动属性值
按 1/10 默认增量修改属性值	按住 Ctrl 键并拖动属性值
为选定图层打开"自动方向"对话框	Ctrl+Alt+O
为选定图层打开"不透明度"对话框	Ctrl+Shift+O
为选定图层打开"旋转"对话框	Ctrl+Shift+R
为选定图层打开"位置"对话框	Ctrl+Shift+P
在视图中将选定的图层居中（修改"位置"属性可将选定图层的锚点置于当前视图的中心）	Ctrl+Home
使锚点位于可见内容的中心	Ctrl+Alt+Home
以当前放大率将选定图层移动 1 个像素（"位置"）	箭头键
以当前放大率将选定图层移动 10 个像素（"位置"）	Shift+ 箭头键
将选定图层向前或向后移动 1 个帧	Alt+Page Up 或 Alt+Page Down
将选定图层向前或向后移动 10 个帧	Alt+Shift+Page Up 或 Alt+Shift+Page Down

名称	快捷键
修改图层属性	
将选定图层的旋转角度（Z 轴旋转）增大或减小 1°	数字小键盘上的 +（加号）或 –（减号）
将选定图层的旋转角度（Z 轴旋转）增大或减小 10°	Shift+ 数字小键盘上的 +（加号）或 Shift+ 数字小键盘上的 –（减号）
将选定图层的不透明度（或者光图层的强度）增大或减小 1%	Ctrl+Alt+ 数字小键盘上的 +（加号）或 Ctrl+Alt+ 数字小键盘上的 –（减号）
将选定图层的不透明度（或者光图层的强度）增大或减小 10%	Ctrl+Alt+Shift+ 数字小键盘上的 +（加号）或 Ctrl+Alt+Shift+ 数字小键盘上的 –（减号）
将选定图层的比例增大 1%	Ctrl+ 数字小键盘上的 +（加号）或 Alt+ 数字小键盘上的 +（加号）
将选定图层的比例减小 1%	Ctrl+ 数字小键盘上的 –（减号）或 Alt+ 数字小键盘上的 –（减号）
将选定图层的比例增大 10%	Ctrl+Shift+ 数字小键盘上的 +（加号）或 Alt+Shift+ 数字小键盘上的 +（加号）
将选定图层的比例减小 10%	Ctrl+Shift+ 数字小键盘上的 –（减号）或 Alt+Shift+ 数字小键盘上的 –（减号）
以 45° 增量修改旋转角度或方向	按住 Shift 键并使用旋转工具拖动
修改比例，受素材帧的长宽比约束	按住 Shift 键并使用选择工具拖动图层手柄
将旋转角度重置为 0°	双击旋转工具
将比例重置为 100%	双击选择工具
缩放并重新定位选定图层以适应合成	Ctrl+Alt+F
缩放并重新定位选定图层以适应合成宽度，保留每个图层的图像长宽比	Ctrl+Alt+Shift+H
缩放并重新定位选定图层以适应合成高度，保留每个图层的图像长宽比	Ctrl+Alt+Shift+G

名称	快捷键
关键帧和图表编辑器	
在图表编辑器和图层条模式之间切换	Shift+F3
选择全部可见的关键帧和属性	Ctrl+Alt+A
取消选择全部关键帧、属性和属性组	Shift+F2 或 Ctrl+Alt+Shift+A
将关键帧向前或向后移动 1 个帧	Alt+ 向右箭头或 Alt+ 向左箭头
将关键帧向前或向后移动 10 个帧	Alt+Shift+ 向右箭头或 Alt+Shift+ 向左箭头
对所选关键帧设置插值（图层条模式）	Ctrl+Alt+K
将关键帧插值方法设置为定格或自动贝塞尔曲线	Ctrl+Alt+H
将关键帧插值方法设置为线性或自动贝塞尔曲线	在图层条模式下按住 Ctrl 键并单击
将关键帧插值方法设置为线性或定格	在图层条模式下按住 Ctrl+Alt 并单击
缓动选定的关键帧	F9
缓入选定的关键帧	Shift+F9
缓出选定的关键帧	Ctrl+Shift+F9
设置选定关键帧的速率	Ctrl+Shift+K
文本	
新建文本图层	Ctrl+Alt+Shift+T
将所选的横排文本左对齐、居中或右对齐	Ctrl+Shift+L、Ctrl+Shift+C 或 Ctrl+Shift+R
将所选的直排文本顶部对齐、居中或底部对齐	Ctrl+Shift+L、Ctrl+Shift+C 或 Ctrl+Shift+R
将所选的横排文本向右扩展或向左缩进一个字符	Shift+ 向右箭头或 Shift+ 向左箭头
将所选的横排文本向右扩展或向左缩进一个单词	Ctrl+Shift+ 向右箭头或 Ctrl+Shift+ 向左箭头

名称	快捷键
文本	
将所选的横排文本向上扩展或向下缩进一行	Shift+ 向上箭头或 Shift+ 向下箭头
将所选的直排文本向右扩展或向左缩进一行	Shift+ 向右箭头或 Shift+ 向左箭头
将所选的直排文本向上扩展或向下缩进一个单词	Ctrl+Shift+ 向上箭头或 Ctrl+Shift+ 向下箭头
将所选的直排文本向上扩展或向下缩进一个字符	Shift+ 向上箭头或 Shift+ 向下箭头
选中插入点与行首或行尾之间的文本	Shift+Home 或 Shift+End
将插入点移动到行首或行尾	Home 或 End
选中插入点与文本帧的开头或结尾之间的文本	Ctrl+Shift+Home 或 Ctrl+Shift+End
选择从插入点到鼠标单击位置的文本	按住 Shift 键并单击
蒙版	
新建蒙版	Ctrl+Shift+N
选中蒙版中的所有点	按住 Alt 键并单击蒙版
选择下一个或上一个蒙版	Alt+`（重音记号）或 Alt+Shift+`（重音记号）
进入自由变换蒙版编辑模式	使用选择工具双击蒙版或者在"时间轴"面板中选择蒙版并按 Ctrl+T
退出自由变换蒙版编辑模式	Esc
以自由变换模式缩放中心点周围	按住 Ctrl 键并拖动
以当前放大率将所选路径点移动 1 个像素	箭头键
以当前放大率将所选路径点移动 10 个像素	Shift+ 箭头键
在平滑和边角点之间切换	按住 Ctrl+Alt 并单击顶点
重绘贝塞尔曲线手柄	按住 Ctrl+Alt 并拖动顶点
反转所选的蒙版	Ctrl+Shift+I

续表

名称	快捷键
蒙版	
为所选的蒙版打开"蒙版羽化"对话框	Ctrl+Shift+F
为所选的蒙版打开"蒙版形状"对话框	Ctrl+Shift+M
形状图层	
对所选形状进行分组	Ctrl+G
对所选形状取消分组	Ctrl+Shift+G
进入自由变换路径编辑模式	在"时间轴"面板中选择"路径"属性并按 Ctrl+T
增大星形内圆度	当拖动以创建形状时按住 Page Up
减小星形内圆度	当拖动以创建形状时按住 Page Down
增加星形或多边形的点数；增大圆角矩形的圆度	当拖动以创建形状时按住 向上箭头
减少星形或多边形的点数；减小圆角矩形的圆度	当拖动以创建形状时按住 向下箭头
在创建期间重新定位形状	当拖动以创建形状时按住 空格键
将圆角矩形圆度设置为0（锐角）；减小多边形和星形外圆度	当拖动以创建形状时按住 向左箭头
将圆角矩形圆度设为最大值；增大多边形和星形外圆度	当拖动以创建形状时按住 向右箭头
将矩形约束为正方形；将椭圆约束为圆；将多边形和星形约束为零旋转	当拖动以创建形状时按住 Shift 键
更改星形的外径	当拖动以创建形状时按住 Ctrl 键

名称	快捷键
标记	
在当前时间设置标记（在预览和仅音频预览期间生效）	数字小键盘上的 *（乘号）
在当前时间设置标记并打开标记对话框	Alt+ 数字小键盘上的 *（乘号）
在当前时间设置合成标记并为其编号（0-9）	Shift+ 主键盘上的 0-9
转到合成标记（0-9）	主键盘上的 0-9
在"信息"面板中显示两个图层标记或关键帧之间的持续时间	按住 Alt 键并单击标记或关键帧
移除标记	按住 Ctrl 键并单击标记
保存、导出和渲染	
保存项目	Ctrl+S
递增和保存项目	Ctrl+Alt+Shift+S
另存为	Ctrl+Shift+S
将活动合成或所选项目添加到渲染队列	Ctrl+Shift+/（在主键盘上）
将当前帧添加到渲染队列	Ctrl+Alt+S
复制渲染项目，并使其输出文件名与原始文件名相同	Ctrl+Shift+D
将合成添加到 Adobe Media Encoder 编码队列	Ctrl+Alt+M

索引　常用功能命令速查